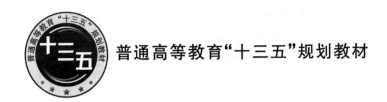

普通高等教育"十三五"规划教材

数据库基础项目式教程

——Access 2010

主　审　赖　庆

主　编　陈　刚　许丽娟

副主编　吴宪传　杨　波　颜远海

U0282440

北京邮电大学出版社

www.buptpress.com

内 容 简 介

本书编者均为多年从事大学数据库基础一线教学、具有丰富教学经验和实践经验的教师。为满足普通高等院校计算机公共基础课程"面向应用,强调实践"的培养目标,本书以培养基本应用技能为主线,以丰富的应用实例逐步展示教材内容、组织教材结构。全书涵盖了全国高等学校计算机水平考试Ⅱ级《Access数据库》考试大纲的基本内容。

本书内容丰富详实、语言通俗易懂,注重理论与实例相结合,力求通过各任务的学习,重点培养学生对数据库技术的应用技能。全书以教学信息管理系统为主线编排大量实例,以向用户介绍 Access 2010 的使用方法,以及如何使用 Access 开发数据库应用系统。所有上机实训内容基于超市管理系统。

本书可作为普通高校非计算机专业的计算机公共课教材,也可作为初学者和全国计算机等级考试(Access)考生的参考书。

图书在版编目(CIP)数据

数据库基础项目式教程 : Access 2010 / 陈刚,许丽娟主编. -- 北京 : 北京邮电大学出版社,2018.1
(2021.7重印)

ISBN 978-7-5635-5358-7

Ⅰ. ①数… Ⅱ. ①陈… ②许… Ⅲ. ①关系数据库系统—教材 Ⅳ. ①TP311.138

中国版本图书馆 CIP 数据核字(2017)第 328277 号

书　　　　名:数据库基础项目式教程——Access 2010
著作责任者:陈　刚　许丽娟　主编
责任编辑:毋燕燕　孙宏颖
出版发行:北京邮电大学出版社
社　　　址:北京市海淀区西土城路 10 号(邮编:100876)
发 行 部:电话:010-62282185　传真:010-62283578
E-mail:publish@bupt.edu.cn
经　　　销:各地新华书店
印　　　刷:保定市中画美凯印刷有限公司
开　　　本:787 mm×1 092 mm　1/16
印　　　张:20.75
字　　　数:540 千字
版　　　次:2018 年 1 月第 1 版　2021 年 7 月第 4 次印刷

ISBN 978-7-5635-5358-7　　　　　　　　　　　　　　　　　　定价:47.00 元

· 如有印装质量问题,请与北京邮电大学出版社发行部联系 ·

前　言

　　21世纪，随着信息技术的迅猛发展和计算机的全面普及，各行各业对计算机基本运用能力的要求越来越高。这就要求每一个大学生都应该具备较高的信息素养，既要具备收集、处理和创造信息的能力，又要具备组织、管理和使用信息资源的能力。数据库技术是现代信息科学与技术的重要组成部分，是计算机数据处理与信息管理系统的核心。数据库技术解决了计算机信息处理过程中大量数据有效地组织和存储的问题，在数据库系统中减少了数据存储冗余，实现了数据共享，保障了数据安全，以及可以使用户高效地检索数据和处理数据。因此，学生通过使用相对简单易用、操作方便的 Access 数据库，可以了解和掌握数据库技术和相关工具，以便对数据进行管理、分析、加工和利用。

　　笔者本着"精讲多练"的教学方针，以讲述重要的、侧重能力培养的知识点为主，并结合教学内容，采用任务驱动、项目学习等配合能力培养的教学模式，根据教育部高等学校非计算机专业计算机基础教学"数据库基础及其应用"的基本要求，针对非计算机专业学生的特点，组织编写了面向普通高等学校的《数据库基础项目式教程——Access 2010》。全书以数据库原理和技术为核心，并以 Access 2010 数据库的操作应用为核心，强调学生必须具有一定的理论基础，又能够完成实际应用。本书在编写过程中始终把培养实际应用能力放在首位，内容安排上以"模块—项目—任务"的方式进行组织，每个任务按照"任务描述""任务分析""知识链接"和"任务设计"等环节展开。

　　本书通过"任务描述"以启发式的方式引出学习目标，从而调动学生学习的积极性；通过"任务分析"引导学生由浅入深地学习；通过"知识链接"将理论知识穿插到任务中；通过"任务设计"给出与理论相结合的应用实例。本书力求内容精练、系统，由浅入深、由简到繁、循序渐进。本书中的实例操作步骤详细，力争将知识讲解、能力培养、素质教育融为一体。每个模块后面精心设计了大量的练习题和上机实训，使学生通过学习可以设计一个简单的数据库应用系统，从而掌握数据库的实用技术。

　　全书分为9个模块：数据库的分析与设计、数据库的创建与维护、表的创建与应用、查询的设计与创建、窗体的设计与创建、报表的设计与创建、宏的设计与创建、模块和 VBA 编程应用、实现教学信息管理系统。模块一、模块二由吴宪传编写，模块三由颜远海编写，模块四、模块六由许丽娟编写，模块五、模块七由陈刚编写，模块八、模块九由杨波编写，全书由陈刚统稿、赖庆审核。

　　本书在编写过程中得到了广东财经大学华商学院信息工程系各位同仁给予的大力支持和帮助，在此向他们表示深深的谢意。由于编者水平有限，书中难免有疏忽、错漏之处，恳请广大读者和专家批评指正。

目　　录

模块一　数据库的分析与设计

【学习目标】

- 熟悉数据库的基本概念。
- 了解数据模型的组成要素、概念模型及逻辑模型。
- 掌握关系数据库中涉及的基本概念、定义及关系运算。
- 熟练掌握数据库设计的方法及步骤。

　　数据库是计算机最重要的技术之一,是计算机软件的一个独立分支,数据库是建立管理信息系统的核心技术,当数据库技术与网络通信技术、多媒体技术结合在一起时,计算机应用将无所不在,无所不能。随着信息技术的发展,我们进入了一个崭新的时代。为了能掌握更新、更全面的信息,需要对信息进行有效的存储、管理,以便灵活、高效地将其运用和处理。首先,让我们认识数据库技术的相关知识。

　　数据库技术所研究的问题就是如何科学地组织和存储数据,如何高效地获取和处理数据,它是当代计算机科学中一个重要的分支。在信息社会里,信息已成为各行各业的重要财富资源,以数据库为核心的信息系统已成为企业、学校及各种组织生存和发展的重要条件。

项目一　数据库概述

任务一　认识数据库

📖 任务描述

　　信息是通过对数据进行处理而得来的,大量的数据保存在计算机中,使用数据库技术使得存储和处理数据变得更加方便。本任务讲述数据、信息和数据处理等数据库技术的基本概念,并介绍数据管理的发展阶段。

📖 任务分析

　　数据库技术主要是对数据进行处理,从而获取到信息。在这过程中,需要理解数据、信息和数据处理。数据是数据库技术的输入,信息是数据库技术的输出,数据处理是数据库技术的核心,数据管理的方式从手工管理发展到数据库管理。

📖 知 识 链 接

1. 数据

数据是指存储在某一存储媒体介质上能够被识别的物理符号，是反映客观特性的记录。这一概念反映两方面的含义：一是描述事物特性的数据内容；二是存储在某一媒体介质上的数据形式。描述事物特性的符号多种多样，因此，数据形式也可以多种多样，例如，某人的出生日期是"2011 年 6 月 20 日"，我们也可以用"2011/6/20"数据形式来表示，当然其含义并没有改变。

数据的概念在数据处理领域中已经被大大地拓宽。数据不仅仅指数字、字母、文字和其他特殊字符组成的文本形式的数据，还包括图形、图像、动画、影像、声音等多媒体数据。

2. 信息

信息的概念在不同的学科中有不同的解释。我们认为，信息是信息论中的一个术语，是现实世界事物的存在方式或运动状态的反映，泛指通过各种方式传播、可被感受的声音、文字、图像、符号等表示的某一特定事物的消息、情报或知识。信息的目的是消除不确定性。其具有的性质包括事实性、时效性、不完全性、等级性、变换性和价值性。只有经过解释，数据才有意义，才能成为信息。如果屏幕显示为"19820310"，它没有什么意义，它不能成为信息；如果说这数据描述的是某人的生日，我们可以知道这是某人的出生年月日，这样数据就变得有意义。

数据和信息是两个相互联系但又相互区别的概念。数据是信息的符号表示，而信息是具有特定释义和意义的数据。数据是描述事物的符号记录，信息是事物对人们有价值的描述，数据经过处理可以转化为信息，信息也可以作为数据进行处理，然后得到对人们有用的信息。

3. 数据处理

数据处理也称为信息处理，是将数据转换为信息的过程。数据处理的目的是从大量的数据中，根据数据自身的规律及其相互联系，通过分析、归纳、推理等科学方法，利用计算机技术、数据库技术等手段提取有效的信息资源，为进一步分析、管理和决策提供依据。

计算机数据处理主要包括以下 8 个方面。

① 数据采集：采集所需的信息。

② 数据转换：把信息转换成机器能够接收的形式。

③ 数据分组：指定编码，按有关信息进行有效的分组。

④ 数据组织：整理数据或用某些方法安排数据，以便进行处理。

⑤ 数据计算：进行各种算术和逻辑运算，以便得到进一步的信息。

⑥ 数据存储：将原始数据或计算的结果保存起来，供以后使用。

⑦ 数据检索：按用户的要求找出有用的信息。

⑧ 数据排序：把数据按一定要求排成次序。

数据处理的过程大致分为数据的准备、处理和输出 3 个阶段。在数据准备阶段，通过输入设备将数据输入到计算机中，并保存到磁盘里。这个阶段也可以称为数据的录入阶段。数据录入以后，就要由计算机对数据进行处理，为此预先要由用户编制程序并把程序输入到计算机中，计算机是按程序的指示和要求对数据进行处理的。所谓处理，就是指上述 8 个方面工作中的一个或若干个的组合。最后输出的是各种文字和数字的表格和报表。例如，将每个教师的年龄作为原始数据，经过计算得出平均年龄、最大年龄及最小年龄等信息，数据计算的过程就是数据处理。

4. 数据管理的发展阶段

伴随着计算机技术的不断发展,数据处理发生了极大的变革。数据处理及时地应用了这一先进的技术手段,使数据处理的效率和精度大大提高,也促使数据处理和数据管理技术得到了很大的发展,其发展过程大致经历了人工管理、文件管理、数据库管理、分布式数据库管理及面向对象数据管理等阶段。

（1）人工管理阶段

早期的计算机主要用于科学计算,计算处理的数据量很小,基本上不存在数据管理的问题。从 20 世纪 50 年代初开始将计算机应用于数据处理。当时的计算机没有专门管理数据的软件,也没有像磁盘这样可随机存取的外部存储设备,对数据的管理没有一定的格式,数据依附于处理它的应用程序,使数据和应用程序一一对应,互为依赖。

由于数据与应用程序的对应、依赖关系,应用程序中的数据无法被其他程序利用,程序与程序之间存在着大量重复数据,我们将这种情况称为数据冗余;同时,由于数据是对应着某一应用程序的,从而使得数据的独立性很差,如果数据的类型、结构、存取方式或输入输出方式发生变化,处理它的程序必须相应改变,数据结构性差,而且数据不能长期保存。

（2）文件管理阶段

从 20 世纪 50 年代后期开始至 20 世纪 60 年代末这一时期称为文件管理阶段,应用程序通过专门管理数据的软件(即文件系统管理)来使用数据。由于计算机存储技术的发展和操作系统的出现,计算机硬件已经具有可直接存取的磁盘、磁带及磁鼓等外部存储设备,软件则出现了高级语言和操作系统,而操作系统的一项主要功能是文件管理,因此,数据处理应用程序利用操作系统的文件管理功能,将相关数据按一定的规则构成文件,通过文件系统对文件中的数据进行存取、管理,实现数据的文件管理方式。

在文件管理阶段,文件系统为程序与数据之间提供了一个公共接口,使应用程序采用统一的存取方法来存取、操作数据,程序与数据之间不再是直接的对应关系,因而程序和数据有了一定的独立性。但文件系统只是简单地存放数据,数据的存取在很大程度上仍依赖于应用程序,不同程序难以共享同一数据文件,数据独立性较差。此外,由于文件系统没有一个相应的模型约束数据的存储,因而仍有较高的数据冗余,这又极易造成数据的不一致性。

（3）数据库管理阶段

数据库管理阶段是 20 世纪 60 年代末在文件管理基础上发展起来的。随着计算机系统性价比的持续提高,软件技术的不断发展,人们克服了文件系统的不足,开发了一类新的数据管理软件——数据库管理系统(DataBase Management System,DBMS),运用数据库技术进行数据管理,将数据管理技术推向了数据库管理阶段。

数据库技术使数据有了统一的结构,对所有的数据实行统一、集中、独立的管理,以实现数据的共享,保证数据的完整性和安全性,提高了数据管理效率。数据库也是以文件方式存储数据的,但它是数据的一种高级组织形式。在应用程序和数据库之间,由数据库管理软件 DBMS 把所有应用程序中使用的相关数据汇集起来,按统一的数据模型,以记录为单位存储在数据库中,为各个应用程序提供方便、快捷的查询、使用。

（4）分布式数据库管理阶段

分布式数据库管理阶段是在数据库技术和计算机网络技术结合的基础上产生的。网络技术的发展为数据库提供了分布运行的环境,从主机/终端体系结构发展到客户/服务器系统结构。分布式数据库系统既可以把全局数据模式按数据来源和用途合理地分布在系统的多个节点上,使大部分数据可以就地存取,而用户感觉不到分布,即物理上分布、逻辑上集中的分布式数据结构(紧密型);又可以把多个集中式数据库系统通过网络连接起来,各节点上的计算机可以利用网络通信功能访问其他节点上的数据资源,即物理上、逻辑上分布的分布式数据库(松散型)。

(5)面向对象数据库管理阶段

面向对象数据库系统是数据库技术与面向对象程序设计相结合的产物。面向对象数据库系统是面向对象方法在数据库系统中的实现和应用,它既是一个面向对象的系统,又是一个数据库系统。与传统数据模型相比,面向对象数据模型具有以下优势:具有表示和构造复杂对象的能力;通过封装和消息隐藏技术提供了程序的模块化机制;继承和类层次技术提供了软件的重用机制;通过滞后联编等概念提供系统扩充能力。

任务二　数据库的体系结构

📖 任务描述

数据库的体系结构有多种,其中最为主要的是数据库三级模式体系结构。数据库三级模式体系结构包括了三级模式,三级模式形成了两层映射关系,两层映射关系保证了数据的独立性。本任务介绍数据库的体系结构的类型、数据库的三级数据视图与三级模式关系、两层映射和数据独立性。

📖 任务分析

对数据库的体系结构,从不同的角度和层次来看,有不同的划分。设计数据库需要了解数据库体系结构,从三级数据视图来观察数据的组织形式,了解数据库三级模式有助于在不同的阶段进行相应的操作。为了能够在内部实现三级模式之间的联系和转换,DBMS 在这三级模式之间添加了两层映射,并保证了数据的独立性。

📖 知识链接

1. 数据库体系结构的类型

数据库系统是数据密集型应用的核心,其体系结构受数据库运行所在的计算机系统的影响很大,尤其是受计算机体系结构中的联网、并行和分布的影响很大。数据库体系结构一般可以从最终用户的角度和数据库管理系统的角度来进行划分。站在最终用户的角度看,可将数据库体系结构划分为如下类型。

(1)集中式数据库体系结构

将 DBMS 软件、所有用户数据和应用程序放在一台计算机(作为服务器)上,其余计算机作为终端通过通信线路向服务器发出数据库应用请求,这种网络数据库应用系统称为集中式数据库体系结构。

在这种系统中,不但数据是集中的,数据的管理也是集中的,数据库系统的所有功能,从形式的用户接口到 DBMS 核心都集中在 DBMS 所在的计算机上。

(2)客户/服务器(C/S)式数据库系统

客户/服务器式数据库系统是指在客户/服务器计算机网络上运行的数据库系统,在这个计算机网络中,一些计算机扮演客户,另一些计算机扮演服务者(即客户机/服务器)。客户/

服务器体系结构的关键在于功能的分布,一些功能放在客户机上运行,另一些功能则放在服务器上执行。

采用客户端/服务器结构后,数据库系统功能分为前端和后端。前端主要包括图形用户界面、表格生成和报表处理等工具;后端负责存取结构、查询计算和优化、并发控制以及故障恢复等。前端与后端通过 SQL 或应用程序来接口。

（3）分布式数据库系统

分布式数据库系统是指分散存储在计算机网络中的多个节点上的数据库在逻辑上统一管理。它是建立在数据库技术与网络技术发展的基础之上的。最初的数据库一般是集中管理的,随着网络的扩大,增加了网络的负荷,对数据库的管理也困难了。分布式则可克服这些缺点。分布式数据库可供地理位置分散的用户共享彼此的数据资源。

（4）并行结构数据库系统

并行结构数据库系统是在并行机上运行的具有并行处理能力的数据库系统,是数据库技术与并行计算技术结合的产物。并行结构数据库系统使用的是多个物理上连在一起的 CPU,而分布式数据库系统是多个地理上分开的 CPU。各个承担数据库服务责任的 CPU 划分它们自身的数据,通过划分的任务以及通过每秒兆位级的高速网络通信完成事务查询,实现数据库操作的并行性。

2. 数据库三级模式体系结构

站在数据库管理系统的角度看,数据库系统体系结构一般采用三级模式结构:外模式、模式和内模式。

（1）外模式

外模式(external schema)亦称子模式,是数据库用户的数据视图。它属于概念模式的一部分,描述用户数据的结构、类型、长度等。所有的应用程序都是根据外模式中对数据的描述,而不是根据概念模式中对数据的描述而编写的。在一个外模式中可以编写多个应用程序,但一个应用程序只能对应一个外模式。根据应用的不同,一个概念模式可以对应多个外模式,外模式可以互相覆盖。用户可以通过外模式描述语言来描述、定义对应于用户的数据记录(外模式),也可以利用数据库管理系统提供的数据操纵语言(Data Manipulation Language,DML)对这些数据记录进行处理。

（2）模式

模式(schema)也称为概念模式或逻辑模式,是数据库的总框架,是对数据库中的全体数据的逻辑结构和特征的描述,以及对数据的安全性、完整性等方面的定义。所有数据都按这一模式进行装配。模式的一个值称为模式的一个实例,同一个模式可以有很多实例。模式不仅要描述记录类型,还要描述记录间的联系、操作、数据的完整性、安全性等要求。但是模式不涉及存储结构、访问技术等细节。只有这样,模式才可以算做到了"物理数据独立性"。模式由模式描述语言(Data Definition Language,DDL)进行描述。

（3）内模式

内模式(internal schema)亦称存储模式,是对数据库在物理存储器上具体实现的描述。它规定数据在存储介质上的物理组织方式、记录寻址技术,定义物理存储块的大小和溢出处理方法等,与概念模式相对应。内模式由数据存储描述语言进行描述。

总之,数据按外模式的描述提供给用户,按内模式的描述存储在磁盘上,而概念模式提供了连接这两级模式的相对稳定的中间观点,并使得这两级的任意一级的改变都不受另一级的牵制。数据库体系结构的三级模式结构示意图如图 1-1 所示。

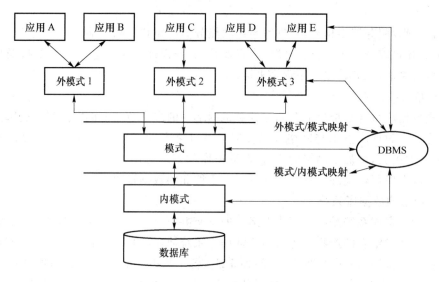

图 1-1　数据库体系结构

3．三级数据视图

数据抽象的 3 个级别又称为三级数据视图,是不同层次用户从不同角度所看到的数据组织形式。

（1）外部视图

第一层的数据组织形式是面向应用的,是应用程序员开发应用程序时所使用的数据组织形式,是应用程序员所看到的数据的逻辑结构,是用户数据视图,称为外部视图。外部视图可有多个。这一层的最大特点是以各类用户的需求为出发点,构造满足其需求的最佳逻辑结构。

（2）全局视图

第二层的数据组织形式是面向全局应用的,是全局数据的组织形式,是数据库管理人员所看到的全体数据的逻辑组织形式,称为全局视图,全局视图仅有一个。这一层的特点是对全局应用最佳的逻辑结构形式。

（3）存储视图

第三层的数据组织形式是面向存储的,是按照物理存储最优的策略所组织形式的,是系统维护人员所看到的数据结构,称为存储视图。存储视图只有一个。这一层的特点是物理存储最佳的结构形式。

外部视图是全局视图的逻辑子集,全局视图是外部视图的逻辑汇总和综合,存储视图是全局视图的具体实现。

三级视图是用图、表等形式描述的,具有简单、直观的优点。但是,这种形式目前还不能被计算机直接识别。为了在计算机系统中实现数据的三级组织形式,必须用计算机可以识别的语言对其进行描述。DBMS 提供了数据描述语言（Data Description Language,DDL）。我们称用 DDL 精确定义数据视图的程序为模式。三级数据视图与三级模式一一对应,外部视图对应着外模式,全局视图对应着模式,而存储视图对应着内模式。

4．两层映射

3 个数据视图或 3 个模式之间的联系和转换,需要使用到 DBMS 提供的两层映射。数据库三级模式体系结构中的两层映射如下。

（1）外模式/模式映射

通过外模式与模式之间的映射把描述局部逻辑结构的外模式与描述全局逻辑结构的模式联系起来，即把用户数据库与概念数据库联系起来。

（2）模式/内模式映射

通过模式与内模式之间的映射，把描述全局逻辑结构的模式与描述物理结构的内模式联系起来，即把概念数据库与物理数据库联系起来。

5. 数据的独立性

当前许多数据库系统都采用了三级模式体系结构，DBMS 提供了两层映射从而保证了数据独立性。数据独立性是指数据与程序独立，将数据的定义从程序中分离出去，由 DBMS 负责数据的存储，从而简化应用程序，大大减少应用程序编制的工作量。数据的独立性是由 DBMS 的二级映射功能来保证的。数据的独立性包括数据的物理独立性和数据的逻辑独立性。

（1）数据的物理独立性

查看图 1-1 数据库三级模式体系结构可知，数据的物理独立性是由模式/内模式映射实现的。如果系统维护人员修改了数据库内模式的数据结构，也就是说修改数据库的物理结构，通过修改模式/内模式映射可以保证模式不变。对内模式的修改尽量不影响概念模式，对于外模式和应用程序的影响更小，这样称数据库达到了物理数据独立性（简称物理独立性）。

（2）数据的逻辑独立性

查看图 1-1 数据库三级模式体系结构可知，数据的逻辑独立性是由外模式/模式映射实现的。如果数据库管理人员修改了数据库模式的数据组织形式，如增加记录类型或增加数据项，那么只要对外模式/模式映射做相应的修改，可以使外模式和应用程序尽可能保持不变，这样，我们称数据库达到了逻辑数据独立性（简称逻辑独立性）。

任务三 数据库系统

📖 任务描述

数据库技术是数据管理中存储和处理数据最为高效的一种方法，其借助计算机技术成为当前最为重要的一种数据处理的方法。采用数据库技术进行数据管理的计算机系统称为数据库系统。了解数据库系统的组成有利于开发和实施数据库系统，本任务介绍数据库系统的组成。

📖 任务分析

数据库系统（DataBase System，DBS）是一个复杂的系统，它是采用了数据库技术的计算机系统。因此数据库系统的含义已经不仅是一组对数据进行管理的软件（即通常称为数据库管理系统），也不仅是一个数据库。它是一个实际可运行的，按照数据库方式存储、维护和向应用系统提供数据或信息支持的系统，是存储介质、处理对象和管理系统的集合体，通常由数据库、硬件、软件和人员组成。

📖 知识链接

1. 数据库

数据库（DataBase，DB）是统一管理的、长期存储在计算机内的、有组织的相关数据集合。

其特点是数据间联系密切、冗余度小、独立性高、易扩展,并且可为各类用户共享。通常由两大部分组成:一部分是有关应用所需要的工作数据的集合,称为物理数据库,它是数据库的主体;另一部分是关于各级数据结构的描述,称为描述数据库,通常由一个数据字典系统管理。

2. 硬件

数据库系统对硬件有一些特殊要求,因为操作系统、数据库管理系统的各功能部件及应用程序需要存储在内存,还有数据库的各种表格、目录、系统缓冲区、各用户工作区及系统通信单元等都要占用内存。所以数据库系统通常要求大容量直接存取存储设备和较高的通道能力,要求处理机有较强的数据处理能力(如变字长运算、字符处理等)。

3. 软件

数据库软件主要包括操作系统、各种宿主语言、实用程序以及数据库管理系统等。数据库管理系统是数据库系统的核心软件,在操作系统的支持下工作,是在操作系统的文件系统基础上发展起来的,用于解决如何科学地组织和存储数据,如何高效地获取和维护数据的系统软件。其主要功能包括数据定义功能、数据操纵功能、数据库的运行管理和数据库的建立与维护。为了开发应用系统,还要有应用开发支撑软件、各种宿主语言(如 COBOL、PL/I、FORTRAN、C 等)及其编译系统,这些语言应与数据库有良好的接口。

4. 人员

管理、开发和使用数据库系统的人员主要包括数据库管理员(DataBase Administrator,DBA)、系统分析员、应用程序员和终端用户。数据库系统中不同人员涉及不同的数据抽象级别,具有不同的数据视图。

数据库管理员是负责数据库的建立、使用和维护的专门人员。数据库管理员负责全面管理和控制数据库系统,是数据库系统中最重要的人员,DBA 的素质在一定程度上决定了数据库应用的水平。DBA 的具体职责包括:决定数据库中的信息内容和结构;决定数据库的存储结构和存取策略;定义数据库的安全性要求和完整性约束条件;监控数据库的使用和运行;负责数据库的性能改进、数据库的重组和重构,以提高系统的性能。

系统分析员负责应用系统的需求分析和规范说明,他们和用户及数据库管理员一起确定系统的硬件配置,并参与数据库系统的概要设计。

应用程序员负责设计应用系统的程序模块,根据外模式编写应用程序和编写对数据库的操作过程。

终端用户是非数据处理用户,他们具备操作应用系统,通过应用系统的用户界面使用数据库来完成其业务活动。他们没有什么数据处理专业知识,从外部视图看数据,通过应用程序使用数据库的数据。

项目二　数 据 模 型

任务一　概念模型

📖 任务描述

人对事物之间的关系进行抽象描述从而形成相应的数据模型。数据库系统的开发要求开发人员了解系统的数据模型,并采用合适的数据模型构建数据库。本任务主要讲述信息处理的 3 个层次、数据模型的三要素、概念模型、实体和实体联系等基本概念。

📖 **任务分析**

在数据库中组织数据应当从全局出发,不仅要考虑事物内部的联系,还要考虑事物之间的联系。表示事物以及事物之间联系的模型就是数据模型。数据模型是用来抽象、表示和处理现实世界的数据和信息的工具,也就是现实世界数据特征的抽象。数据模型是数据库系统的核心和基础,目前的数据库系统都是基于某种逻辑数据模型的。数据模型按不同的应用层次分成 3 种类型:概念数据模型、逻辑数据模型、物理数据模型。数据库设计人员在设计数据库之前需要站在最终客户的角度上,分析现实世界的事物以及事物之间的关系。

概念数据模型(Conceptual Data Model,CDM)是数据库设计人员设计数据库的初始阶段,摆脱计算机系统及 DBMS 的具体技术问题,集中精力分析数据以及数据之间的联系等,与具体的数据管理系统无关。

📖 **知识链接**

1. 信息处理的 3 个层次

(1)现实世界

现实世界就是存在于人脑之外的客观世界,客观事物及其相互联系就处于现实世界中。客观事物可以用对象和性质来描述。

(2)信息世界

信息世界就是现实世界在人们头脑中的反映,又称概念世界。客观事物在信息世界中称为实体,反映事物间联系的是实体模型或概念模型。现实世界是物质的,相对而言信息世界是抽象的。

(3)数据世界

数据世界就是信息世界中的信息数据化后对应的产物。现实世界中的客观事物及其联系,在数据世界中以数据模型描述。相对于信息世界,数据世界是量化的、物化的。

我们知道,计算机只能处理数据,所以首先要解决的问题是按用户的观点对数据和信息进行建模,然后再按计算机系统的观点对数据进行建模。换句话说,就是要解决现实世界的问题如何转化为概念世界的问题,以及概念世界的问题如何转化为数据世界的问题,图 1-2 所示是现实世界客观对象的抽象过程。

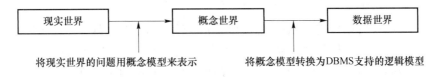

图 1-2　现实世界客观对象的抽象过程

2. 数据模型的三要素

数据库结构的基础是数据类型,是用来描述数据的一组概念和定义。数据模型的三要素是数据结构、数据操作和数据的约束条件。

① 数据结构。它是所研究的对象类型的集合,是对系统静态特性的描述。

② 数据操作。对数据库中各种对象(型)的实例(值)允许执行的操作的集合,包括操作及

操作规则。如操作有检索、插入、删除和修改,操作规则有优先级别等。数据操作是对系统动态特性的描述。

③ 数据的约束条件。它是一组完整性规则的集合。也就是说,对于具体的应用数据必须遵循特定的语义约束条件,以保证数据的正确、有效和相容。例如,某单位人事管理中,要求在职的"男"职工的年龄必须大于 18 岁小于 60 岁,工程师的基本工资不能低于 1 500 元,每个职工可担任一个工种,这些要求可以通过建立数据的约束条件来实现。

3. 概念模型

概念模型是对信息世界进行建模,所以概念模型能够方便、准确地表示信息世界中的常用概念。一方面它应该具有较强的语义表达能力,能够方便直接表达应用中的各种语义知识;另一方面它还应该简单、清晰、易于用户理解。概念模型设计是数据库设计的初始阶段,数据库设计人员先了解用户的需求,然后通过概念模型的描述与用户进行交流,最终形成现实世界的概念模型。概念模型的描述方式比较多,常用的概念模型包括实体-联系模型(E-R 模型)、扩充的 E-R 模型、面向对象模型及谓词模型,其中 E-R 模型是最为常用的概念模型,是 P. P. S. Chen 于 1976 年提出的实体-联系方法。本书使用 E-R 模型来描述现实世界中事物及事物之间的联系。

E-R 模型基于现实世界,应用实体和实体之间的联系来描述现实世界,它是一种语义模型,其语义主要体现在模型力图表达数据的意义。E-R 模型是软件工程设计中遇到的一个重要方法,因为它接近人的思维方式,容易理解并且与计算机无关,所以用户容易接受,是用户和数据库设计人员交流的语言。但是,E-R 模型只能说明实体间的语义联系,还不能进一步地详细说明数据结构。在解决实际应用问题时,通常应该先设计一个 E-R 模型,然后再把其转换成计算机能接受的数据模型。

4. 实体

客观事物在信息世界中称为实体(entity),它是现实世界中任何可区分、可识别的事物。在 E-R 模型中,实体用矩形表示,通常矩形框内写明实体名。实体可以是具体的人或物,也可以是抽象概念。例如,一位教师、一个院系等属于实际事物;一门课程、一场比赛等都是抽象的事物。

(1) 实体的属性

实体所具有的某一特性称为属性(attribute)。一个实体可用若干属性来刻画。每个属性都有特定的取值范围即值域(domain),值域的类型可以是整数型、实数型、字符型等。例如,教师实体用编号、姓名、性别、学历、职称、政治面貌等属性来描述。在同一实体集中,每个实体的属性及其域是相同的,但可能取不同的值。

(2) 实体型和实体值

实体型就是实体的结构描述,通常是实体名和属性名的集合。具有相同属性的实体,有相同的实体型。如对教师实体的型可以描述为教师(编号,姓名,性别,出生日期,职称,学历,基本工资)。实体值是实体的具体实例,如教师张朋的实体值是(T601,张朋,男,11-10-1953,教授,硕士,3200)。

(3) 属性型和属性值

与实体型和实体值相似,实体的属性也有型与值之分。属性型就是属性名及其取值类型,属性值就是属性在其值域中所取的具体值。

(4) 实体集

实体集是具有相同属性的实体集合。例如,学校所有教师具有相同的属性,因此教师的集合可以定义为一个实体集;学生具有相同的属性,因此学生的集合可以定义为另一个实体集。

5. 实体联系

建立实体模型的一个主要任务就是要确定实体之间的联系。在 E-R 模型中,实体联系用菱形表示,通常菱形框内写明实体联系名,并用无向边分别与有关实体连接起来,同时在无向边旁标注上联系的类型($1:1$、$1:n$ 或 $m:n$)。常见的实体间联系有 3 种:一对一联系、一对多联系和多对多联系。

(1) 一对一联系($1:1$)

如果实体集 E_1 中每个实体至多和实体集 E_2 中的一个实体有联系,反之亦然,那么实体集 E_1 和 E_2 的联系称为"一对一联系",如图 1-3 所示。如班长与班级的联系,一个班级只有一个班长,一个班长管理着一个班级。

(2) 一对多联系($1:n$)

如果实体集 E_1 中每个实体可以与实体集 E_2 中任意个(零个或多个)实体间有联系,而 E_2 中每个实体至多和 E_1 中一个实体有联系,那么称 E_1 对 E_2 的联系是"一对多联系",如图 1-4 所示。如班长与学生的联系,一个班长管理着班级里的多个学生,而本班每个学生只对应着一个班长。

(3) 多对多联系($m:n$)

如果实体集 E_1 中每个实体可以与实体集 E_2 中任意个(零个或多个)实体有联系,反之亦然,那么称 E_1 和 E_2 的联系是"多对多联系",如图 1-5 所示。如教师与学生的联系,一位教师为多个学生授课,每个学生也有多位任课教师。

联系也可能有属性。例如,学生"学"某门课程所取得的成绩,既不是学生的属性也不是课程的属性。由于"成绩"既依赖于某名特定的学生,又依赖于某门特定的课程,所以它是学生与课程之间联系"学"的属性。

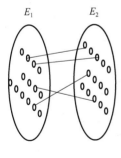

图 1-3　一对一联系

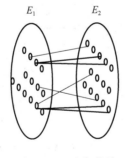

图 1-4　一对多联系

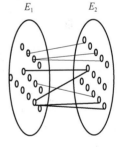

图 1-5　多对多联系

任务二　逻辑模型

📖 任务描述

数据库系统的核心是数据库,数据库管理系统支持不同逻辑模型的数据库,在设计数据库时需要考虑逻辑数据模型。本任务主要介绍逻辑数据模型,常用的逻辑数据模型包括层次模型、网状模型和关系模型等。

📖 **任务分析**

逻辑数据模型(Logic Data Model,LDM)是数据库设计从概念模型转化而来的数据模型。逻辑数据模型是用户从数据库所看到的模型,是具体的 DBMS 所支持的数据模型,如网状数据模型、层次数据模型及关系数据模型等。此模型既要面向用户,又要面向系统,主要用于数据库管理系统的实现。逻辑数据模型也简称为数据模型,从此起,后续章节如没特殊说明,所提及的"数据模型"都表示逻辑数据模型。常见的数据模型有层次模型、网状模型和关系模型。

📖 **知识链接**

1. 层次模型

用树形结构表示数据及其联系的数据模型称为层次模型,如图 1-6 所示。树是由节点和连线组成的,节点表示数据集,连线表示数据之间的联系,树形结构只能表示一对多联系。通常将表示"一"的数据放在上方,称为父节点;而表示"多"的数据放在下方,称为子节点。树的最高位置只有一个节点,称为根节点。根节点以外的其他节点都有一个父节点与它相连,同时可能有一个或多个子节点与它相连。没有子节点的节点称为叶子节点,它处于分枝的末端。

层次模型的基本特点:

① 有且仅有一个节点无父节点,称其为根节点;

② 其他节点有且只一个父节点。

层次模型将数据组织成一对多关系的结构,层次结构采用关键字来访问其中每一层次的每一部分。其优点包括:存取方便且速度快;结构清晰,容易理解;数据修改和数据库扩展容易实现;检索关键属性十分方便。其缺点包括:结构呆板,缺乏灵活性;同一属性数据要存储多次,数据冗余大(如公共边);不适于拓扑空间数据的组织。

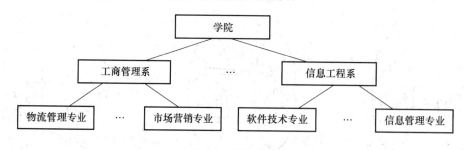

图 1-6 层次模型

支持层次数据模型的 DBMS 称为层次数据库管理系统,在这种系统中建立的数据库是层次数据库。层次模型可以直接方便地表示一对一联系和一对多联系,但不能用它直接表示多对多联系。

2. 网状模型

采用网络结构表示数据与数据间联系的数据模型称为网状模型。网状模型是层次模型的拓展,网状模型的节点间可以任意发生联系,能够表示各种复杂的联系,如图 1-7 所示。

网状模型的基本特点:

① 允许一个以上节点无父节点;

② 至少有一个节点有多于一个的父节点。

网状模型和层次模型在本质上是一样的,从逻辑上看,它们都用节点表示数据,用连线表示数据间的联系;从物理上看,层次模型和网状模型都用指针来实现两个文件之间的联系。层次模型是网状模型的特殊形式,网状模型是层次模型的一般形式。

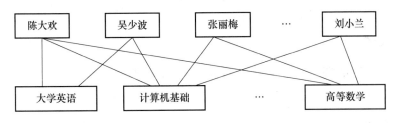

图 1-7 网状模型

网状模型用连接指令或指针来确定数据间的显式连接关系,是具有多对多类型的数据组织方式。其优点包括:能明确而方便地表示数据间的复杂关系;数据冗余小。其缺点包括:网状结构的复杂增加了用户查询和定位的困难;需要存储数据间联系的指针,使得数据量增大;数据的修改不方便(指针必须修改)。

支持网状模型的 DBMS 称为网状数据库管理系统,在这种系统中建立的数据库是网状数据库。网络结构可以直接表示多对多联系,这是网状模型的主要优点。

3. 关系模型

人们习惯用表格形式表示一组相关的数据,既简单又直观,表 1-1 就是一张学生信息表。

这种由行与列构成的二维表格,在数据库理论中称为关系,用关系表示的数据模型称为关系模型。关系模型是目前最常用的数据模型之一。关系模型是由若干个关系模式组成的集合。一个关系模式相当于一个记录型,对应于程序设计语言中类型定义的概念。在关系模型中,实体和实体间的联系都是用关系表示的,也就是说,二维表格中既存放着实体本身的数据,又存放着实体间的联系。关系不但可以表示实体间一对多的联系,通过建立关系间的关联,也可以表示多对多的联系。

表 1-1 学生信息表

学 号	姓 名	性 别	民 族	政治面貌	出生日期	系编号
311060101	陈劲宇	男	汉族	群众	1990-11-14	01
311060102	郭治杰	男	汉族	其他	1990-03-05	01
311060103	黄鸿山	男	汉族	群众	1990-11-11	01
311060104	黄嘉骏	男	汉族	其他	1991-03-07	01

关系模型以记录组或数据表的形式组织数据,以便于利用实体与属性之间的关系进行存储和变换,不分层也无指针,是建立空间数据和属性数据之间关系的一种非常有效的数据组织方法。其优点包括:结构特别灵活,概念单一,满足所有布尔逻辑运算和数学运算规则形成的查询要求;能搜索、组合和比较不同类型的数据;增加和删除数据非常方便;具有更高的数据独立性、更好的安全保密性。其缺点包括:数据库大时,查找满足特定关系的数据费时;对空间关系无法满足。关系模型是建立在关系代数基础上的,因而具有坚实的理论基础。

与层次模型和网状模型相比,具有数据结构单一、理论严密、使用方便、易学易用的特点,因此,目前绝大多数数据库系统的数据模型,都采用关系数据模型,使得关系数据模型成为数据库应用的主流。

任务三　物理模型

📖 **任务描述**

数据库的逻辑模型确定后,需要将数据组织起来并保存到计算机中,一般来说这些工作由数据库管理系统完成。本任务主要介绍数据库的物理数据模型。

📖 **任务分析**

物理数据模型(Physical Data Model,PDM)是面向计算机物理表示的模型,描述了数据在储存介质上的组织结构,它不但与具体的 DBMS 有关,而且还与操作系统和硬件有关。每一种逻辑数据模型在实现时都有其对应的物理数据模型。DBMS 为了保证其独立性与可移植性,大部分物理数据模型的实现工作由系统自动完成,而设计者只设计索引、聚集等特殊结构。

📖 **知识链接**

物理数据模型提供了系统初始设计所需要的基础元素,以及相关元素之间的关系。即用于存储结构和访问机制的更高层描述,描述数据是如何在计算机中存储的,如何表达记录结构、记录顺序和访问路径等信息。使用物理数据模型,可以在系统层实现数据库。数据库的物理设计阶段必须在此基础上进行详细的后台设计,包括数据库的存储过程、操作、触发、视图和索引表等。最常用的物理数据模型包括统一模型和框架存储模型等。

物理数据模型是由 DBMS 实现的,对不同的 DBMS 物理数据模型的数据类型和操作会有所不同,其主要功能如下:

① 可以将数据库的物理设计结果从一种数据库移植到另一种数据库;

② 可以通过反向工程将已经存在的数据库物理结构重新生成物理模型或概念模型;

③ 可以定制生成标准的模型报告;

④ 可以转换为面向对象模型(OOM);

⑤ 完成多种数据库的详细物理设计,并生成数据库对象的.sql 脚本。

项目三　关系数据库

任务一　关系模型

📖 **任务描述**

关系模型是当前数据库广泛应用的逻辑数据模型。关系模型是人最容易理解的数据模型,使用二维表的形式组织数据。本任务主要介绍关系数据库的基本概念,包括二维表、关系术语和关系的特点。

📖 **任务分析**

目前,虽在数据库领域中存在多种组织数据的方式,但关系数据库是效率最高的一种数据库系统。关系数据库系统采用关系模型作为数据的组织方式。关系数据库是若干个依照关系模型设计的数据表的集合。也就是说,关系数据库由若干张完整的关系模型设计的二维表组成,所有关系数据库实际上就是二维表的集合。本书后面将要讲到的 Access 就是基于关系模型的数据库系统。关系模型是用二维表的形式来表示实体和实体间联系的数据模型。

📖 **知识链接**

1. 二维表

在关系模型数据库中,数据是以二维表的形式组织的,表示实体及实体之间的联系。二维表是我们认识事物的一种最容易理解和接受的方式。课程的信息使用二维表的形式表示为课程表,如表 1-2 所示。

表 1-2　表示"课程"信息的二维表

课程代码	课程名称	课程性质	总学时	学　分
0200212	C 语言程序设计	学科基础	72	3
0200213	UI 界面设计	专业必修	54	2
0200214	Web 应用系统开发	专业必修	72	3

二维表中,第一行为列标题,从第二行开始表示数据记录,所以每行的数据记录描述一个具体的实体。如第二行描述了 C 语言程序设计这一课程的信息,记录显示"C 语言程序设计"的课程代码为"0200212",课程性质为"学科基础",总学时为"72",学分为"3"。

2. 关系术语

（1）关系

在 Access 数据库中,一个"表"就是一个关系。一个关系就是一张二维表,通常将一个没有重复行、重复列的二维表看成一个关系,每个关系都有一个关系名。如表 1-2 中的"课程"信息表。

（2）元组

二维表的每一行在关系中称为元组。元组对应表中的一个具体的记录,见表 1-2,(0200212,C 语言程序设计,学科基础,72,3)表示一个元组。

（3）属性

二维表的每一列在关系中称为属性,每个属性都有一个属性名,属性值则是各个元组属性的取值。见表 1-2,课程信息中"总学时"是课程的属性,而元组(0200212,C 语言程序设计,学科基础,72,3)中,"72"表示属性"总学时"的属性值。

（4）域

属性的取值范围称为域。域作为属性值的集合,其类型与范围具体由属性的性质及其所表示的意义确定。同一属性只能在相同域中取值。

（5）关键字

关系中能唯一区分、确定不同元组的属性或属性组合，称为该关系的一个关键字。单个属性组成的关键字称为单关键字，多个属性组成的关键字称为组合关键字。需要强调的是，关键字的属性值不能取空值，所谓空值就是"不知道"或"不确定"的值，因为这样无法唯一地区分、确定元组。见表1-2，"课程代码"属性可以唯一地确定一门课程元组，所以可作为该关系中的关键字。

（6）候选关键字

关系中能够成为关键字的属性或属性组合可能不是唯一的。凡在关系中能够唯一区分、确定不同元组的属性或属性组合，称为候选关键字。

（7）主关键字

在候选关键字中选定一个作为关键字，称为该关系的主关键字。关系中主关键字是唯一的。

（8）外部关键字

关系中某个属性或属性组合并非关键字，但却是另一个关系的主关键字，称此属性或属性组合为本关系的外部关键字。关系之间的联系是通过外部关键字实现的。

（9）关系模式

对关系的描述称为关系模式，它包括关系名、组成该关系的属性名、属性到域的映像。其格式为：

$$关系名（属性名1，属性名2，\cdots，属性名n）$$

关系既可以用二维表格描述，也可以用数学形式的关系模式来描述。一个关系模式对应一个关系的数据结构，也就是表的数据结构。

表1-2中课程信息表的关系模式可表示为：

$$课程信息表（课程代码，课程名称，课程性质，总学时，学分）$$

3. 关系的特点

虽然说关系模型是一张二维表，但并不是日常工作中所有的表都满足关系模型。在关系模型中，关系必须具有以下特点：

① 关系必须规范化，属性不可再分割；

② 在同一关系中不允许出现相同的属性名；

③ 在同一关系中元组及属性的顺序可以任意；

④ 任意交换两个元组（或属性）的位置，不会改变关系模式。

以上是关系的基本性质，也是衡量一个二维表格是否构成关系的基本要素。在这些基本要素中，有一点是关键，即属性不可再分割，也就是表中不能套表。

任务二　数据库完整性

📖 任务描述

关系模型中保存着大量的数据，关系表之间有着各种联系，所以会产生一些并不完整的数据。如果保存的数据不完整，那么这些数据就属于无效的数据，这些数据保存在数据库，占用着系统的宝贵资源。为了保证数据库的完整性，需要了解数据库中数据的完整性知识。本任务介绍数据库三方面的数据完整性：实体完整性、参照完整性和用户自定义完整性。

📖 任务分析

为了维护数据库中数据与现实世界的一致性，关系数据库的数据插入、删除与更新操作必须遵循完整性规则。关系数据库完整性是为保证数据库中数据的正确性和相容性，对关系模型提出的某种约束条件或规则。完整性通常包括实体完整性、参照完整性和用户自定义完整性（又称域完整性），其中实体完整性和参照完整性是关系模型必须满足的完整性约束条件。

📖 知识链接

1. 实体完整性

实体完整性是指关系的主关键字不能取空值。

一个关系对应现实世界中一个实体集，表 1-2 所示的关系就对应一组学生的集合。现实世界中的实体是可相互区分、识别的，也即它们应具有某种唯一性标识。在关系模式中，以主关键字作唯一性标识，而主关键字中的属性（称为主属性）不能取空值，否则，表明关系模式中存在着不可标识的实体（因空值是"不确定"的），这与现实世界的实际情况相矛盾，这样的实体就不是一个完整实体。按实体完整性规则要求，主属性不能取空值，如主关键字是多个属性的组合，所有主属性均不得取空值。

如表 1-2 将"课程代码"列作为主关键字，那么，该列不得有空值，否则无法对应某门具体的课程，这样的表格不完整，对应关系不符合实体完整性规则的约束条件。

2. 参照完整性

参照完整性定义建立关系之间联系的主关键字与外部关键字引用的约束条件。

关系数据库中通常都包含多个存在相互联系的关系，关系与关系之间的联系是通过公共属性来实现的。所谓公共属性：它是一个关系 R（称为被参照关系或目标关系）的主关键字，同时又是另一关系 K（称为参照关系）的外部关键字。参照关系 K 中外部关键字的取值，要么与被参照关系 R 中某元组主关键字的值相同，要么取空值，那么，在这两个关系间建立关联的主关键字和外部关键字引用，符合参照完整性规则要求。如果参照关系 K 的外部关键字也是其主关键字，根据实体完整性要求，主关键字不得取空值，因此，参照关系 K 外部关键字的取值实际上只能取相应被参照关系 K 中已经存在的主关键字值。

表 1-3 和表 1-4 分别对应"课程表"关系与"成绩表"关系。如果将课程表作为被参照关系，成绩表作为参照关系，以"课程代码"作为两个关系进行关联的公共属性，则"课程代码"是"课程表"关系的主关键字，是"成绩表"关系的外部关键字。如果"成绩表"中某一元组的"课程代码"在"课程表"的"课程代码"属性中找不到相应的值，那么此元组不符合参照完整性。

表 1-3 课程表

课程代码	课程名称	课程性质	考核方式	总学时	学 分
0200212	C 语言程序设计	学科基础	考试	72	3
0200213	UI 界面设计	专业必修	考查	54	2
0200214	Web 应用系统开发	专业必修	考试	72	3
0200215	操作系统	学科基础	考试	72	3
0200216	常用工具软件	专业限选	考查	36	1

表 1-4　成绩表

学　　号	课程代码	分　　数
311060110	0200212	65
311060110	0200213	52
311060109	0200214	67
311060109	0200213	88
311060108	0200216	90

3. 用户自定义完整性

实体完整性和参照完整性适用于任何关系型数据库系统,主要是对关系的主关键字和外部关键字取值必须有效做出的约束。用户自定义完整性则是根据应用环境的要求和实际的需要,对某一具体应用所涉及的数据提出约束性条件。这一约束机制一般不应由应用程序提供,而应由关系模型提供定义并检验。用户自定义完整性主要包括两方面:①字段有效性约束;②记录有效性约束。

例如,某个属性必须取唯一值,某个属性不能取空值,某个属性的取值范围在 1～100 之间(如学生的考试成绩),等等。它们就属于用户自定义完整性说明。

任务三　关系模式的范式

📖 任务描述

关系模型中的关系模式可以通过关系模式范式进行约束和规范。本任务介绍关系模式的范式,对关系模式进行规范化。本任务按照关系模式的范式完成教学信息管理系统中的相关信息表的规范化。

📖 任务分析

在进行数据库设计时,如何把现实世界表示为合理的数据库模式一直是人们非常重视的问题。关系数据库的规范化理论就是进行数据库设计时的有力工具。关系模式满足不同程度要求称为不同的范式(normal form)。范式既可以作为衡量关系模式规范化程度的标准,又可以看作满足某一程度要求的关系模式的集合。目前有 6 个范式级别,它们分别为第一范式(1NF)、第二范式(2NF)、第三范式(3NF)、BC 范式(BCNF)、第四范式(4NF)和第五范式(5NF)。

关系规范化的基本思想是逐步消除数据依赖关系中不合适的部分,并使依赖于同一个数学模型的数据达到有效的分离。满足最低要求的称为第一范式,在第一范式中进一步满足一些要求的称为第二范式,其余范式依次类推。一般来说,最基本的是前三范式,包括第一范式、第二范式和第三范式,越高级的范式对关系模式的要求越严格。

关系模式的规范化是关系到数据库设计的重要概念,规范化的目的是使结构合理,消除储存异常,使数据冗余尽量小,便于插入、删除和更新。规范化的原则是一个关系模式描述一个实体或实体之间的一种联系。关系规范化的方法一般是将关系模式投影分解成两个或两个以上的关系模式。要求分解后的关系模式集合应当与原关系模式"等价",即经过自然连接可以恢复原关系而不丢失信息,并保持属性间合理的联系。规范化实质就是概念单一化。

📖 *知识链接*

1. 第一范式

第一范式是关系数据库的关系模式应满足的最起码的条件。在关系模式 R 中,如果每个属性值都是不可再分的最小数据单位,则称 R 是第　范式的关系,简记为 1NF。例如,表 1-5 所示的关系不符合第一范式,因为从该表可以看出成绩属性还可以分成平时成绩、期末成绩和总成绩,所以其不满足第一范式。

表 1-5　学生成绩表

学　号	姓　名	课程代码	学　分	成　绩		
				平时成绩	期末成绩	总成绩
311060103	陈劲宇	0200212	3	17	61	78
311060104	郭治杰	0200212	3	18	66	84
311060105	黄鸿山	0200213	2	16	60	76
311060106	黄嘉骏	0200214	3	16	50	66
311060107	梁远晖	0200214	3	19	60	79

为了使"学生成绩"关系满足第一范式,可以处理表头,使其成为只有一行表头标题的数据关系表,如表 1-6 所示,其关系模式为:学生成绩表(学号,姓名,课程代码,学分,平时成绩,期末成绩,总成绩)。

表 1-6　满足第一范式的学生成绩表

学　号	姓　名	课程代码	学　分	平时成绩	期末成绩	总成绩
311060103	陈劲宇	0200212	3	17	61	78
311060104	郭治杰	0200212	3	18	66	84
311060105	黄鸿山	0200213	2	16	60	76
311060106	黄嘉骏	0200214	3	16	50	66
311060107	梁远晖	0200214	3	19	60	79

2. 第二范式

如果关系模式 R 为 1NF,并且 R 中的每一个非主属性都完全依赖于 R 的主关键字,则称 R 满足第二范式,简记为 2NF。即对于满足第二范式的关系,如果给定一个主键,则可以在这个数据表中唯一确定一条记录。但是,一个关系模式如果不满足第二范式,则将会产生插入异常、删除异常、更新异常等复杂问题。例如,表 1-7 所示的数据表,其表中没有哪一个数据项能够唯一标识一条记录,所以不满足第二范式。

表 1-7　学生选课数据表

学　号	姓　名	性　别	系名称	课程代码	课程名称	学　分	成　绩	任课教师	职　称
311060103	陈劲宇	男	信工系	0200212	C 语言程序设计	3	78	张乐	教授
311060103	陈劲宇	男	信工系	0200213	UI 界面设计	2	84	赵希明	副教授
311060104	郭治杰	男	信工系	0200215	操作系统	3	76	李小平	讲师
311060105	黄鸿山	男	信工系	0200216	常用工具软件	1	66	李历宁	讲师

分析该数据表可得出以下缺点。

① 冗余度大。一个学生如果选修了 n 门课，则他的有关信息就要重复 n 遍，这就造成数据的极大冗余。

② 插入异常。在这个数据表中，如果要插入一门课程的信息，但此门课程本学期不开设，目前无学生选修，则很难将其插入表中。

③ 删除异常。表中某一学生只选了一门课程，如果他不选了，这条记录就要被删除，那么整个记录都随之删除，这样使得他的所有信息都被删除了，造成删除异常。

为了使表 1-7 满足第二范式，将其分解成以下 3 个关系模式：

① 学生关系（学号，姓名，性别，系名称）；

② 学生选课关系（学号，课程代码，成绩）；

③ 课程关系（课程代码，课程名称，学分，任课教师，职称）。

这样分解后，学号能唯一标识学生关系表的唯一一条数据记录；在学生选课关系中，学号和课程代码能够唯一标识一条数据记录；在课程关系中，课程代码能够唯一标识一条数据记录，所以这 3 个关系模式符合 2NF。

3. 第三范式

如果关系模式 R 为 2NF，并且 R 中的每一个非主属性都不传递依赖于 R 的任何主关键字，则称 R 是第三范式的，简记为 3NF。

在前面分解的满足第二范式的"课程关系"中，职称属于任课教师，主键"课程代码"不直接决定非主属性"职称"，"职称"是通过"任课教师"传递依赖于"课程代码"的，所以该关系不满足第三范式，在某些情况下同样会存在插入异常、删除异常和数据冗余等现象。因此，可以将该关系处理成满足第三范式的数据表，结果为以下两个关系：

① 课程关系（课程代码，课程名称，学分）；

② 教师关系（任课教师，职称）。

对于数据库的规范化设计的要求是应该保证所有数据表都能满足第二范式，力求绝大多数数据表满足第三范式。除上述的 3 种范式外，关系范式还有 BC 范式、第四范式、第五范式。通常情况下，只要把关系分解到第三范式就可以了，并非是关系范式等级越高就越好。

项目四　关系运算

在数据库操作时，我们常常要对关系数据库进行查询，通过查询来找到用户关心的数据，此时，需要对关系进行一定的关系运算。关系的基本运算有两类：一类是传统的集合运算（并、差、交等）；另一类是专门的关系运算（选择、投影、连接、除法等），有些查询需要几个基本运算的组合，要经过若干步骤才能完成。传统的集合运算是从关系的水平方向进行的，专门的关系运算既可以从关系的水平方向进行运算，也可以向关系的垂直方向运算。

任务一　传统的集合运算

📖 任务描述

关系运算是数据集合的运算，所以可以应用传统的集合运算进行处理，从而得到人们所需要的数据。本任务主要介绍关系的传统集合运算。

📖 任务分析

在数据库中,对数据的查询需要运用到传统的集合运算,其中包括并、差、交和广义笛卡儿积。

📖 知识链接

1. 并

设有两个关系 R 和 S,它们具有相同的结构,则 R 和 S 的并是由属于 R 或属于 S 的元组组成的集合,运算符为"$\cup$",记为 $T=R\cup S$。例如,有两个"学生"关系 R 和 S,分别记录了两个班的学生基本信息,现在把第二个班的学生信息表追加到第一个班的学生信息表后面,这种操作就是这两个关系的并运算。

2. 差

设有两个关系 R 和 S,它们具有相同的结构,则 R 和 S 的差是由属于 R 但不属于 S 的元组组成的集合,运算符为"$-$",记为 $T=R-S$。例如,在选修课程时,每个学生都可以选修多门课程,这样可形成一张选修"计算机网络"课程的表和一张选修"C 语言程序设计"课程的表,如果要查找选修了"计算机网络"课程而没有选修"C 语言程序设计"课程的学生,其操作就是关系的差。

3. 交

设有两个关系 R 和 S,它们具有相同的结构,则 R 和 S 的交是由既属于 R 又属于 S 的元组组成的集合,运算符为"$\cap$",记为 $T=R\cap S$。例如,在选修"计算机网络"课程的表和选修"C 语言程序设计"课程的表中,查找既选修了"计算机网络"课程又选修了"C 语言程序设计"课程的学生,其操作就是关系的交。

4. 广义笛卡儿积

设关系 R 和关系 S 的元组分别为 r 和 s。定义 R 和 S 的笛卡儿积 $R\times S$ 是一个 $r+s$ 元的元组集合,每个元组的前 r 个分量(属性值)为来自 R 的一个元组,后 s 个分量是 S 的一个元组,记为 $T=R\times S$。例如,在学生和必修课程两个关系上,产生选修关系:要求每个学生必须选修所有必修课程。这个选修关系可以用两个关系的笛卡儿积运算来实现。

任务二　专门的关系运算

📖 任务描述

数据库的数据记录处理需要有专门的关系运算,本任务介绍专门应用于数据库中关系的运算。

📖 任务分析

为了在数据库中查询所需要的数据,数据库管理系统设计了几种专业数据集运算符,包括选择、投影和联接等。

📖 **知识链接**

1. 选择

从关系中找出满足给定条件的那些元组称为选择。其中的条件是以逻辑表达式给出的,值为真的元组将被选取。这种运算从水平方向抽取元组,经过选择运算得到的结果可以形成新的关系,其关系模式不变,但其中的元组是原关系的一个子集。例如,在表 1-1 中找出政治面貌为"群众"的学生记录,所进行的操作就是选择运算,其运算结果如表 1-8 所示。

表 1-8　选择运算结果

学　号	姓　名	性　别	民　族	政治面貌	出生日期	系编号
311060101	陈劲宇	男	汉族	群众	1990-11-14	01
311060103	黄鸿山	男	汉族	群众	1990-11-11	01

2. 投影

从关系模式中挑选若干属性组成新的关系称为投影。这是从列的角度进行的运算,相当于对关系进行垂直分解。例如,在表 1-1 中对学号、姓名、出生日期和系编号进行投影,得到的新关系如表 1-9 所示。

表 1-9　投影运行结果

学　号	姓　名	出生日期	系编号
311060101	陈劲宇	1990-11-14	01
311060102	郭治杰	1990-03-05	01
311060103	黄鸿山	1990-11-11	01
311060104	黄嘉骏	1991-03-07	01

投影之后不仅会取消原关系中的某些列,而且还可能取消某些元组,因为取消了某些属性列后,就可能出现重复元组,应取消这些完全相同的元组。

3. 联接

选择和投影运算的操作对象只是一个关系,联接运算需要两个关系作为操作对象,是从两个关系的笛卡儿积中选取属性间满足一定条件的元组。联接运算中最常用的两种是等值联接和自然联接。

联接条件中运算符为比较运算符,当此运算符为"＝"时称为等值联接。它是从两个关系的广义笛卡儿积中选取属性相等的那些元组。

等值联接是指在联接运算中,按照字段值对应相等为条件进行的联接操作。

自然联接是一种特殊的等值联接,它要求两个关系中进行比较的分量必须是相同的属性组,并且在结果中把重复的属性列去掉。

特别需要说明的是,一般联接是从关系的水平方向运算,而自然联接不仅要从关系的水平方向,而且要从关系的垂直方向运算。因为自然联接要去掉重复属性,如果没有重复属性,那么自然联接就转化为笛卡儿积。

项目五　数据库的设计

在使用数据库管理系统管理数据时,需要对数据库进行设计。数据库设计是建立数据库及其应用系统的核心和基础。它要求对于指定的应用环境,构造出较优的数据库模式,建立数据库及应用,使系统能有效地存储数据,并满足用户的各种应用需求。下面从数据库设计的目标、数据库设计原则、数据库设计步骤 3 个方面来介绍数据库设计的基础知识,主要掌握数据库设计过程中的概念结构设计和逻辑结构设计的方法。

任务一　数据库设计基础

📖 任务描述

数据库设计基础知识是设计数据库的前提。本任务介绍数据库设计的内容、基本目标、原则和基本步骤。

📖 任务分析

数据库设计是一项综合运用计算机软硬件技术,同时结合应用领域知识及管理技术在内的系统工程。从事数据库设计的人员,不仅要具备数据库知识和数据库设计技术,还要有程序开发的实际经验,掌握软件工程的原理和方法。数据库设计人员必须深入应用环境,了解用户具体的专业业务,在数据库设计的前期和后期与应用单位人员密切联系,共同开发,才能大大提高数据库设计的成功率,所以需要了解数据库设计的内容、基本目标、原则和基本步骤。

📖 知识链接

1. 数据库设计的内容

（1）结构特性的设计

结构特性的设计是指设计数据库框架和数据结构,是静态的。设计数据库应用系统,首先应该进行结构特性的设计。它是对用户所关心的模式的汇总和抽象,反映了现实世界实体及实体之间的联系。

（2）行为特性的设计

行为特性的设计是指确定数据库用户的行为和动作,即设计应用程序、事务处理等,是动态的。用户的行为和动作是通过应用程序对数据库进行的操作,所以总是使数据库的内容发生改变。

2. 数据库设计的基本目标

① 满足用户的信息需求和处理需求。

② 准确模拟现实世界。

③ 具有数据库管理系统的支持。

④ 具有良好的性能。

3. 数据库设计的原则

在数据库设计过程中,为了达到数据库设计的基本目标,需要遵守以下基本的设计原则:

① 设计的表保存的数据是最原始的数据;

② 避免表之间出现重复字段;

③ 用外部关键字保证有关联的表之间的联系;

④ 尽量对关系模式进行规范化。

4. 数据库设计的基本步骤

① 需求分析:收集和分析用户对系统的信息需求和处理需求,得到设计系统所必须的需求信息,建立系统说明文档。

② 概念结构设计:概念结构设计是整个数据库设计的关键。它通过对用户的需求进行综合、归纳与抽象,形成一个独立于具体 DBMS 的概念模型。

③ 逻辑结构设计:在概念模型的基础上导出一种 DBMS 支持的逻辑数据库模型,该模型应满足数据库存取、一致性及运行等各方面的用户需求。

④ 物理结构设计:从一个满足用户需求的已确定的逻辑模型出发,在限定的软、硬件环境下,利用 DBMS 提供的各种手段设计数据库的内模式,即设计数据的存储结构和存取方法。

⑤ 数据库实施:运用 DBMS 提供的数据语言及宿主语言,根据逻辑设计和物理设计的结果建立数据库,编制与调试应用程序,组织数据入库,并进行试运行。

⑥ 数据库运行和维护:数据库应用系统经过试运行后,即可投入正式运行。在数据库系统运行过程中必须不断地对其进行评价、调整与修改。

需要指出的是,数据库的设计步骤既是数据库设计的过程,也包括了数据库应用系统的设计过程。本书中的数据库操作是基于这一章所设计出来的数据库而进行的。

任务二　数据库的概念结构设计

📖 任务描述

根据教学信息管理系统的需求描述,完成"教学信息管理系统"的概念结构设计,使用实体-关系图描述"教学信息管理系统"的概念结构设计。

📖 任务分析

在开发教学信息管理系统时需要设计"教学信息管理系统"数据库。数据库设计从需求分析开始,然后在了解需求的基础上进行数据库概念结构设计。教学信息管理系统是最为常见的管理系统,其概念结构对学生来说都比较熟悉。

📖 知识链接

1. 概念结构设计的方法

将通过需求分析所得到的用户需求抽象为信息结构及概念模型的过程就是概念结构设计。概念结构设计一般有以下 4 种方法。

① 自顶向下:首先定义全局概念结构的框架,然后逐步细化。

② 自底向上:首先定义各局部的概念结构,然后集成得到全局的概念结构。

③ 逐步扩张：首先定义最重要的核心概念结构，然后向外扩充，以迭代的方式逐步生成其他概念结构，直到得到总的概念结构。

④ 混合方式：自顶向下和自底向上相结合，先自顶向下一步步地设计一个全局概念结构框架，然后在此框架上自底向上集成各局部概念结构。

本项目设计的"教学信息管理系统"数据库使用自顶向下的方法，通过需求分析收集教学信息系统中的数据和实体，并确定各实体之间的联系。

2. 概念模型的表示方法

在数据库的概念结构设计中，通常使用实体-关系图（Entity-Relationship Diagram，E-R图）来表示数据库的概念模型。E-R图主要由实体、属性及联系3个要素构成。

E-R图中包含了实体（即数据对象）、关系和属性3种基本成分，绘制E-R图的4种基本符号如表1-10所示。

人们通常是用实体、联系和属性这3个概念来理解现实问题的，因此，E-R模型比较接近人的习惯思维方式。此外，E-R模型使用简单的图形符号表达系统分析员对问题域的理解，不熟悉计算机技术的用户也能理解它，因此，E-R模型可以作为用户与分析员之间有效的交流工具。

表 1-10　E-R 图的符号

图形符号	含　义
（矩形）	矩形表示实体，框内填写实体的名称
（菱形）	菱形表示联系，框内填写联系的名称
（椭圆形）	椭圆形表示实体或联系的属性，框内填写属性的名称
	连接以上3种图形，构成概念模型，连接实体和联系时还应该在线上标识实体之间的联系方式，如1、n 等。

3. 需求分析

从数据库的设计角度来看，需求分析的任务是对现实世界中要处理的对象进行详细的调查，明确用户的各种需要，在此基础上确定系统功能，这个阶段的主要任务如下。

① 调查分析用户的活动：调查组织结构情况，调查用户业务活动的情况。

② 收集和分析需求数据，确定系统边界：保护用户的信息需求、处理需求、安全性和完整性需求等。

③ 信息需求：目标范围内涉及的所有实体、实体的属性以及实体间的联系等数据对象。

④ 处理需求：用户为了得到需求的信息而对数据进行加工处理的要求。

⑤ 安全性和完整性需求：在定义信息需求和处理需求的同时必须给出相应完全性和完整性约束。

⑥ 收集各种需求数据后，对前面的调查结果进行初步分析：确定哪些功能由计算机完成，哪些由人完成。由计算机完成的功能即是新系统应该实现的功能。

在进行需求分析时可以使用自顶向下和自底向上两种方法。其中自顶向下的结构和方法是最简单实用的方法，采用逐层分解的方法，使用数据流图和数据字典来描述系统。

经过这个过程，需求分析人员应该已经了解了对象的组织结构，以及对象中的业务处理活动，明确了用户的信息要求（实体、属性、联系），处理要求（处理过程），安全性、完整性要求。然后按照自顶向下的需求分析方法,用数据流图和数据字典来描述这个系统,分离用户完成功能和计算机完成功能,明确系统功能。这一过程所得的文件或报告是数据库概念结构设计的基础。

任务设计

1. 确定实体、联系和属性

本项目根据现实的教学系统,将教学信息管理系统进行简化,假设教学系统拥有教师、学生、课程、班级、专业和院系 6 个实体,实体的属性和联系的属性描述如下。

① 教师的属性包括:教师编号、姓名、性别、工作时间、政治面貌、学历、职称、系编号、联系电话。

② 学生的属性包括:学号、姓名、性别、民族、籍贯、政治面貌、出生日期、系编号、专业代码、班级代码、照片和 E-mail。

③ 课程的属性包括:课程代码、课程名称、课程性质、考核方式、学分、总学时、教师编号和开课院系。

④ 班级的属性包括:班级代码、班级名称、人数、年级、系编号和专业代码。

⑤ 专业的属性包括:专业代码、专业名称、系编号和专业简介。

⑥ 院系的属性包括:系编号、系名称、系主任、办公室电话和 E-mail。

⑦ 学生与课程有选修的联系,发生联系后拥有属性"成绩"。

教学系统中实体之间的联系如下。

① 一位教师可以上多门课程,一门课程可以由多位教师授课。

② 教师、学生、班级和专业只能从属于指定的一个系。

③ 学生可以选修多门课程,学期结束时有成绩显示,一门课程可以由多名学生选修。

2. 确定局部(分)E-R 图

按照上面的假设,可以绘制出实体的 E-R 图,如图 1-8 所示。图 1-8 只绘制了实体的部分属性,在实体 E-R 图中出现下画线的属性是实体的码。

本项目描述了实体之间的联系方式,包括一对一、一对多以及多对多。"教学信息管理系统"中 6 个实体之间的关系为:教师与课程是多对多的"授课"联系;学生与课程是多对多的"选修"联系,并拥有"成绩"的属性;院系与教师是一对多的"属于"联系;院系与专业是一对多的"属于"联系;专业与班级是一对多的"属于"联系;班级与学生是一对多的"属于"联系,如图 1-9 所示。图 1-9 中的字母 n、m 都表示多的意思。

3. 集成完整(总)E-R 图

各局部的 E-R 图绘制完成后,应该将它们集成为完整 E-R 图。在集成时应该注意如下几点:

① 消除不必要的冗余实体、属性和联系;

② 解决各分 E-R 图之间的冲突;

③ 根据实际情况修改或重构 E-R 图。

根据图 1-9 中的各局部的 E-R 图,可以绘制出"教学信息管理系统"的完整 E-R 图,如图 1-10 所示。为了说明图 1-10 只绘制了实体和联系。

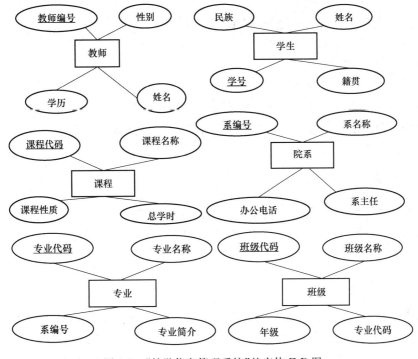

图 1-8 "教学信息管理系统"的实体 E-R 图

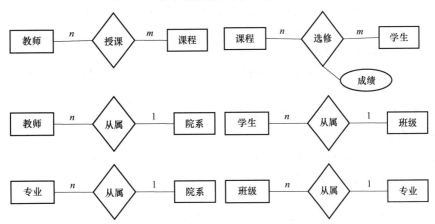

图 1-9 "教学信息管理系统"的局部联系 E-R 图

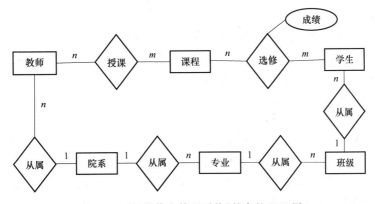

图 1-10 "教学信息管理系统"的完整 E-R 图

任务三　数据库的逻辑结构设计

📖 任务描述

数据库的逻辑结构设计是在概念结构设计的基础上开展的，将概念结构设计阶段形成的 E-R 图转化为逻辑数据模型表示的逻辑模式。本任务主要是将任务二形成的 E-R 图转化为关系型数据库的关系模式。

📖 任务分析

本模块的项目三已定义了什么是关系模式，并描述了其写法。本任务需要将 E-R 图转化为关系模式，这还需要了解如何将 E-R 图中的实体和联系转化为关系模式。

📖 知识链接

1. 逻辑设计的步骤

逻辑结构设计是数据库设计过程的第三个阶段，其是将概念模型转化为数据库管理系统支持的数据模型（关系模型、对象模型、网状模型和层次模型等）的阶段，其设计步骤如下：

① 将概念结构转化为一般的对象、关系、网状和层次等逻辑数据模型；

② 将所得的逻辑数据模型向选定数据库管理系统支持下的数据模型转化；

③ 运用规范化理论对逻辑数据模型进行优化。

2. 关系模型逻辑设计的过程

现在最常用的逻辑数据模型是关系数据模型，进行关系模型的逻辑设计需要执行以下几个过程。

① 确定实体的数据表：将 E-R 图中的实体独立成表，也就是说概念模型中的一个实体对应着关系模型中的数据表。

② 确定实体生成的数据表的字段：关系模型的字段对应着 E-R 模型中实体的属性。

③ 确定联系的数据表：将实体之间的联系转化为数据表。

3. 联系转化为数据表

E-R 图中联系有 3 种，包括一对一、一对多以及多对多，在项目二的任务一中已详述。针对这 3 种联系转化为数据表，需要遵守如下原则。

(1) 1∶1 的联系转化为数据表

若实体 A 和实体 B 是一对一联系，联系表示为 C，那么将联系 C 的属性和实体 A/B 的主关键字作为字段加入到实体 B/A 中。示意图如图 1-11 所示，关系模式为 $A(a_1,a_2,a_3)$、$B(b_1,b_2,b_3)$，那么转化为 1∶1 联系后，关系模式修改为 $A(a_1,a_2,a_3,b_1,c_1)$、$B(b_1,b_2,b_3)$ 或 $A(a_1,a_2,a_3)$、$B(b_1,b_2,b_3,a_1,c_1)$。

(2) 1∶n 的联系转化为数据表

若实体 A 和实体 B 是一对多联系，联系表示为 C，那么将联系 C 的属性和实体 A 的主关键字作为字段加入到 B 中，或者将联系 C 独立成数据表，将实体 A 和实体 B 的主关键字作为数据表 C 的属性。示意图如图 1-12 所示，关系模式为 $A(a_1,a_2,a_3)$、$B(b_1,b_2,b_3)$，那么转化为 1∶n 联系后，关系模式修改为 $A(a_1,a_2,a_3)$、$B(b_1,b_2,b_3,a_1,c_1)$ 或者 $A(a_1,a_2,a_3)$、$B(b_1,b_2,$

b_3)和 $C(c_1, a_1, b_1)$。

图 1-11 1∶1 的联系　　　　　　　　　图 1-12 1∶n 的联系

（3） $n∶m$ 的联系转化为数据表

若实体 A 和实体 B 是多对多联系，联系表示为 C，那么将联系 C 独立成数据表，并将实体 A 和实体 B 的主关键字作为数据表 C 的字段。示意图如图 1-13 所示，关系模式为 $A(a_1, a_2, a_3)$、$B(b_1, b_2, b_3)$，那么转化为 $n∶m$ 联系后，应该多添加一个联系 C 的关系模式 $C(c_1, a_1, b_1)$。

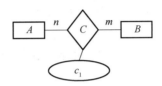

图 1-13 $n∶m$ 的联系

📖 **任务设计**

1. 实体转化为数据表

按照关系模型的设计过程，可以将本项目任务二中设计的 E-R 图中的实体转化为如下相应的关系模式。

① 教师（教师编号，姓名，性别，工作时间，政治面貌，学历，职称，系编号，联系电话）。

② 课程（课程代码，课程名称，课程性质，考核方式，学分，总学时，教师编号，开课院系）。

③ 学生（学号，姓名，性别，民族，籍贯，政治面貌，出生日期，系编号，专业代码，班级代码，照片，E-mail）。

④ 院系（系编号，系名称，系主任，办公电话，E-mail）。

⑤ 专业（专业代码，专业名称，系编号，专业简介）。

⑥ 班级（班级代码，班级名称，人数，年级，系编号，专业代码）。

2. 联系转化为数据表

"教学信息管理系统"的 E-R 图见图 1-10，图中显示只有 6 种联系：教师与课程、学生与课程、教师与院系、院系与专业、专业与班级以及班级与学生。

① 教师与课程的联系是多对多的联系，其联系名称为授课，可以将课程独立成数据表，其关系模式如下：

课程（<u>课程代码</u>，课程名称，课程性质，考核方式，学分，总学时，教师编号，开课院系）

② 院系与教师的联系是一对多的联系，可以将教师编号作为教师表的主关键字，系编号作为院系表的主关键字，其关系模式如下：

教师（<u>教师编号</u>，姓名，性别，工作时间，政治面貌，学历，职称，系编号，联系电话）

院系（<u>系编号</u>，系名称，系主任，办公电话，E-mail）

③ 学生与课程的联系是多对多的联系,其联系名称为选修,但是为了与学生经常使用的名称相对应,可将数据表的名称命名为成绩,因此学生与课程的联系转化为数据表的关系模式:

成绩(<u>学号</u>,<u>课程代码</u>,分数)

④ 班级与学生的联系是一对多的联系,将学号作为学生表的主关键字,将班级代码作为班级表的主关键字,学生和班级的数据表如下:

学生(<u>学号</u>,姓名,性别,民族,籍贯,政治面貌,出生日期,系编号,专业代码,班级代码,照片,E-mail)

班级(<u>班级代码</u>,班级名称,人数,年级,系编号,专业代码)

⑤ 专业与班级的联系是一对多的联系,将专业代码作为专业表的主关键字,专业数据表如下:

专业(<u>专业代码</u>,专业名称,系编号,专业简介)

3. 数据库的关系模式

通过上述的步骤后,可以得到"教学信息管理系统"的数据库逻辑结构,关系模式表示如下。

① 教师(<u>教师编号</u>,姓名,性别,工作时间,政治面貌,学历,职称,系编号,联系电话)。

② 课程(<u>课程代码</u>,课程名称,课程性质,考核方式,学分,总学时,教师编号,开课院系)。

③ 学生(<u>学号</u>,姓名,性别,民族,籍贯,政治面貌,出生日期,系编号,专业代码,班级代码,照片,E-mail)。

④ 院系(<u>系编号</u>,系名称,系主任,办公电话,E-mail)。

⑤ 专业(<u>专业代码</u>,专业名称,系编号,专业简介)。

⑥ 班级(<u>班级代码</u>,班级名称,人数,年级,系编号,专业代码)。

⑦ 成绩(<u>学号</u>,<u>课程代码</u>,成绩)。

在每个关系中,下画线的字段为该关系的关键字,波浪线的字段为该关系的外键。到此"教学信息管理系统"的关系模型基本成形。关系的具体存储则是数据库物理结构设计的部分,而对关系进行操作是数据库实现与应用的内容,这些内容将在后续的模块中详细讲述。

习题与实训一

一、选择题

1. 以下的英文缩写中表示数据库管理系统的是(　　)。

(A) DB   (B) DBMS   (C) DBA   (D) DBS

2. 负责数据库的建立、使用和维护的专门的人员是(　　)。

(A) 数据库管理员   (B) 系统设计员   (C) 应用程序员   (D) 最终用户

3. 将两个关系拼接成一个新的关系,生成的新关系中包含满足条件的元组,这种操作称为(　　)。

(A) 选择   (B) 投影   (C) 联接   (D) 并

4. 有了模式/内模式映像,可以保证数据和应用程序之间的(　　)。

(A)逻辑独立性　　　　(B)物理独立性　　　　(C)数据一致性　　　　(D)数据安全性

5．现实世界中任何可区分、可识别的客观存在的事物是（　　）。

(A)实体　　　　　　(B)物品　　　　　　(C)物体　　　　　　(D)物质

6．在概念模型中，将实体所具有的某一特性称为（　　）。

(A)外码　　　　　　(B)候选码　　　　　(C)属性　　　　　　(D)实体型

7．不属于专门的关系运算符的是（　　）。

(A)选择　　　　　　(B)投影　　　　　　(C)联接　　　　　　(D)抽取

8．下列关于关系数据模型的说法不正确的是（　　）。

(A)数据库避免了一切数据重复

(B)数据库减少了数据冗余

(C)数据库数据可为经DBA认可的用户共享

(D)控制冗余可确保数据的一致性

9．数据管理技术发展阶段中，文件系统阶段与数据库系统阶段的主要区别之一是数据库系统（　　）。

(A)有专门的软件对数据进行管理　　　　(B)采用一定的数据模型组织数据

(C)数据可长期保存　　　　　　　　　　(D)数据可共享

10．所谓概念模型，指的是（　　）。

(A)实体模型在计算机中的数据化表示

(B)将信息世界中的信息数据化

(C)客观存在的事物及其相互联系

(D)现实世界到机器世界的一个中间层次，即信息世界

11．数据库的概念模型独立于（　　）。

(A)DBMS　　　　　(B)E-R图　　　　　(C)数据维护　　　　(D)数据库

12．把E-R图转换成关系模型的过程，属于数据库设计的（　　）。

(A)概念设计　　　　(B)逻辑设计　　　　(C)需求分析　　　　(D)物理设计

13．如果一个数据表中存在完全一样的元组，则该数据表（　　）。

(A)不是关系数据模型　　　　　　　　　(B)数据模型采用不当

(C)存在数据冗余　　　　　　　　　　　(D)数据系统的数据控制功能不好

14．Access数据库属于（　　）数据库。

(A)层次模型　　　　(B)网状模型　　　　(C)关系模型　　　　(D)面向对象模型

15．在关系模式R中，如果每个属性值都是不可再分的最小数据单位，则称R是（　　）的关系。

(A)第一范式　　　　(B)第二范式　　　　(C)第三范式　　　　(D)第四范式

16．在Access数据库中，一个关系就是一个（　　）。

(A)二维表　　　　　(B)记录　　　　　　(C)字段　　　　　　(D)数据库

17．设有部门和员工两个实体，每个员工只能属于一个部门，一个部门可以有多名员工，则部门与员工实体之间的联系类型是（　　）。

(A)多对多　　　　　(B)一对多　　　　　(C)多对一　　　　　(D)一对一

18．关系R和关系S的交运算是（　　）。

(A)由关系R和关系S的所有元组合并组成的集合，再删去重复的元组

(B) 由属于 R 而不属于 S 的所有元组组成的集合

(C) 由既属于 R 又属于 S 的元组组成的集合

(D) 由 R 和 S 的元组连接组成的集合

19. 设关系 R 和 S 的元组个数分别为 10 和 30，关系 T 是 R 与 S 的笛卡儿积，则 T 的元组个数是（　　）。

(A) 40　　　　　　(B) 100　　　　　　(C) 300　　　　　　(D) 900

20. 要从学生关系中查询学生的姓名和年龄所进行的查询操作属于（　　）。

(A) 选择　　　　　(B) 投影　　　　　(C) 联接　　　　　(D) 自然联接

二、填空题

1. _____是信息的具体表现形式，_____是数据有意义的表现。

2. _____就是将数据转换为信息的过程。

3. 数据库领域中，常用的数据模型有_____、网状模型和_____。

4. 关系数据库采用_____作为数据的组织方式。

5. 对内模式的修改尽量不影响概念模式，当然对于外模式和应用程序的影响更小，这样称数据库达到了_____。

6. 表之间的联系有 3 种，即一对一联系、_____和_____。

7. E-R 图主要是由_____、_____及_____3 个要素构成的。

8. 对关系的描述称为_____，它包括关系名、组成该关系的属性名、属性到域的映像。

9. _____是数据库设计过程的第三个阶段，其是将概念模型转化为数据库管理系统支持的数据模型的阶段。

10. _____是指关系的主关键字不能取"空值"。

三、上机实训

📖 实训目的

1. 了解关系型数据库的基本概念。

2. 熟悉数据库设计的方法。

3. 掌握数据库设计的步骤。

📖 实训内容

为超市设计一个"超市管理系统"数据库。建立"超市管理系统"数据库的主要目的是通过管理超市的信息，方便管理员管理好超市，使其操作便捷，贴近客户。因此"超市管理系统"数据库具有以下功能。

1. 录入和维护雇员和客户的基本信息

需要记录雇员的信息有：雇员（雇员 ID，雇员姓名，雇员性别，出生年月日，职务）。

需要记录客户的信息有：客户（客户 ID，客户名称）。

2. 商品管理

管理员将超市的商品信息录入到系统中，并对商品进行分类存放，所以商品的信息有：商品（商品 ID，商品名称，类别 ID，供应商 ID，单价，数量）。

为规范和方便管理商品，商品需要分类存放，所以商品的类别信息有：商品类别（类别 ID，类别名称）。

3．订单处理

超市日常购买和销售会产生订单,所以要对订单进行详细记录和说明,订单需要记录的信息有:订单(订单 ID,客户 ID,雇员 ID,订购日期,到货日期,发货日期)。

在节假日或特殊日子,超市会进行促销活动,对某些商品进行打折处理,并在订单上显示明细,订单明细表的信息有:订单明细(订单 ID,商品 ID,数量,折扣)。

4．雇员工资

工资即雇员的薪资,是雇员的劳务报酬。雇员工资由基本工资、奖金和补贴构成,基本工资依据雇员职务而定,奖金是对雇员业绩表现优异的奖励,补贴根据雇员的实际工作和生活情况发放。

5．要求

① 根据上述 1~4 的需求描述及实际工作需求进行需求分析,设计出"超市管理系统"数据库的 E-R 图。

② 根据要求①所绘制的 E-R 图写出合适的关系模式。

模块二 数据库的创建与维护

【学习目标】

- 熟悉 Access 2010 的安装、启动与退出。
- 了解 Access 2010 的工作环境。
- 重点掌握 Access 2010 数据库的创建。
- 熟悉数据库的打开与关闭操作。
- 了解数据库的维护工作。

Access 2010 数据库管理系统是 Office 2010 办公软件套中的一款数据管理软件，其用户界面与 Office 2010 办公套件中的其他软件的设计是一致的。Office 2010 是 Office 2007 的一个改进，是 Office 2003 的全新版本。

Access 2010 是 Office 2010 办公软件套的一个重要组成部分，主要用于数据库管理。使用它可以高效地完成各种类型的中小型数据库管理工作，它可以广泛应用于财务、行政、金融、经济、教育、统计和审计等众多的管理领域，使用它可以大大提高数据处理的效率。尤其是它特别适合非 IT 专业的普通用户开发自己工作所需要的各种数据库应用系统。其功能强大、界面友好、易学易用。

项目一 Access 2010 的操作环境

任务一 Access 2010 的安装与运行

📖 任务描述

本书的所有操作都基于 Access 2010 数据库软件，所以在应用 Access 2010 数据库软件之前先要安装它。本任务主要介绍安装 Access 2010 数据库软件，并运行它。

📖 任务分析

Access 2010 数据库软件是 Microsoft Office 2010 办公套件中的一款数据库管理软件，所以安装 Microsoft Office 2010 软件包即可。现在的计算机在安装 Office 2010 的时候会自动附带安装 Access 2010，如果没有自动安装，用户可以通过执行 Office 2010 的安装程序引导安装 Access 2010。

📖 **知识链接**

1. Microsoft Access 2010 简介

Access 2010 不仅继承和发扬了以前版本的功能强大、界面友好、易学易用的优点,而且它又发生了新的巨大变化。Access 2010 所发生的变化主要包括智能特性、用户界面、创建 Web 网络数据库功能、新的数据类型、宏的改进和增强、主题的改进、布局视图的改进以及生成器功能的增强等几个方面。这些改进使得原来十分复杂的数据库管理、应用和开发工作变得更简单、更轻松、更方便,同时更加突出了数据共享、网络交流、安全可靠。下面列出其中最主要的改进。

(1)更多的数据库模板

最终用户可以根据自己的需要在 Access 2010 的社区功能中应用他人共享的数据库模板,同时也可以将自己设计的数据库共享给其他人使用。

(2)用户界面

Access 2010 用户界面的 3 个主要组件是:功能区、Backstage 视图和导航窗格。功能区是一个包含多组命令且横跨程序窗口顶部的带状选项卡区域,其代替了传统的菜单和工具栏。Backstage 视图是功能区的"文件"选项卡上显示的命令集合。导航窗格是 Access 程序窗口左侧的窗格,用户可以在其中使用数据库对象。导航窗格取代了 Access 2007 中的数据库窗口。这 3 个元素提供了用户创建和使用数据库的环境。

各个按钮分布在窗口顶部且以分组形式显示相关功能的选项卡,按钮分门别类地组合在一起,用户不必再寻找命令,因为所需命令会呈现在使用者眼前而且触手可及。同时,不会让包含命令的隐藏工具栏隐藏在菜单或单独的窗格中,而是提供了一个控制中心,它将各种要素集中在一起,使得它们极易被看到,按钮也不会消失,它们总是显示在相应位置,这样操作起来更加简单。

(3)共享 Web 网络数据库

这是 Access 2010 的新特色之一。它极大地增强了通过 Web 网络共享数据库的功能。另外,它还提供了一种将数据库应用程序,作为 Access Web 应用程序部署到 SharePoint 服务器的新方法。

SharePoint Services 是用作企业门户站点以及内部协同办公的基于 Web 方式的平台,它和 Microsoft Office 紧密结合在一起,提供功能强大的包含文档、数据管理在内的各类信息管理。

Access 2010 与 SharePoint 技术紧密结合,它可以基于 SharePoint 的数据创建数据表,还可以与 SharePoint 服务器交换数据。

(4)Web 数据库开发工具

Access 2010 提供了两种数据库类型的开发。一种是标准桌面数据库类型。另一种是 Web 数据库类型。使用 Web 数据库开发工具可以轻松方便地开发出网络数据库。

(5)表达式生成器的智能特性

Access 2010 的智能特性表现在各个方面,其中表达式生成器最值得炫耀,用户不用花费很多时间来考虑语法错误和设置相关的参数等,因为当用户输入表达式的时候,表达式生成器的智能特性为用户提供了所需要的全部信息。

（6）布局视图的改进

在 Access 2010 中布局视图的功能更加强大。在布局视图中，窗体实际正在运行。因此看到的数据与使用该窗体时显示的外观非常相似。布局视图的可贵之处是用户还可以在此视图中对窗体设计进行更改。由于可以在修改窗体的同时看到运行的数据，因此，它是非常有用的视图。在这个视图中，可以设置控件大小或执行几乎所有其他影响窗体的外观和可用性的任务。特别需要指出，布局视图是唯一可用来设计 Web 数据库窗体的视图。

允许用户类似于拆分、合并单元格一样拆分、合并字段。尤其在报表中，这种对字段进行的拆分和合并，给数据的重新组织带来了极大的方便。布局视图支持层叠表格——组控件，使用这种组控件可以方便地重新布置字段、行、列和整个布局。在布局视图中，还可以方便地移去字段或设置字段。在 Access 2010 中，设计视图用来完成更细致的设计工作。

（7）更快速地设计宏

Access 2010 提供了一个全新的宏设计器，它比以前版本的宏设计视图可以更轻松地创建、编辑和自动化数据库逻辑。使用这个宏设计器，可以更高效地工作，减少编码错误，并轻松地组合更复杂的逻辑以创建功能强大的应用程序。通过使用数据宏将逻辑附加到用户的数据中来增加代码的可维护性，从而实现源表逻辑的集中化。Access 2010 提供了支持设置参数查询的宏，这样用户开发参数查询就更灵活。

Access 2010 重新设计并整合宏操作，通过操作目录窗口把宏分类组织，使得用户运用宏操作更加方便，可以说在 Access 2010 中宏发生了质的变化。

2. 获取安装包

用户可以购买微软的 Microsoft Office 2010 家庭或学生版本，还可以在网上查找一些试用版本。

📖 任务设计

1. 安装 Microsoft Access 2010

Microsoft Access 2010 软件是 Microsoft Office 2010 办公软件套件中的一款数据库管理软件，一般来说安装 Microsoft Office 2010 时就会默认安装 Microsoft Access 2010。如果用户在安装 Microsoft Office 2010 办公软件套件时没有选择安装 Microsoft Access 2010，可以通过如下操作完成安装。

① 双击 Microsoft Office 2010 办公软件套件中的安装程序"setup.exe"，系统自动检测是否安装了 Microsoft Office 2010 办公软件套件，然后弹出"更改 Microsoft Office Professional Plus 2010 的安装"对话框，如图 2-1 所示。

② 选择"添加或删除功能"选项，然后单击"继续"按钮，进入"自定义 Microsoft Office 程序的运行方式"对话框，如图 2-2 所示，单击"Microsoft Access"选项前的下拉按钮 ▼，从弹出的菜单中选择"从本机运行"菜单项，然后单击"继续"按钮，Microsoft Office 2010 安装程序按照用户自定义的方式添加 Microsoft Access 数据库管理软件。

用户还可以通过"控制面板"中"添加或删除程序"功能，找到 Microsoft Office Professional Plus 2010 应用程序选择项，然后单击"更改"按钮，系统自动弹出如图 2-1 所示的对话框，接下来的操作同上。

2. 启动 Microsoft Access 2010

启动 Access 2010 的方法有很多种，其中最常用的方法如下。

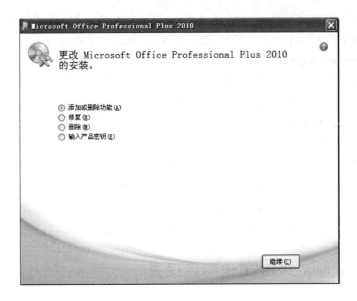

图 2-1 "更改 Microsoft Office Professional Plus 2010 的安装"对话框

图 2-2 自定义 Microsoft Office 程序的运行方式

①"开始"菜单启动。单击"开始"→"程序"→"Microsoft Office"→"Microsoft Access 2010"命令,如图 2-3 所示。

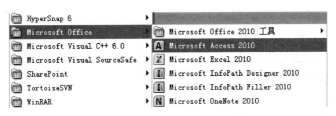

图 2-3 从"开始"菜单启动 Access 2010

② 通过打开数据库文件启动 Access 2010。打开文件浏览器，找到需要打开的数据库文件，双击需打开的数据库文件，从而启动 Access 2010，同时该数据库文件也被打开。

3. 退出 Microsoft Access 2010

退出 Access 2010 有以下几种常见的方法。

① 单击"文件"菜单进入 Backstage 视图，然后单击"退出"命令。

② 单击窗口标题栏右边的"关闭"按钮。

③ 按〈Alt＋F4〉组合键。

④ 双击标题栏左边的 Office Access 的图标。

需要注意的是，无论何时退出，Microsoft Access 都将自动保存对数据的更改。但如果在上一次保存之后，又更改了数据库对象的设计，Microsoft Access 将在关闭之前询问是否保存这些更改，如果意外地退出 Microsoft Access，可能会损坏数据库。

任务二　Access 2010 工作环境设置

📖 任务描述

熟悉 Access 2010 的工作界面可以提高工作效率，本任务需要完成修改默认文件格式，自定义功能区，自定义快速访问工具栏，设置导航窗格等操作。

📖 任务分析

Access 2010 提供了友好的用户界面，还为用户的操作提供了方便，用户界面简洁，操作简单。Access 2010 对操作界面的设置更加符合用户友好性的要求。Access 2010 为不同的用户、不同的操作需要设置不同命令以使得用户能够快速执行命令。这种个性化设置使 Access 2010 更符合用户自己的应用习惯，并提高了用户的工作效率。

📖 知识链接

1. Access 2010 的工作界面

Access 2010 提供了用户友好的工作界面，启动 Access 2010 后显示 Backstage 视图，然后打开一个数据库，显示工作界面如图 2-4 所示。

（1）标题栏

标题栏位于应用程序窗口的最上方，包含系统程序图标（控制菜单按钮）、快速访问工具栏、数据库的信息显示和窗口控制按钮。数据库的信息显示会显示当前应用程序的名称、编辑的数据库名称和数据库保存的格式。

（2）快速访问工具栏

只要单击快速访问工具栏中的命令图标即可执行命令。快速访问工具栏中只显示了常用的命令，其中默认显示命令包括"保存""撤销"和"恢复"等。用户还可以根据自己的需要自定义快速访问工具栏。

（3）功能区及其构成

功能区是菜单和工具栏的主要替代部分，并提供了 Access 2010 中主要的命令界面。功能区的主要优势之一是，它将通常需要使用菜单、工具栏、任务窗格和其他用户界面组件才能显示的任务或入口点集中在一个地方。这样一来，用户只需在一个位置查找命令，而不用四处查找命令。

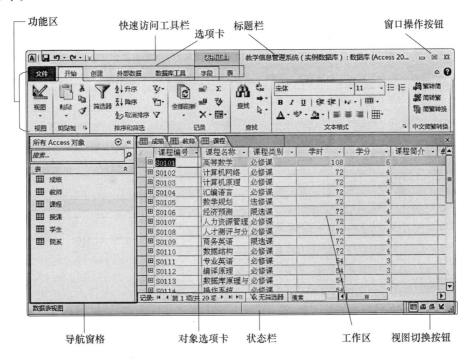

图 2-4　Access 2010 的工作界面

　　功能区由一系列包含命令的命令选项卡组成。在 Access 2010 中，主要的命令选项卡包括"文件""开始""创建""外部数据"和"数据库工具"。其中，单击"文件"选项卡则进入到 Backstage 视图。每个选项卡都包含多组相关命令，这些命令组展现了其他一些新的 UI 元素（如样式库，它是一种新的控件类型，能够以可视方式表示选择）。功能区上提供的命令仅涉及当前处于活动状态的对象，其他与当前处于活动状态的对象无关的命令并不会显示。

　　选项卡位于功能区的顶部，选项卡下的命令是按照一定的分类规则进行划分的，同一类的命令都会使用命令组包含在一起。见图 2-4，"开始"选项卡是默认显示的选项卡，其下包含"视图""剪贴板""排序和筛选""记录""查找""文本格式"和"中文简繁转换"等命令组，在"文本格式"命令组中用户可以直接使用字体设置的命令。各主选项卡包含的功能如表 2-1 所示。

表 2-1　各主选项卡的功能

命令选项卡	可以执行的常用操作
开始	选择不同的视图
	从剪贴板复制和粘贴
	设置当前的字体特性
	设置当前的字体对齐方式
	设置备注字段的文本格式
	使用记录（刷新、新建、保存、删除、汇总、拼写检查及更多）
	对记录进行排序和筛选
	查找记录

续　表

命令选项卡	可以执行的常用操作
创建	插入新的空白表
	使用表模板创建新表
	在 SharePoint 网站上创建列表,在链接至新创建的列表的当前数据库中创建表
	在设计视图中创建新的空白表
	基于活动表或查询创建新窗体
	创建新的数据透视表或图表
	基于活动表或查询创建新报表
	创建新的查询、宏、模块或类模块
外部数据	导入或链接到外部数据
	导出数据
	通过电子邮件收集和更新数据
	创建保存的导入和保存的导出
	运行链接表管理器
数据库工具	将部分或全部数据库移至新的或现有 SharePoint 网站
	启动 Visual Basic 编辑器或运行宏
	创建和查看表关系
	显示/隐藏对象相关性
	运行数据库文档或分析性能
	将数据移至 Microsoft SQL Server 或 Access(仅限于表)数据库
	管理 Access 加载项
	创建或编辑 Visual Basic for Applications（VBA）模块

　　工具选项卡是在用户打开相应的数据库对象时才出现的选项卡,其为不同的数据库对象提供了更多合适的命令。见图 2-4,打开了"课程"数据表,那么显示了"表格工具"组,其中包括了"字段"和"表"两个上下文选项卡。当关闭或没有选中数据库对象时,上下文选项卡自动隐藏。

　　组或命令组是在选项卡内部进行划分命令的单元,组内包含多个功能命令。在一些组中,还会在组的右下角出现"对话框启动器"的图标 ,单击此图标,用户可以使用传统的对话框对指定的对象进行详细的设置。见图 2-4,单击"开始"选项卡中的"文本格式"组右下角的"对话框启动器"按钮,用户即可对字体进行详细的设置。

　　命令的表现形式有框、菜单和按钮,它们被放置在某个组内。例如,"开始"选项卡中的"剪贴板"组包含了"粘贴""剪切"和"复制"命令。当用户将鼠标移动到某命令上时,会出现智能屏幕提示,这些提示包括该命令的名称、快捷键及其详细的功能等。

　　(4) Backstage 视图

　　Backstage 视图占据功能区上的"文件"选项卡,并包含很多以前出现在 Access 早期版本的"文件"菜单中的命令。Backstage 视图还包含适用于整个数据库文件的其他命令。在打开 Access 但未打开数据库时,可以看到 Backstage 视图,如图 2-5 所示。

　　在 Backstage 视图中,可以创建新数据库,打开现有数据库,通过 SharePoint Server 将数据库发布到 Web,以及执行很多文件和数据库维护任务。Access 2010 将帮助信息和应用程序的设置选项也放置在这个 Backstage 视图中,用户需要使用帮助信息和设置 Access 的相关参数,可到 Backstage 视图进行操作。

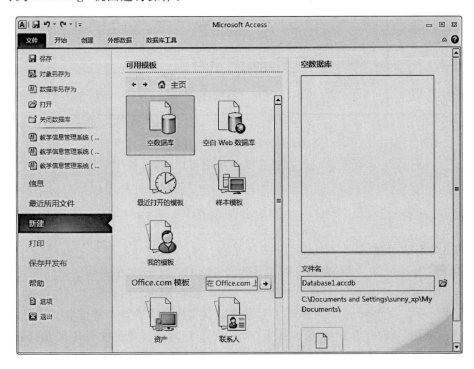

图 2-5　Backstage 视图

（5）导航窗格

在打开数据库或创建新数据库时,数据库对象的名称将显示在导航窗格中。导航窗格取代了早期版本的 Access 中所用的数据库窗口(如果在以前版本中使用数据库窗口执行任务,那么现在可以使用导航窗格来执行同样的任务)。例如,如果要在数据表视图中将行添加到表,则可以从导航窗格中打开该表。通过导航窗格,用户可以快速进入需要编辑的数据库对象,在工作时,也可以在导航窗格中分类显示指定的数据库对象,从而将重点放在需要操作的对象身上。

（6）工作区

工作区是 Access 2010 工作界面中最大的部分,用来显示数据库中的各种对象,是使用 Access 进行数据库操作的主要工作区域。Access 2010 的工作区使用选项卡方式来显示多个数据库对象文档。

（7）状态栏

状态栏位于程序窗口的底部,用于显示当前选中对象的状态信息。状态栏右侧包括了当前编辑的数据库对象多种视图的切换按钮。

2. 数据库对象的视图

Access 2010 版本的数据库包括数据表、查询、窗体、报表、宏和模块 6 个数据库对象。Access 2010 为这些数据库对象各自设计了多种不同的视图,以方便编辑各个数据库对象,不同对象所具有的主要视图如表 2-2 所示。

表 2-2　Access 2010 数据库对象的主要视图

对象名称	视　图
数据表	数据表视图、数据透视表视图、数据透视图视图、设计视图
查询	数据表视图、数据透视表视图、数据透视图视图、SQL 视图、设计视图
窗体	窗体视图、布局视图、设计视图
报表	报表视图、打印预览视图、布局视图、设计视图
宏	设计视图
模块	Visual Basic 编辑器

选中数据库对象时，Access 会自动跳到指定对象的默认视图让用户进行编辑对象。如打开表对象后，Access 显示表对象的数据表视图。用户可以通过"视图切换"按钮切换对象的各种视图。

任务设计

1. 修改默认文件格式

首次安装 Access 2010 后，默认文件格式为". accdb"。可更改 Access 的默认文件格式，以便 Access 2010 创建与旧版本 Access 兼容的". mdb"文件，用户可以选用的文件格式为 Access 2000、Access 2002-2003 和 Access 2007。如果将默认文件格式设置为老版本中的任意文件格式，虽然可以利用 Access 2010 改进的开发环境，但不能向所创建的文件中添加任何 Access 2010 新功能，如多值查阅字段、计算字段。修改默认文件格式的操作步骤如下。

① 打开 Access 2010 应用程序，切换到"文件"选项卡，在 Backstage 视图中的导航菜单中执行"选项"命令，弹出"Access 选项"对话框，如图 2-6 所示。

② 在"常规"设置选项框中，在"创建数据库"中，从"空白数据库的默认文件格式"下拉列表中选择需要的文件格式，然后单击"确定"按钮完成设置。

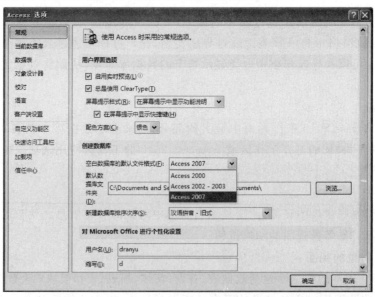

图 2-6　设置默认的文件格式

2. 功能区的自定义和使用

功能区是 Access 2010 用户友好性的一个体现。功能区能够让用户自行设置在选项卡上显示的命令,具体操作如下。

① 切换"文件"选项卡,进入 Backstage 视图,执行"选项"命令,打开"Access 选项"对话框,切换到"自定义功能区"设置选项框,如图 2-7 所示。

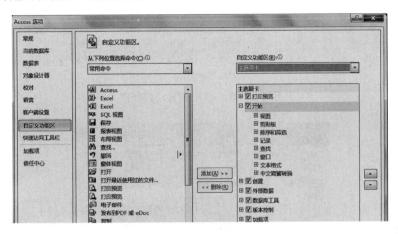

图 2-7 自定义功能区

② 用户可以将指定位置上的命令添加到"自定义功能区"的选项框中。添加操作为:在"从下列位置选择命令"下拉列表选择需要的分类,如"不在功能区中的命令",然后在下面的列表框中选中需要添加到功能区的命令,在"自定义功能区"的框中,先单击"新建选项卡"按钮,为主选项卡添加一个新的选项卡,在此设置选项卡的名称为"帮助"。

③ 在新建的选项卡下系统自动创建了一个名为"新建组(自定义)"的组,右击该级,选择右击菜单中的"重命名"命令,将该组命名为"帮助",然后单击"添加"按钮,将"不在功能区中的命令"列表框里的帮助命令,添加到"主选项卡"列表框下的"帮助"选项卡下的"帮助"组中,如图 2-8 所示。单击"确定"按钮完成自定义功能区的操作。

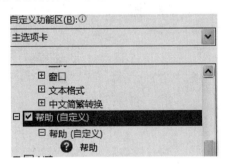

图 2-8 添加"帮助"命令到自定义的选项卡中

在图 2-7 中,用户还可以使用上移图标 ▲ 和下移图标 ▼ 改变功能区中各选项卡的位置。Access 2010 为方便用户执行命令和编辑数据库对象,还可以对功能区进行如下操作。

① 功能区最小化。在主工作界面上,单击功能区右上角的"功能区最小化"图标 ⌃ 即可。如果需要显示功能区,则再单击同一个位置的"展开功能区"图标 ⌄。还可以右击功能区,在右击菜单中选择"功能区最小化"命令。

② 功能区快捷键的使用。如果需要提高工作效率,用户可以使用快捷键执行功能区的命令。在主工作界面上,键入〈Alt〉键,功能区上显示选项卡的快捷键字母,如图 2-9 所示。如果需要切换到"创建"选项卡,则在键上键入〈C〉键,则显示"创建"选项卡下的命令快捷键,如图 2-10 所示。如果创建表则可以依次键入〈T＋N〉组合键。当前用户熟悉后,可键入〈Alt＋C〉组合键显示"创建"选项卡下命令的快捷键。

图 2-9　键入〈Alt〉键显示快捷键

图 2-10　键入〈C〉键显示快捷键

3. 自定义快速访问工具栏

Access 允许用户向快速访问工具栏添加命令按钮,用户可以通过快速访问工具栏右侧按钮 ▼,向快速访问工具栏中添加按钮,已在快速访问工具栏中的命令会在下拉菜单中以打勾"√"形式来表示,再选择一次,表示删除指定命令显示在快速访问工具栏中。用户还可以添加其他命令,操作为:单击"快速访问工具栏"右侧按钮 ▼,在下拉菜单中选择"其他命令"命令,弹出"Access 选项"对话框,显示"快速访问工具栏"选项框,如图 2-11 所示,其他的操作方法与自定义功能区一致,此处不详述。

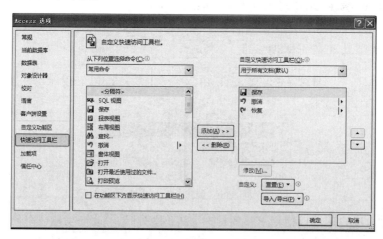

图 2-11　自定义快速访问工具栏

4. 导航窗格的使用

使用导航窗格可以使分工很细的数据库设计工作更加有效,提高数据库系统相关人员的工作效率。导航窗格的基本操作如下。

（1）以对象类型浏览对象

只显示 Access 数据库中的表对象，操作如下。

① 在导航窗格顶部，单击按钮 🔽，出现下拉菜单，如图 2-12 所示。选择"对象类型"命令，导航窗格中显示所有数据库对象，如图 2-13 所示。

② 再次打开下拉菜单，在"按组筛选"下选择"表"命令，此时导航窗格中显示所有表对象。

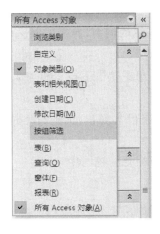

图 2-12　导航窗格下拉菜单　　　　图 2-13　导航窗格显示所有 Access 对象

（2）以自定义类型浏览对象

用户可以自定义分组来管理数据库对象，设置自定义类型的操作步骤如下。

① 打开下拉菜单，见图 2-12，在"浏览类别"组中选择"自定义"命令，系统自动生成一个"自定义组 1"和一个"未分配的对象"组。

② 修改自定义组的名称。选中"自定义组 1"，然后右击，在弹出的快捷菜单中选择"重命名"，然后输入自定义的名称，如"学生管理"，然后将与学生信息有关的数据库对象从"未分配的对象"组中拖动到"学生管理"组中。结果如图 2-14 所示。

③ 添加自定义分组。右击导航窗格空白处，在右击菜单中选择"导航选项"命令，弹出"导航选项"对话框，如图 2-15 所示。在"类别"列表框中选择"自定义"选项，在"自定义"组列表框中显示了当前一个分组和一个默认的未分配的对象。单击"添加组"按钮，即可向"'自定义'组"中添加分组。完成设置后，单击"确定"按钮即可。

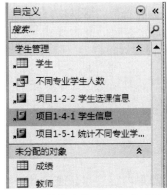

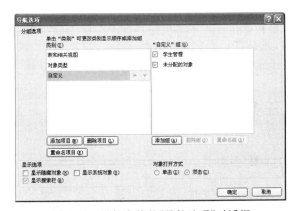

图 2-14　导航窗格自定义类型分组　　　　图 2-15　导航窗格的"导航选项"对话框

（3）收展导航窗格

为了增大工作区，可以收起导航窗格，操作步骤为：在导航窗格右上角，单击"百叶窗开/关"按钮 « ，即可收起导航窗格。展开导航窗格的操作步骤为：单击"百叶窗开/关"按钮 » ，即可展开导航窗格。

5. 对象视图的切换

Access 2010 为不同的数据库对象设置了多种视图，如数据表视图、SQL 视图、透视表视图、透视图视图、窗体视图、布局视图和设计视图等。对于这些数据库对象，切换多种视图的方式是一致的。以当前正在编辑的"课程"表为例，讲述对象视图的切换，有多种方法可以切换对象视图，常见的有如下几种。

① 当前编辑"课程"表，切换到"开始"选项卡，在"视图"组中单击下拉按钮 ▾ ，下拉菜单如图 2-16 所示，用户选定指定的视图进行切换即可。

② 右击工作区顶部的选项卡文档中显示的选项卡"课程"，弹出如图 2-17 所示的快捷菜单。

③ 单击工作区右下角的"视图切换按钮"即可切换到所需要的视图中。

用户根据编辑数据库对象的需要切换视图。

图 2-16 "视图"组下的切换命令

图 2-17 右击菜单切换视图

项目二 Access 数据库的创建与维护

数据库系统中主要的组成部分是数据库，其处理的数据来自数据库。数据库保存着基础数据，是系统运行的基础。当前是大数据时代，数据库人员维护数据库的能力显得特别的重要。本项目实现数据库的创建与维护。

任务一 创建数据库

📖 任务描述

在数据库开发时，需要先创建一个数据库，然后再向数据库添加内容。本任务创建一个名为"教学信息管理系统"的数据库。

任务分析

启动 Access 2010 后,用户需要操作数据库,必须先有数据库。如果需要操作的数据库已经创建好,则直接将其打开,否则就要创建。Access 2010 提供了多种创建数据库的方法。"教学信息管理系统"是一个桌面应用程序的关系型数据库,所以创建一个空白的数据库,将其命名为"教学信息管理系统"。

知识链接

1. 创建数据库的方法

Access 2010 提供了多种创建数据库的方法,包括创建一个空白的数据库、按照 Web 共享的模板创建数据库和应用自己创建的模板进行创建等。

(1)空白数据库

在 Access 2010 中,一个数据库对应着一个数据库文件,所以创建数据库也就是创建一个数据库文件。为了创建一个数据库文件,用户先指定保存数据库文件的文件夹,然后在文件夹中鼠标右击,在弹出的快捷菜单中选择"新建"命令,新建一个 Access 数据库文件,然后使用 Windows 的"重命名"功能,将新建的数据库文件重命名为所需要的数据库名称。

对于一个数据库应用软件来说,创建一个数据库文件是最为简单的操作。用户可以先启动 Access 2010 应用程序,然后进入 Backstage 视图,按照向导的指示设置保存数据库文件的文件夹位置,对数据库文件进行命名,即可创建一个空白数据库。

空白数据库是指数据库中没有任何的数据库对象,除了一个系统自动创建的"表1"数据表对象。基于空白数据库,用户可以创建其他数据库对象。

(2)按照模板创建

Access 2010 提供了多款模板供用户按照自己的需求快速构建数据库系统。这些内置的数据库模板可以通过 Backstage 视图的向导进行创建。

2. 数据库模板

Access 2010 数据库模板是一个完整的跟踪应用程序,其中包含预定义表、窗体、报表、查询、宏和关系。这些模板能够立即使用,方便使用者快速开始工作。Access 2010 已经内置了很多款模板供选择,用户能够轻松根据需要选择合适的模板。如果这些模板不能满足用户的需要,还可以直接连接到 https://www.office.com 下载更多的模板,再根据自己的需求进行自定义。

任务设计

创建一个名为"教学信息管理系统"的空白数据库,其操作步骤如下。

① 启动 Access 2010 应用程序。

② 切换到"文件"选项卡,进入 Backstage 视图,单击"新建"按钮,进入新建数据库的操作界面,如图 2-18 所示。

③ 单击"空数据库"按钮,然后在右边的预览框中的"文件名"位置,单击"浏览文件夹"图标 ,选择保存数据库的位置,并将"文件名"文本框中的默认名称"Database1.accdb"修改为所需要的数据库名称"教学信息管理系统.accdb"。

④ 设置完毕后,单击图 2-18 中的"创建"按钮,完成操作,系统自动创建一个名为"表1"的

数据表。

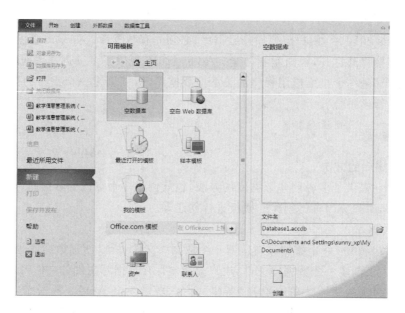

图 2-18 "新建"数据库

任务二 维护数据库

📖 任务描述

对"教学信息管理系统"数据库进行备份、还原等日常维护数据库的操作,对数据库文件进行加密保护操作。

📖 任务分析

数据库日常维护工作是系统管理员的重要职责,Access 2010 数据库维护是数据库系统后期使用的时候需要进行的日常事务,一般维护指的是备份和还原。所以系统管理员应该掌握如何备份和还原数据库。

📖 知识链接

1. 数据库的备份

Access 2010 的数据库文件是保存在计算机中的,再好的硬件和软件都会有系统故障和软件故障,为了保证数据库中的数据得到保护,系统管理员需要将数据库进行备份。Access 2010 可以将数据库保存为其他格式的数据库,可以将数据库或者数据库对象进行单独备份,也可以将后端数据库和前端数据库进行拆分数据库备份,还可以将数据库保存到 Web 的共享服务器 SharePoint 中。

2. 数据库的还原

当数据库系统出现故障,数据不完整或丢失时,可以使用完整的、正确的数据库备份进行还原。Access 2010 提供了还原数据库和数据库对象的功能。

任务设计

1. 打开数据库

打开数据库是维护数据库的开始，打开数据库的具体操作如下：启动 Access 2010 应用程序，切换到"文件"选项卡进入 Backstage 视图，然后单击"打开"按钮，弹出"打开"对话框，指定文件夹，然后选择所需打开的数据库文件，单击"打开"右边的下拉列表的图标 ▼，在下拉列表中选择"打开"命令，则打开数据库。下拉列表中还拥有如下几种打开方式。

① 以只读方式打开：用户不能修改数据库中的内容。

② 以独占方式打开：只有当前的 Access 2010 可以编辑数据库的内容，其他应用程序和用户不能打开和访问数据库，只有关闭数据库后，其他应用程序和用户才可以访问。

③ 以独占只读方式打开：只有当前的 Access 2010 可以以只读方式打开数据库，其他应用程序和用户不能访问数据库。

2. 备份数据库

备份已打开数据库"教学信息管理系统.accdb"的具体操作步骤如下。

① 打开"教学信息管理系统.accdb"数据库文件，然后切换到"文件"选项卡，进入 Backstage 视图，单击"保存并发布"按钮，然后在"文件类型"框中选中"数据库另存为"选项，在"数据库另存为"框下的"高级"区域选择"备份数据库"选项，如图 2-19 所示。

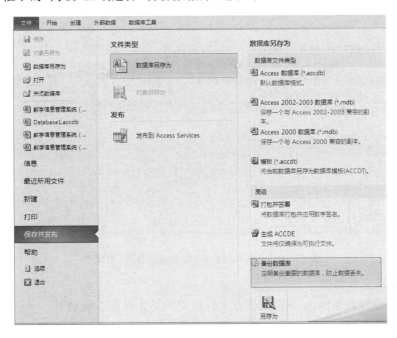

图 2-19　备份数据库

② 接着单击右下角的"另存为"按钮，系统会为备份数据库文件命名，在原数据库文件名后加上执行的时间作为备份数据库的名称，设置备份数据库的保存位置，操作完成。

3. 还原数据库

还原数据库有两种形式：还原数据库和还原数据库对象。

（1）还原数据库

还原数据库可以说是由文件的复制和覆盖操作组合完成的，其具体操作步骤为：将备份的数据库文件"教学信息管理系统_2013-10-03.accdb"重命名为原数据库文件名"教学信息管理系统.accdb";再将其复制到原数据库文件的文件夹中,系统提示是否覆盖原来的文件,确定覆盖即可。

（2）还原数据库对象

如果在维护数据库的过程中,系统管理员只需要恢复一部分数据库对象,那么可以使用这种方法进行数据的恢复。具体的操作步骤如下。

① 打开"教学信息管理系统.accdb"数据库文件,切换到"外部数据"选项卡,在"导入并链接"组中单击"Access"命令,弹出"获取外部数据-Access 数据库"对话框,如图 2-20 所示。

② 单击"浏览"找到备份数据库文件,单击"打开";选择"将表、查询、窗体、报表、宏和模块导入当前数据库"选项,然后单击"确定"。

③ 弹出"导入对象"对话框,单击与要还原的对象类型相对应的选项卡,如图 2-21 所示。例如,如果要还原表,应切换到"表"选项卡。然后在"表"选项卡的列表框中单击对象名称进行选择,如果需要设置所导入对象的参数,可以单击"选项"按钮,显示如图 2-22 所示的设置参数对话框。完成设置后,单击"确定"按钮完成操作。

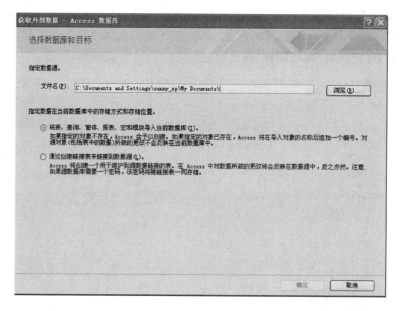

图 2-20 "获取外部数据-Access 数据库"对话框

4. 为数据库文件加密

为"教学信息管理系统.accdb"数据库文件加密的具体操作步骤如下。

① 在对数据库文件进行加密时,系统管理员应该以独占方式打开数据库文件。

② 以独占方式打开数据库文件"教学信息管理系统.accdb",切换到"文件"选项卡,进入 Backstage 视图,然后单击"信息"按钮,如图 2-23 所示。

③ 单击"用密码进行加密"按钮,弹出"设置数据库密码"对话框,然后连续输入用户的密码,接着单击"确定"按钮完成设置。下次打开数据库的时候,系统提示输入密码,输入密码后可对数据库的内容进行操作。

如果不需要使用密码,同样以独占方式打开数据库,然后进入 Backstage 视图,单击"信息"按钮,然后单击"解除密码"按钮,在弹出的对话框中输入密码,单击"确定"按钮即可。

图 2-21　"导入对象"对话框　　　　　　图 2-22　"导入对象"对话框中的"选项"

图 2-23　用密码进行加密

5. 关闭数据库

关闭数据库的方法有如下几种。

① 关闭数据库：在 Backstage 视图中单击"关闭数据库"按钮，从而关闭数据库而不退出 Access 2010 应用程序。

② 退出 Access 2010 应用程序：退出 Access 2010 应用程序，也可以关闭数据库。退出 Access 2010 应用程序可以单击标题栏右边的"关闭"窗口控制按钮；可以右击标题栏的空白处，从右击菜单中选择"关闭"命令；可以按〈Alt＋F4〉组合键；可以双击标题栏左边的 Office Access 图标。

习题与实训二

一、选择题

1. Access 2010 数据库文件的扩展名是（　　　）。

（A）.dbf　　　　（B）.accdb　　　　（C）.mdb　　　　（D）.adp

2. 以下无法关闭数据库的操作是(　　)。

(A) 单击"数据库"窗口右上角"关闭"按钮

(B) 双击"数据库"窗口左上角"控制"菜单图标

(C) 单击"数据库"窗口左上角"控制"菜单图标,从弹出的菜单中选择"关闭"命令

(D) 单击"数据库"窗口右上角"最小化"按钮

3. 在 Access 2010 数据库对象中,不包括(　　)对象。

(A) 窗体　　　　　(B) 表　　　　　(C) 工作簿　　　　　(D) 报表

4. Access 2010 数据库中存储和管理数据的基本对象是(　　),它是具有结构的某个相同主题的数据集合。

(A) 窗体　　　　　(B) 表　　　　　(C) 工作簿　　　　　(D) 报表

5. (　　)是一个完整的跟踪应用程序,其中包含预定义表、窗体、报表、查询、宏和关系。

(A) 数据库模板　　　　　　　　　　(B) SharePoint 共享中心

(C) 数据库模块　　　　　　　　　　(D) 数据库备份

二、填空题

1. Access 是功能强大的_____系统,具有界面友好、易学易用、开发简单、接口灵活等特点。

2. Access 2010 版本的数据库包括_____、_____、_____、_____、_____和模块 6 个数据库对象。

3. 在 Access 2010 中,数据表具有 4 种视图:_____、_____、_____和_____。

4. 在数据库维护中,常见的工作是_____和_____。

5. 在对数据库文件进行加密时,系统管理员应该以_____打开数据库文件。

三、上机实训

任务一　Access 2010 的基本操作

📖 实训目的

1. 掌握 Access 2010 的启动与退出。

2. 了解 Access 2010 数据库管理系统的工作环境。

3. 了解数据库基本对象及相应的视图。

4. 掌握 Access 2010 数据库的创建方法和步骤。

5. 掌握设置数据库属性和默认文件格式的方法。

6. 掌握 Access 2010 的选项设置。

7. 掌握打开数据库的基本方法。

📖 实训内容

1. 采用多种方法启动和退出 Access 2010。

2. 采用多种方法打开和关闭"超市管理系统"数据库。

3. 自定义一个名为"常用"的选项卡,并在"常用"选项卡中添加一个包含有"帮助"命令的"帮助"组。

4. 打开"超市管理系统"数据库,完成展开和收缩导航窗格的操作和对象视图的切换操作。

5. 将"新建"命令在快速访问工具栏上显示。

6. 设置 Access 2010 的默认文件格式为 Access 2007。

任务二　创建和维护数据库

📖 实训目的

1. 了解 Access 2010 数据库窗口的基本组成。

2. 熟悉 Access 2010 的工作环境。

3. 了解数据库对象的基本操作。

4. 掌握创建数据库的方法。

5. 理解数据管理的意义,掌握数据库管理的方法。

📖 实训内容

1. 在"E:\Access 上机"文件夹中创建一个名为"超市管理系统.accdb"的空数据库文件。

2. 使用 Access 提供的"联系人"模板创建一个"雇员.accdb"数据库。

3. 对"雇员.accdb"数据库进行备份。

4. 恢复"雇员.accdb"数据库中的"雇员"数据表对象。

5. 为"雇员.accdb"数据库文件进行加密和解密。

模块三　表的创建与应用

【学习目标】

- 了解表的概念与特点。
- 了解表的结构及设计方法。
- 掌握字段属性设置。
- 掌握使用不同方法创建表。
- 掌握表的维护与操作。
- 熟悉表中数据的操作。
- 掌握数据的排序与筛选。
- 掌握表的关系及设计方法。

建立数据库之后,接着即可在该数据库中建立表、查询、窗体等对象。其中,表是最基本的对象,用于存储和管理数据。在 Access 中,表从属于某个数据库,建立好数据库之后,可以使用表设计器、表向导和输入数据 3 种方法来创建表。本模块将介绍这 3 种创建表的方法、表的常用操作,以及如何向表中添加记录、编辑数据、进行数据的筛选与排序,最后介绍表的关系的建立与维护。

在 Access 中,表有 4 种视图:一是设计视图,主要用于创建和修改表的结构;二是数据表视图,主要用于浏览、编辑和修改表中的数据;三是数据透视图,主要用于以图形方式显示数据;四是数据透视表视图,主要用于按照不同的方法组织和分析数据。其中,设计视图和数据表视图是表的最基本也是最常用的视图。

1. 表的组成

表是 Access 数据库的基础,是存储和管理数据的对象,也是数据库其他对象的操作依据。一般情况下,其他的对象都基于表。在空数据库创建好以后,要先建立表对象,并建立各表之间的关系,以提供数据的存储构架,然后逐步创建其他 Access 对象,最终形成完备的数据库。Access 表由表结构和表内容(记录)两部分构成。对表的操作是对表结构和表内容分别进行的。

2. 表的主题

在关系数据库中,表是具有相同主题的数据集合。依据每个不同的主题创建相应的表,存入不同的数据。例如,课程表中存储的是关于课程信息的主题,包括课程号、课程名、学时、学分等信息。

根据前面模块对"教学信息管理系统"数据库的需求分析,列出该数据库部分所涉及的主题和对应的表,如表 3-1 所示。

表 3-1　"教学信息管理系统"数据库中表的主题

主　题	表	主　题	表
院系基本信息	院系	学生基本信息	学生
教师基本信息	教师	课程基本信息	课程
专业基本信息	专业	成绩基本信息	成绩

3. 表的结构设计的原则

用户在设计数据表结构时应遵循以下规则。

① 字段的唯一性：每张表中不能有相同的字段名，即在同一张表不允许出现相同的列名，如课程表中不能出现相同的课程名。

② 字段间的无关联性：表中每一个字段都代表特定的信息，也是最小的逻辑存储单元，即不能再划分字段。

③ 记录的唯一性：每张表中不能有重复的记录，即不能出现相同主关键字段的行，如"学生"表中不能出现两个相同的学号字段行。

④ 数据类型的一致性：表中同一列的数据类型必须一致，如学生表中的"学号"字段，在该字段中只能输入代表学生学号的字符型数据，不能输入其他类型的数据。

4. 表结构的设计步骤

表结构的设计步骤如下。

① 创建一张新表。

② 定义每个字段的字段名、数据类型和说明。

③ 定义每个字段的属性。

④ 定义表的主键。

⑤ 为必要的字段建立索引。

⑥ 保存表结构的设计。

项目一　设计表结构

数据表是由表结构和记录两部分组成的，先建立表结构，然后根据表结构再输入相应的数据。表的结构也就是表的框架，主要包括表名和字段属性两部分。

📖 任务描述

数据表的结构设计包括以下几个方面。

① 字段名称：数据表中的一列称为一个字段，而每一个字段均具有唯一的名称，称为字段名称，用于标识表中的一列。一个数据表包含若干个字段。

② 字段类型：根据关系数据库理论，数据表中同列数据必须具有相同的数据特征，称为数据类型。

③ 字段大小：指数据表中的一列所能容纳的字符或数字个数，也称作列宽，在 Access 中称为字段大小，用字节数表示。不同数据类型的字段大小表示方式也不同。

④ 字段说明：字段的备注信息。

📖 任务分析

字段是数据表的基本存储单元,数据表中的一列称为一个字段,为字段命名方便用户引用,而每个字段都拥有自己的数据类型,字段的数据类型决定了该字段可以存储何种数据。

📖 知识链接

1. 字段的命名规则

在 Access 中,字段的命名规则如下。

① 长度为 1～64 个字符。

② 可以包含字母、汉字、数字、空格和其他字符,但不能以空格开头。

③ 不能使用 ASCII 码值为 0～32 的 ASCII 字符。

④ 不能包含句号(.)、惊叹号(!)、方括号([ ])和单引号(')。

2. 字段数据类型

数据的类型决定了数据的存储方式和使用方式。Access 2010 的数据类型有 13 种,包括文本、备注、数字、日期/时间、货币、自动编号、是/否、OLE 对象、超链接和查阅向导等。

（1）文本型

文本型是指数字或字母的组合。

用法:存储长度不超过 255 个字符。如姓名、地址,也可以是不需要计算的数字,如电话号码、邮政编码。

（2）备注型

备注型是指字母、数字字符或具有 RTF 格式的文本。

用法:存储长度不超过 255 个字符并且是格式化文本块,最多可存储 65 535 个字符。如注释、较长的说明。但是备注型的数据不允许进行排序,也不允许设定索引。

（3）数字型

数字型是指数值(整数或小数)。

用法:用于存储非货币的数值。数值的大小可以自己设定,通过使用"字段大小"属性来设置存储容量。

（4）日期/时间型

日期/时间型是指日期和时间的值。

用法:用于存储基于日期、时间或日期时间一起的数据,字段大小固定为 8 字节。

（5）货币型

货币型是指货币值。

用法:用于存储货币值,大小为 8 字节,在计算过程中不进行四舍五入。

（6）自动编号型

自动编号型是指添加记录时 Access 2010 自动插入的一个唯一的数值。

用法:用于生成可作为主键的唯一值,值的大小为长整型。自动编号有递增和随机两种选择。递增从值 1 开始,并为每条新记录增加 1;随机以随机值开始,并向每条新记录生成一个随机值。

自动编号数据类型一旦被指定,就会永久地与记录连接。如果删除了表中含有自动编号字段的一个记录,并不会对表中自动编号型字段重新编号。当添加某一记录时,不再使用已被删除的自动编号型字段值,按递增的规律重新赋值。

（7）是/否型

是/否型是指布尔值。

用法:用于存储布尔值,如"是/否""真/假""开/关"。

（8）OLE 对象型

OLE 对象型是指在其他程序中使用 OLE 协议创建的对象,如 Microsoft Word 文档、Microsoft Excel 电子表格、图像、声音和其他二进制数据。

用法:用于存储 OLE 对象,最大为 1 GB。

（9）超链接型

超链接型是指超级链接,链接至 Internet 资源。

用法:用于存储超级链接地址,可以是 UNC 路径或 URL 路径,最多可存储 64 000 个字符。

（10）附件型

附件型是指图片、图像、二进制文件或 Office 文件。

用法:用于存储数字图像和任意类型二进制文件,是它们的首选数据类型。对于压缩的附件大小为 2 GB;对于未压缩的附件大小,大约是 700 KB,具体取决于附件的可压缩程序。

（11）查阅向导型

查阅向导型实际上不是数据类型,而是调用"查阅向导"功能。查阅向导将会启动,可以创建查阅字段。查阅字段的数据类型是"文本"或数字,具体取决于在该向导中所做的选择。

用法:显示从表或查阅中检索到的一组值,或显示创建字段时指定的一组值。

（12）计算型

计算型是指计算的结果。计算必须引用同一张表中的其他字段。可以使用表达式生成器创建计算。

📖 任务设计

根据模块二对"教学信息管理系统"数据库的需求分析,依据表 3-1 所列出的部分主题表,设计出各个数据表的结构,设计出的表结构如表 3-2 至表 3-8 所示。

表 3-2　"院系"表结构

字段名	字段类型	长　度	必　需	主　键	索　引
系编号	文本	15	是	√	有(无重复)
系名称	文本	50	否		
系主任	文本	10	否		
办公电话	文本	12	否		
E-mail	文本	60	否		

表 3-3　"课程"表结构

字段名	字段类型	长　度	必　需	主　键	索　引
课程代码	文本	15	是	√	有(无重复)
课程名称	文本	30	否		

续 表

字段名	字段类型	长 度	必 需	主 键	索 引
课程性质	文本	10	否		
考核方式	文本	10	否		
学分	数字	整型	否		
总学时	数字	整型	否		
教师编号	文本	20	是		
开课院系	文本	15	否		

表 3-4　"专业"表结构

字段名	字段类型	长 度	必 需	主 键	索 引
专业代码	文本	4	是	√	有(无重复)
专业名称	文本	30	否		
系编号	文本	15	是		
专业简介	备注		否		

表 3-5　"学生"表结构

字段名	字段类型	长 度	必 需	主 键	索 引
学号	文本	12	是	√	有(无重复)
姓名	文本	10	否		
性别	文本	2	否		
民族	文本	10	否		
籍贯	文本	10	否		
政治面貌	文本	10	否		
出生日期	时间/日期	短日期	否		
专业代码	文本	4	否		
班级代码	文本	8	是		
系编号	文本	15	是		
照片	OLE 对象		否		
E-mail	文本	60	否		

表 3-6　"教师"表结构

字段名	字段类型	长 度	必 需	主 键	索 引
教师编号	文本	20	是	√	有(无重复)
姓名	文本	10	否		
性别	文本	2	否		
工作时间	日期/时间	短时间	否		
政治面貌	文本	10	否		
学历	文本	20	否		

续　表

字段名	字段类型	长　度	必　需	主　键	索　引
职称	文本	20	否		
系编号	文本	15	是		
联系电话	文本	12	否		

表 3-7　"成绩"表结构

字段名	字段类型	长　度	必　需	主　键	索　引
学号	文本	12	是	√	有(有重复)
课程代码	文本	15	是	√	有(有重复)
成绩	数字	单精度型	否		

表 3-8　"班级"表结构

字段名	字段类型	长　度	必　需	主　键	索　引
班级代码	文本	8	是	√	有(无重复)
班级名称	文本	50	否		
人数	数字	整型	否		
年级	数字	整型	否		
系编号	文本	15	否		
专业代码	文本	4	否		

项目二　创　建　表

设计好表结构,接下来让我们开始创建表。Access 2010 提供了以下几种方法来创建表:通过空白表的方式创建;通过表设计视图创建表;通过导入外部文件创建表;根据表模块创建表;使用 SharePoint 列表创建表。这些方法简单实用,其中最常用的是使用"表向导"来创建表。

单击"创建"选项卡,可以看到如图 3-1 所示的"表格"组,包括各种创建表的按钮。下面通过 4 个任务来介绍创建表的方法。

图 3-1　"表格"组

任务一　使用空白表创建表

📖 任务描述

用户可以利用空白表的创建方式,一步一步向表中添加和定义字段。下面通过具体实例介绍如何使用空白表创建"教师"数据表。

📖 任务分析

在实施任务之前,先让我们熟悉"创建"选项卡上"表格"组中的"表"按钮功能。接着通过具体实例学会使用空白表创建数据表。

📖 知识链接

单击"创建"选项卡上"表格"组中的"表"按钮,在 Access 2010 应用程序功能区会增加一个"表格工具"选项卡,包含"字段"和"表"两个子选项卡,如图 3-2 和图 3-3 所示。

图 3-2　"表格工具"中的"字段"选项卡

图 3-3　"表格工具"中的"表"选项卡

1."字段"选项卡的功能介绍

下面简要介绍"表格工具"中"字段"选项卡上不同组中常用的功能。

① "视图"按钮组:单击该按钮的下拉列表,有"数据表视图"和"设计视图"两种选择,"数据表视图"选项用于浏览和编辑数据,"设计视图"选项用于设计和修改表结构。

② "添加和删除"按钮组:主要用于添加和删除不同数据类型的字段。

③ "属性"按钮组:主要用于设置字段的属性。

④ "格式"按钮组:主要用于设置字段的数据类型。

⑤ "字段验证"按钮组:主要用于设置字段的数据验证。

2."表"选项卡的功能介绍

下面简要介绍"表格工具"中"表"选项卡上不同组中常用的功能。

① "表格属性"按钮:主要用于排序依据和筛选依据的设置。

② "前期事件"按钮组:主要用于编写或调用一个数据宏程序,使其在表记录的删除或更改事件之前立即运行。

③"后期事件"按钮组：主要用于编写或调用一个数据宏程序，使其在表记录的插入、更新、删除这3种事件中的任一种事件之后运行。

④"已命名的宏"按钮组：主要用于创建新的宏，调用或删除已有的宏。

⑤"关系"按钮组：主要用于创建表与表之间的关联关系。

任务设计

在"教学信息管理系统"数据库中，根据表3-6所示的"教师"表结构，使用空白表创建表的方法来创建学生表。其操作步骤如下。

① 打开"教学信息管理系统"数据库，单击"创建"选项卡上"表格"组中的"表"按钮，将会创建名为"表1"的新表，并在"数据表视图"中打开，如图3-4所示。

说明：ID字段默认数据类型为"自动编号"。

② 选择"ID"字段列，单击"字段"选项卡上"属性"组中的"名称和标题"按钮，打开"输入字段属性"对话框，如图3-5所示。在"名称"文本框中输入"教师编号"，单击"确定"按钮完成字段的定义；或者双击"ID"字段列，直接输入"教师编号"即可。

图 3-4　创建空白表　　　　　　　　图 3-5　"输入字段属性"对话框

③ 在字段列上单击"单击以添加"下拉列表，选择"文本"数据类型，Access自动添加一个名称为"字段1"的新字段，将字段名重命名为"姓名"。

④ 重复步骤③，依次输入"性别""籍贯""工作时间""政治面貌""学历""职称""系编号""联系电话"等字段，结果如图3-6所示。

图 3-6　"设置字段名称"窗口

⑤ 单击"快速访问工具栏"中的"保存"按钮，打开如图3-7所示的"另存为"对话框。在"表名称"文本框中输入"教师"，单击"确定"按钮，完成"教师"表的创建。此时，在Access导航窗格的表对象列表中会显示"教师"表。

图 3-7　"另存为"对话框

任务二　使用设计视图创建表

📖 **任务描述**

使用空白表创建表的方法虽然简单、直接，但是不灵活，而使用设计视图创建表十分灵活，方便的方法也是创建表的最常用方法。一般较复杂的表都是在设计视图中创建的。下面通过具体实例介绍如何使用设计视图创建"学生"表。

📖 **任务分析**

在实施任务之前，先让我们熟悉"设计"选项卡上各选项的功能。接着通过具体实例学会使用设计视图创建数据表。

📖 **知识链接**

单击"创建"选项卡上"表格"组中的"表设计"按钮，Access 2010 应用程序功能区会增加一个"设计"选项卡，如图 3-8 所示。

图 3-8 "设计"选项卡

下面简要介绍"设计"选项卡上不同组中常用的功能。

① "视图"按钮组：单击该组按钮的下拉列表，有"数据表视图""数据透视表视图""数据透视图视图"和"设计视图"4 个选项。

- "数据表视图"：主要用于浏览、编辑和修改表中的数据。
- "数据透视表视图"：主要按照不同的方式组织和分析数据。
- "数据透视图视图"：主要按照图形方式显示数据。
- "设计视图"：主要用于创建和修改表的结构。

② "工具"按钮组：主要用于数据表主键的设置、有效性规则的设置、字段的插入和删除等。

③ "显示/隐藏"按钮组：主要用于显示和隐藏属性表。

④ "字段、记录和表格事件"按钮组：主要用于创建和删除数据宏。

⑤ "关系"按钮组：主要用于创建表与表之间的关联关系。

📖 **任务设计**

根据表 3-5 所示的"学生"表结构，使用设计视图创建学生表。其操作步骤如下。

① 打开"教学信息管理系统"数据库，单击"创建"选项上"表格"组中的"表设计"按钮，将会创建名为"表 1"的新表，并在"设计视图"中打开，如图 3-9 所示。

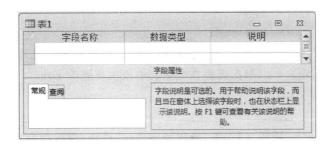

图 3-9 "设计视图"窗口

② 在"字段名称"列中输入字段名;在"数据类型"中选择相应的数据类型;在"常规"选项卡中设置字段大小,依据表 3-5 所示的表结构,创建好的表结果如图 3-10 所示。

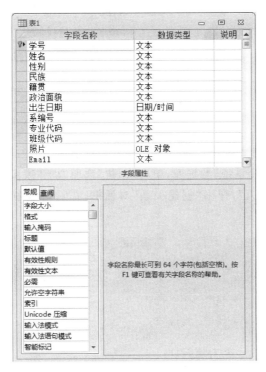

图 3-10 "学生"表的设计视图

③ 设置主键。选择"学号"字段,右击,在弹出的快捷菜单中选择"主键"命令;或者单击"设计"选项卡上"工具"组中的"主键"按钮,则在学号字段的选定器上显示钥匙图形。

④ 单击"保存"按钮,以"学生"为数据表名称保存表。

任务三 使用模板创建表

📖 任务描述

使用模板创建数据表是一种快速创建表的方式,这是由于 Access 在模板中内置了一些常见的模板示例表,虽然运用模板创建表要比其他方式更加方便和快捷,但是局限性很大。

📖 **任务分析**

在 Access 2010 中提供了联系人、批注、任务、问题、用户等模板选项,这些模板表中都包含了足够多的字段名,用户可以根据需要在数据表中添加和删除字段。

📖 **知识链接**

单击"创建"选项卡上"模板"组中的"应用程序部件"按钮,模板列表在"快速入门"列表中,如图 3-11 所示。其中就包括"联系人""批注""任务""问题""用户"模板。

图 3-11 模板列表

📖 **任务设计**

根据"联系人"模板创建"联系人"数据表。其操作步骤如下。

① 打开"教学信息管理系统"数据库,单击"创建"选项卡上"模板"组中的"应用程序部件"按钮,从列表中选择"联系人",弹出"创建关系"对话框,在对话框中选择"不存在关系",如图 3-12 所示。

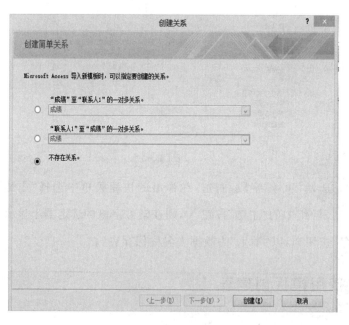

图 3-12 创建模板表

② 单击"创建"按钮,在"导航"窗格中会显示有关"联系人"表的对象以及窗体对象,可以通过设计视图查看或修改"联系人"表结构,如图 3-13 所示。

图 3-13 "联系人"表结构视图

任务四　通过导入或链接方式创建表

📖 任务描述

在 Access 中,可以通过导入或链接到其他存储位置上的外部数据来创建表。例如,可以导入或链接到 Excel 工作表、Windows SharePoint Services 列表、XML 文件、其他 Access 数据库、Microsoft Office Outlook 文件夹等中的数据。

📖 任务分析

数据共享是加快信息流通、提高工作效率的要求。Access 提供的导入和链接功能就是用来实现数据共享的工具。

导入数据是指在当前数据库的新表中创建外部数据源的副本。当外部数据源发生变化时(如修改或删除数据)不会影响已经导入的数据;反之,对导入的数据进行更改时也不会影响外部数据源。

链接数据是指在当前数据库中创建一个链接表,该链接表与其他位置所存储的数据建立一个活动链接。更改链接表中的数据时,会同时更改数据源中的数据;反之,更改数据源的数据时,同时也会更改链接表中的数据。当用户要使用链接表时,必须能够链接到数据源,否则就不能使用。应注意的是,用户不能更改链接表的设计。

在实施任务之前,先让我们熟悉"外部数据"选项卡上的各项功能。接着通过具体实例学会使用导入和链接方式创建数据表。

📖 知识链接

单击"外部数据"选项卡,有"导入并链接"和"导出"两组按钮,如图3-14所示。

图3-14 "外部数据"选项卡

① "导入并链接"按钮组:主要用于导入或链接Excel工作表、其他Access数据库、ODBC数据库等。

② "导出"按钮组:主要用于数据的导出,将数据表作为无格式数据导出到Microsoft Excel、文本文件或其他电子表格程序中。

📖 任务设计

通过将外部Excel文件"课程.xlsx"导入"教学信息管理系统"数据库中来创建"课程"表。其操作步骤如下。

① 打开"教学信息管理系统"数据库,单击"外部数据"选项卡上"导入或链接"组中的"Excel"按钮,弹出"获取外部数据-Excel电子表格"对话框,如图3-15所示。

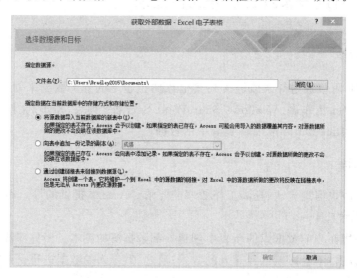

图3-15 "获取外部数据-Excel电子表格"对话框

② 在对话框中,有两个指定:第一指定要导入或链接的数据源;第二指定数据在当前数据库中的存储方式和存储位置,即导入或链接方式。

在本例中,首先单击"浏览"按钮,弹出如图3-16所示的"打开"对话框,在该对话框中,从指定数据源中选择要导入的数据文件"课程.xlsx",然后选择第一个单选按钮来指定数据导入方式。

图 3-16　"打开"对话框

③ 单击图 3-15 的"确定"按钮，弹出"请选择合适的工作表或区域"对话框，显示当前"课程.xlsx"文件中的工作表数据，如图 3-17 所示。

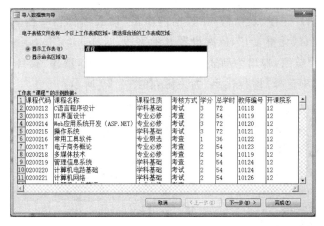

图 3-17　"请选择合适的工作表或区域"对话框

④ 单击"下一步"按钮，弹出"请确定指定的第一行是否包含列标题"对话框，选中"第一行包含列标题"复选框，如图 3-18 所示。

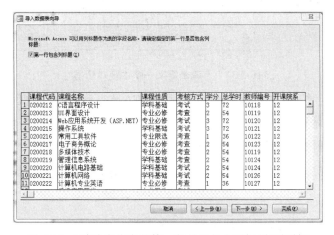

图 3-18　"请确定指定的第一行是否包含列标题"对话框

⑤ 单击"下一步"按钮,弹出修改字段名称及数据类型设置对话框,在"字段选项"框内可以为每一个字段修改字段信息,包括字段名称、数据类型等,如图 3-19 所示。

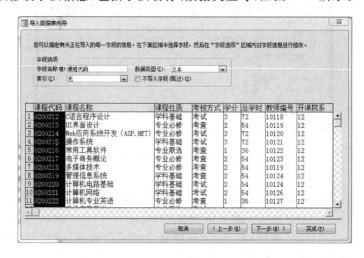

图 3-19　修改字段名称及数据类型设置对话框

依据表 3-3 所示的"课程"表结构,在数据内单击"课程名称",字段名称为"课程名称",类型为"文本",索引为"有(无重复)",依次设置其他字段。

⑥ 单击"下一步"按钮,弹出为新表定义一个主键对话框,选择"我自己选择主键"选项,并在右边的下拉列表框中选择"课程代码"为主键,如图 3-20 所示。

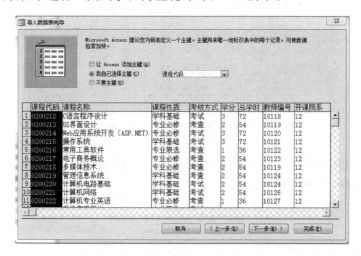

图 3-20　为新表定义一个主键对话框

⑦ 单击"下一步"按钮,弹出保存新表对话框,在"导入到表"文本框中输入"课程",单击"完成"按钮,则在数据库的所有对象中添加一个新的"课程"表对象,如图 3-21 所示。

项目三　设置字段属性

表的创建实际上就是向表中添加所需的各种字段。字段包括定义字段名、字段的类型、字

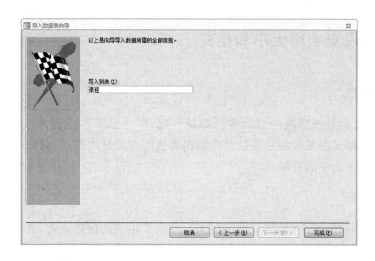

图 3-21　保存新表对话框

段的说明及字段的属性。一个好的数据库管理系统,关键是要确保所输入数据的完整性和准确性,Access 提供了很多验证输入数据有效性的手段。

数据类型通常属于第一层验证。数据表中每个字段的数据类型限制用户可以输入哪些数据。例如,日期/时间型字段只接收日期和时间数据,货币型字段只接收货币数据等。

字段属性属于第二验证,如设置字段大小、输入掩码、有效性规则等属性。例如,姓名字段的字段大小为 20,则表示该字段最多只接收 20 个字符。

表设计器的下半部分都是用来设置数据表的"字段属性"的,分为常规属性和查阅属性两种。常规属性包括字段大小、格式、输入法模式、标题等,其中字段大小、格式和索引是 3 个最基本的属性,也是常用的属性;查阅属性主要是利用控件来实现数据的输入。

Access 为每一个字段指定一些默认属性,用户可以改变这些属性。字段的常规属性选项卡如表 3-9 所示。

表 3-9　字段的常规属性选项卡

属　　性	说　　明
字段大小	设置文本、数字和自动编号类型的字段中数据的范围,可设置的最大字符为 255
格式	控制显示和打印数据格式、选项预定义格式和输入自定义格式
小数位数	指定数据的小数位数,默认值为"自动",范围为 0～15
输入掩码	用于指导和规范用户输入数据和格式
标题	在各种视图中,可以通过对象的标题向用户提供帮助信息
默认值	指定数据的默认值,自动编号和 OLE 数据类型无此项属性
有效性规则	一个表达式,用户输入的数据必须满足表式达
有效性文本	当输入的数据不符合有效性规则时,要显示提示性信息
必需	该属性决定是否出现 NULL 值
允许空字符串	决定文本和备注字段是否可以等于零长度字符("")
索引	决定是否建立索引及索引的类型
输入法模式	确定当焦点移至该字段时,准备设置的输入法模式
Unicode 压缩	指定是否允许对该字段进行 Unicode 压缩

任务一 设置字段大小和格式

📖 任务描述

字段大小是指存放该字段内容所需的存储空间,用户根据实际情况设定,原则上是不溢出、不浪费。字段格式用来限制字段数据在数据表视图中的显示格式,只影响数据的显示和打印,而不影响数据在表中的存储。

📖 任务分析

设置字段大小和格式之前,先掌握字段大小和格式相关的设置说明,然后通过实例学会设置字段大小和格式。

📖 知识链接

1. 字段大小

字段大小主要是限制"文本""数字"和"自动编号"3 种数据类型所存储数据的取值范围。

① 文本类型的字段大小范围为 1～255 个字符,系统默认值为 255。

② 自动编号的字段大小可设置为长整型或同步复制 ID。

③ 数字类型的字段大小的设置及其值的关系如表 3-10 所示,系统默认是长整型。

表 3-10 数字型字段大小的属性取值

设 置	说 明	小数精确度	存储空间大小
字节	0～255 且无小数位的数字	无	1 字节
整型	−32 768～32 767 且无小数位的数字	无	2 字节
长整型	−2 147 483 648～2 147 483 647 且无小数位的数字	无	4 字节
单精度型	负值:−3.402 823E38～−1.401 298E−45 正值:1.401 298E−45～3.402 823E38	7	4 字节
双精度型	负值:−1.797 693 134 86E308～−4.940 656 458 4E−324 正值:4.940 656 458 4E−324～1.797 693 134 86E308	15	8 字节
同步复制 ID	全局唯一标识符(GUID):在 Access 数据库中,一种用于建立同步复制唯一标识符的 16 字节字段。GUID 用于标识副本、副本集、表、记录和其他对象。在 Access 数据库中,GUID 是指同步复制 ID	不适用	16 字节

2. 字段格式

字段格式用来设置文本、数字、日期和是/否型字段的数据显示或打印格式,表 3-11 列出了 Access 2010 提供的所有格式的类型。

表 3-11 常用数据类型的字段格式

类 型	格式类型与示例
文本/备注型	@:要求文本字符(字符或空格) &:不要求文本字符
数字/货币型	常规数字(默认值):1 234.567
	货币:¥1 234.567
	美元:$1 234.567
	固定:1 234.567
	标准:1 234.567
	百分比:123%
	科学计算:3.46E+03
日期/时间型	常规日期(默认设置):2017/07/20 10:30:30
	长日期:2017 年 7 月 20 日
	中日期:17-07-20
	短日期:2017/07/20
	长时间:10:30:30
	中时间:上午 10:30
	短时间:10:30
是/否型	真/假:True(−1)/False(0)
	是/否:Yes(−1)/No(0)
	开/关:On(−1)/Off(0)

📖 **任务设计**

根据"教学信息管理系统"数据库,将"学生"表中的"学号"字段的大小设置为 12;"姓名"字段的大小设置为 10;"性别"字段的大小设置为 2;"出生日期"字段的格式设置为"长日期"。其操作步骤如下。

① 在"教学信息管理系统"数据库窗口中,以"设计视图"打开"学生"表,如图 3-22 所示。

② 在设计视图窗口中,单击"学号"字段行,然后在"常规"选项卡的字段大小中输入 15,依次为姓名和性别字段设置字段大小,分别为 10 和 2。

说明:一般情况下字段大小根据实际情况设置,避免产生多余的存储空间,例如,中文姓名最长 5 个汉字,所以设置字段大小为 10。

③ 在设计视图窗口中,单击"出生日期"字段行,然后在"常规"选项卡中选择"格式"属性,单击右侧下拉列表箭头,从列表框中选择"长日期"格式,保存设计视图。通过格式属性设置可以使数据的显示美观、一致。

图 3-22 "学生"表设计视图

任务二 设置字段输入掩码

📖 任务描述

在数据库管理工作中,有时常常要求以指定的格式和长度输入数据,如输入邮政编码、身份证号码、电话号码等,既要求以数字的形式输入,又要求输入完整的位数,不能多也不能少。Access 提供的输入掩码就可以实现上述要求。

📖 任务分析

Access 提供了预定义输入掩码模板和自定义输入掩码。对于一些常用的邮政编码、身份证号码和日期等,可以直接使用预定义方式设置,如果没有预定义,可以采用自定义方式设置。

设置输入掩码的最简单方式是使用 Access 提供的"输入掩码向导"指定输入掩码格式,可以保证输入数据的格式正确,避免输入数据时出现错误。

📖 知识链接

输入掩码是指使用字符和符号为字段中的数据输入提供一种固定格式,既可以规范用户的输入数据,还可以控制文本框以及组合框控件的输入值。

定义输入掩码属性时所使用的字符及含义如表 3-12 所示。

表 3-12 输入掩码属性所使用的字符含义

字　符	含　义
0(数字)	必选项:必须输入数字 0~9,不允许使用加号(＋)和减号(一)

字　符	含　义
9(数字或空格)	非必选项:可以输入一个数字或者空格,不允许使用加号和减号
#(数字或空格)	非必选项:可以输入一个数字或者空格,也可以不输入内容;空白将转换为空格,允许使用加号和减号
L(字母)	必选项:必须输入一个字母(A~Z)
?(字母)	可选项:可以输入一个字母(A~Z)
A(字母或数字)	必选项:必须输入一个字母或数字
&(任一字符或空格)	必选项:必须输入一个字符或空格
C(任一字符或空格)	可选项:可以输入一个字符或空格;也可以不输入内容
"."","""-""/"":"	小数点占位符、千位符、日期和时间分割符
<	将所有的字符转换为小写
>	将所有的字符转换为大写
!	输入掩码从右向左显示,而不是从左向右显示。可以在输入掩码的任意位置包含叹号
密码(password)	将"输入掩码"属性设置为"密码",以创建密码项文本框。文本框中输入的任何字符都按字面字符保存,但显示为星号(*)

输入掩码示例如表 3-13 所示。

表 3-13　输入掩码示例

输入掩码定义	允许值示例
(000)000-0000	(020)334-7867
(999)999-9999	(020)334-7867 (　)334-7867
(000)AAA-AAAA	(020)tel-1234
(999) AAA-AAAA	(　) tel-1234
>LOLO	A5C3
ISBN 0-& & & & & & & & &-0	ISBN 7-302-19837-7

📖 **任 务 设 计**

1. 使用预定义输入掩码

根据"教学信息管理系统"数据库,使用输入掩码向导为"教师"表中的"工作时间"字段设置"长日期"掩码格式。其操作步骤如下。

① 在"教学信息管理系统"数据库窗口中,以"设计视图"打开"教师"表,如图 3-23 所示。

② 在设计视图中,单击"工作时间"字段行,然后在"常规"选项卡中选择"输入掩码"属性,单击文本框右侧的按钮,弹出"输入掩码向导"对话框,在"输入掩码"列表中选择"长日期(中文)"选项,如图 3-24 所示。

③ 单击"下一步"按钮,弹出"请确定是否更改输入掩码"对话框,在"占位符"下拉列表框中选择" * "作为占位符,单击"尝试"文本框可以验证输入掩码的有效性,如图 3-25 所示。

④ 单击"完成"按钮,生成输入掩码,并添加到输入掩码属性文本框中,见图 3-23。

⑤ 最后保存表设计视图。

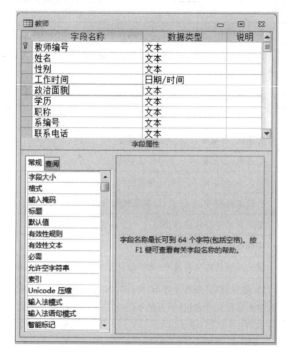

图 3-23 "教师"表设计视图

图 3-24 选择输入掩码

图 3-25 设置掩码占位符

2. 使用自定义输入掩码

根据"教学信息管理系统"数据库,使用自定义输入掩码为"联系电话"的字段设置 11 位数字掩码。其操作步骤如下。

① 在"教师"表的设计视图中,单击"联系电话"字段行,然后在"常规"选项卡中选择"输入掩码"属性,单击文本框右侧的 按钮,弹出"输入掩码向导"对话框,如图 3-26 所示。

② 在对话框中,单击"编辑列表"按钮,打开"自定义'输入掩码向导'"对话框,在下部导航条中单击 (新空白记录)按钮,生成一条空白记录。

③ 在"说明"文本框中输入"联系电话";在"输入掩码"文本框中输入"00000000000";在"示例数据"文本框中输入"13800000000",如图 3-27 所示。

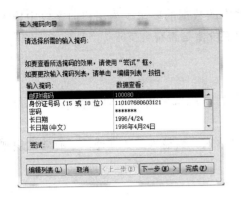

图 3-26 "输入掩码向导"对话框 图 3-27 "自定义'输入掩码向导'"对话框

④ 单击"关闭"按钮,此时自定义的"联系电话"会添加到掩码列表,如图 3-28 所示。

⑤ 在输入掩码列表中选择"联系电话",单击"完成"按钮,生成输入掩码,并添加到输入掩码属性文本框中,如图 3-29 所示。

⑥ 最后保存表设计视图。

图 3-28 "输入掩码向导"列表显示 图 3-29 "教师"表设计视图

说明: 如果某个字段定义了输入掩码,同时又设置了格式属性,则格式属性在数据显示时优先于输入掩码的设置。

任务三 设置有效性规则和有效性文本

📖 任务描述

在数据库的管理工作中,有时还要求某些数据满足一定的范围,例如,学生的成绩只能在[0,100]之间,如果超出取值范围,数据就没有实际意义。Access 提供的有效性规则和有效文本可用来实现对数据的规则设置。

有效性规则用于指定对输入到记录、字段或控件中的数据的要求。当用户向字段中输入数据时，通过字段有效性规则属性可以检查所输入的字段值是否符合要求。

📖 任务分析

规则是指限制性条件，当输入的内容不符合规则时，系统就会给出相应的错误提示信息。Access 提供了有效性规则、有效性文本两种属性。

有效性规则用于限制用户输入的数据必须满足表达式。当输入的数据违反了有效性规则时，则根据有效性文本的内容提示相应信息。

📖 知识链接

有效性规则主要是通过条件表达式来实现的。条件表达式主要由运算符和操作数构成，常用的运算符如表 3-14 所示。

有效性文本主要是配合有效性规则使用的，如果违反了有效性规则，给出明确的提示性信息。有效性规则和有效性文本的示例如表 3-15 所示。

表 3-14 运算符的说明

运算符	说　明
＜	小于
＜＝	小于等于
＞	大于
＞＝	大于等于
＝	等于
＜＞	不等于
BETWEEN	"BETWEEN A AND B"表示所输入的值必须介于 A 和 B 之间
LIKE	必须符合与之匹配的标准文本样式
IN	所输入数据必须等于列表中的任一成员

表 3-15 有效性规则和有效性文本的示例

有效性规则	含　义	有效性文本
＞＝＃1980-1-1＃	1980 年 1 月 1 日以后出生的	只能输入 1980 年 1 月 1 日以后的日期
＜＞0	不等于 0	请输入一个非零值
＞＝0 AND ＜＝100	在[0,100]之间	输入的值必须是 1~100 之间的数
IS NOT NULL	不允许为空	不允许空值
LIKE "数据库 *"	字符串任何位置含有"数据库"字样	字段值必须包含"数据库"字符串

📖 任务设计

根据"教学信息管理系统"数据库，为"成绩"表中的"成绩"字段设置有效性规则，要求成绩在[0,100]之间，如果不符合规则，则给出相应的提示信息。其操作步骤如下。

① 在"教学信息管理系统"数据库中，以"设计视图"打开"成绩"表。

② 在视图中单击"成绩"字段行,然后在"常规"选项卡中选择"有效性规则",单击文本右侧的按钮<u>...</u>,弹出"表达式生成器"对话框,如图 3-30 所示。

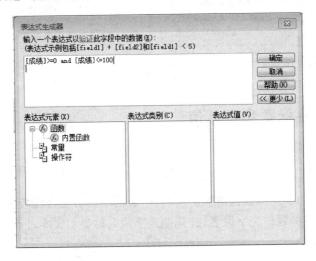

图 3-30　"表达式生成器"对话框

③ 在表达式文本框中输入"[成绩]>=0 AND [成绩]<=100"或者"成绩 BETWEEN 0 AND 100"。单击"确定"按钮,即生成条件表达式。在"有效性文本"属性文本框中输入"成绩只能在 0~100 之间,请重新输入!",如图 3-31 所示。

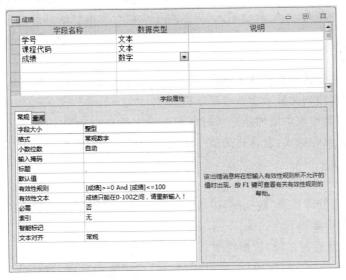

图 3-31　"成绩"表设计视图

④ 最后保存表设计视图。

如果表中有数据,则会根据新的有效性规则进行测试,不符合规则时系统会弹出消息框,询问用户是否坚持使用新的有效性规则,如图 3-32 所示。单击"是"按钮,则根据新规则对表中已有数据进行测试。

如果在"成绩"字段中输入 0~100 区间外的数据,就会弹出消息提示框,如图 3-33 所示。

说明: 在表达式中所涉及的任何符号一律采用英文字符,如果是中文字符,系统自动生成错误表达式。

图 3-32 "是否用新规则来测试现有数据"对话框

图 3-33 错误提示框

任务四 设置标题和默认值

📖 任务描述

在数据库设计中为了保持数据维护的便利性,表的字段名通过比较简短,为了使字段名的意义更加明确,可以将标题作为字段名,此标题是字段名的显示文本。而默认值是为了提高输入数据的效率。

📖 任务分析

在设计数据字段时,字段名称通常采用中文或英文命名的简写,用户可以通过"标题"属性设置显示文本。而有输入数据时,经常会遇到某些字段的值是相同的,用户可通过默认值来提高输入数据的效率。例如,"性别"字段的值只有"男"和"女",如果男生人数较多,可设置默认值为"男",当输入性别时,系统自动填入"男",对于少数女生信息则只需进行修改即可。

📖 知识链接

标题是字段的别名,如果设置了标题,表和查询字段列的显示文本就是标题;如果没有设置标题,表和查询字段列的显示文本就是字段名称。

默认值是指在数据表中增加新记录时在相应的字段里自动填充"默认值"所指定的数据,默认值可以为常量或表达式,表达式的值一定要与数据类型相匹配。

📖 任务设计

根据"教学信息管理系统"数据库,设置"学生"表中"性别"字段的默认值为"男";设置标题为"SEX"。其操作步骤如下。

① 在"教学信息管理系统"数据库中,以"设计视图"打开"学生"表。

② 在视图中单击"性别"字段行,然后在"常规"选项卡中选择"默认值"属性,在对应的文本框中输入"男",在"标题"属性文本框中输入"SEX",如图 3-34 所示。

③ 最后保存表设计视图,打开的数据表视图如图 3-35 所示。

任务五 设置查阅字段

📖 任务描述

在数据库管理工作中,数据的冗余是不可避免的。这些冗余体现在不同表之间存在相同的字段。例如,"学生"表中有学生的学号,"成绩"表中同样也有学号字段,而该字段的值来自"学生"表中学号的值。同一个表内,字段内也会出现大量重复的数据。例如,"性别"字段的值为"男"和"女"。这些数据在输入过程中,不仅繁琐,而且容易造成数据的不一致性,以及破坏数据的完整性。

图 3-34 设置"默认值"和"标题"

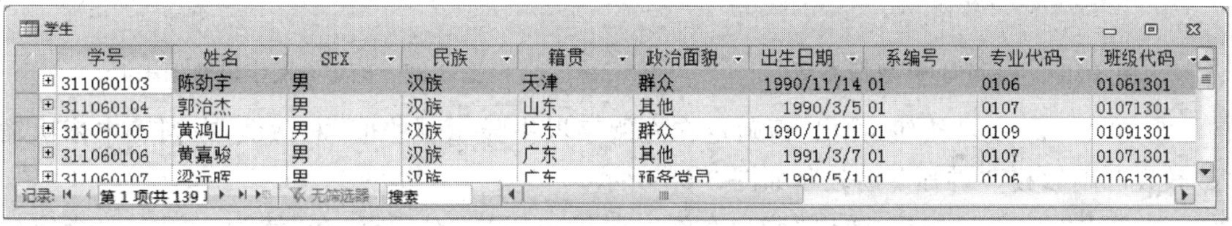

学号	姓名	SEX	民族	籍贯	政治面貌	出生日期	系编号	专业代码	班级代码
311060103	陈劲宇	男	汉族	天津	群众	1990/11/14	01	0106	01061301
311060104	郭治杰	男	汉族	山东	其他	1990/3/5	01	0107	01071301
311060105	黄鸿山	男	汉族	广东	群众	1990/11/11	01	0109	01091301
311060106	黄嘉骏	男	汉族	广东	其他	1991/3/7	01	0107	01071301
311060107	梁远晖	男	汉族	广东	预备党员	1990/5/1	01	0106	01061301

记录：第 1 项共 139 项　无筛选器　搜索

图 3-35 "标题"设置的结果显示

Access 提供了查阅属性功能,该属性使用列表框或组合框进行数据的选择性输入,既方便了输入,又保证了数据的一致性,减少了错误数据的输入。

📖 **任务分析**

实现查阅属性的最简单的方法是将"字段"的数据类型设置为"查阅向导"。

📖 **知识链接**

查阅向导是一种建立在某个数据集合中选择数据值的关系,当设置完字段的查阅属性后,该字段输入数据时就可以直接从一个列表中选择数据,这样既加快了数据输入的速度,又保证了数据输入的正确性。

查阅字段数据的来源有两种:来自"表/查询"的数值和来自创建"值列表"的数值。

📖 **任务设计**

1. 创建"值列表"的查阅字段

在"教学信息管理系统"数据库的"教师"表中,设置"职称"字段的数据类型为查阅向导以实现用户在输入该字段值时,有"教授""副教授""讲师"和"助教"4个选项供选择。操作步骤如下。

① 在"教学信息管理系统"数据库中,以"设计视图"打开"教师"表。

② 在视图中选择"职称"字段,单击"数据类型"右侧的下拉箭头,在列表中单击"查阅向导",如图 3-36 所示。弹出"请确定查阅字段获取其数值的方式"对话框,选择"自行键入所需的值"单选按钮,如图 3-37 所示。

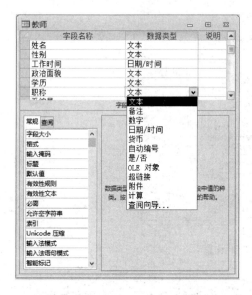

图 3-36 "查阅向导"数据类型

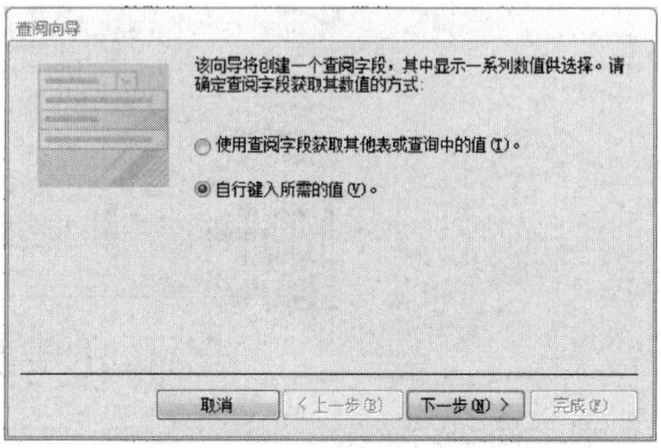

图 3-37 确定查阅字段数据来源

③ 单击"下一步"按钮,弹出"请确定在查阅字段中显示哪些值"对话框,在列表中依次输入"教授""副教授""讲师""助教",如图 3-38 所示。

④ 单击"下一步"按钮,弹出"请为查阅字段指定标签"对话框,在"请为查阅字段指定标签"文本框中输入"职称",如图 3-39 所示。

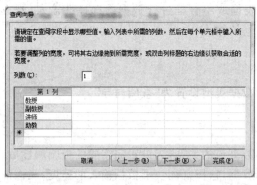

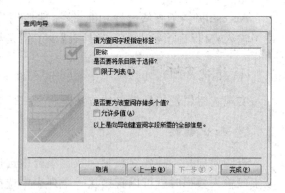

图 3-38 输入查阅字段的数据值

图 3-39 为查阅字段指定标签

⑤ 单击"完成"按钮完成设置,在字段属性中"查阅"属性会显示设置的结果,如图 3-40 所示。

完成设置后,在教师的数据表视图中,职称字段值的右侧会增加下拉列表,单击下拉列表进行职称列表的选择,如图 3-41 所示。

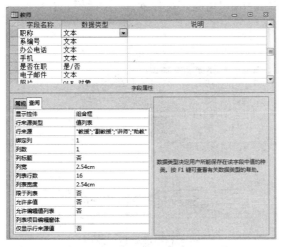

图 3-40　"查阅"属性结果

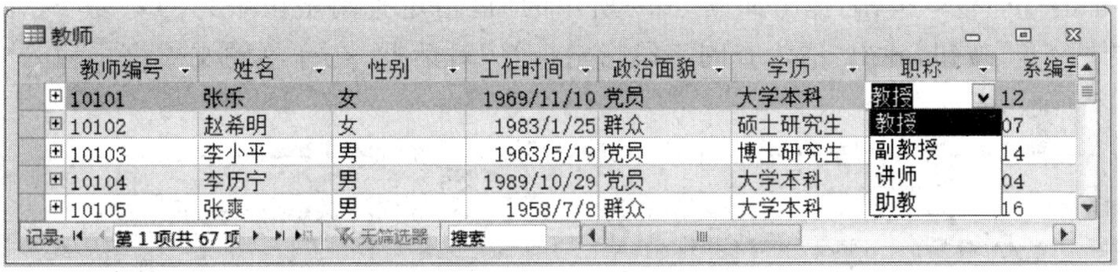

图 3-41　查阅字段的显示效果

2. 设置来自"表/查询"的查阅字段

在"教学信息管理系统"数据库的"成绩"表中,设置"学号"字段为查阅向导,数据来源于"学生"表的学号字段值。其操作步骤如下。

① 在"教学信息管理系统"数据库中,以"设计视图"打开"成绩"表。

② 在视图中选择"学号"字段,单击"数据类型"右侧的下拉箭头,在列表中单击"查阅向导",弹出"请确定查阅字段获取其数值的方式"对话框,选中"使用查询字段获取其他表或查询中的值"单选按钮。

③ 单击"下一步"按钮,弹出"请选择为查阅字段提供数值的表或查询"对话框,在列表框中选择"表:学生",如图 3-42 所示。

④ 单击"下一步"按钮,弹出"选定学生的哪个字段值变成查阅字段中的列"对话框,在"可用字段"列表框中选择"学号",单击 按钮或双击"学号"列表项,将"学号"字段添加到"选定字段"列表框中,即选中数据来源的列,如图 3-43 所示。

图 3-42　选择查询字段的数据表类型

图 3-43　选定源表中的列作为查阅字段中的列

　⑤ 单击"下一步"按钮,弹出"请确定排序次序"对话框,选择"学号"为升序作为显示的数据值排序,如图 3-44 所示。

图 3-44　确定排序次序

　⑥ 单击"下一步"按钮,弹出如图 3-45 所示的"请指定查阅字段中列的宽度"对话框。直接单击"下一步"按钮,弹出"请为查阅字段指定标签"对话框,在标签的文本框中输入"学号",如图 3-46 所示。

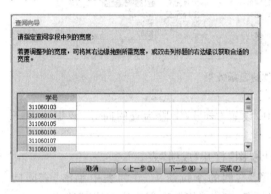 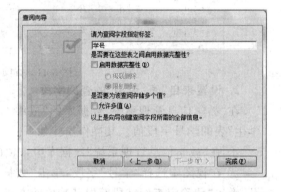

图 3-45　指定查阅字段中列的宽度　　　　　　　图 3-46　为查阅字段指定标签

　⑦ 单击"完成"按钮,弹出"创建关系之前必须先保存该表"对话框,如图 3-47 所示。单击"是"按钮,设置完成,则在字段属性中"查阅"属性会显示设置的结果,如图 3-48 所示。

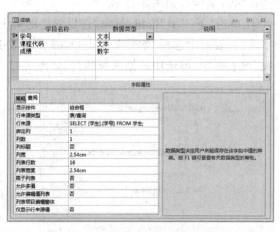

图 3-47　提示信息　　　　　　　　　　　图 3-48　"查阅"属性会显示设置的结果

说明：创建从表或查阅数据，实际上是在两个表之间建立关系。查阅的数据来源其实就是一条 SQL 查询语句，有关查询将在模块四中作详细介绍。

任务六　设置主键与索引

📖 任务描述

Access 数据库中的表是依据关系模型设计的，每个表分别反映现实世界中某个具体实体集的信息，如果想将这些现实中存在关系的表连接起来，就必须建立关系。关系的建立是以主键或索引为依据的。

📖 任务分析

主键主要用来唯一标识一条记录，也用来和其他表进行关联。而索引帮助 Access 快速查找和排序记录，如果没有索引，数据库系统只能按照顺序查找所需要的记录。

📖 知识链接

1. 主键

主键（primary key）是表中的一个或多个字段的集合，这些字段值可以唯一地标识表中每一条记录。当字段被设置为主键时，其值不能重复，并且不能随意修改。

在 Access 中可以定义 3 种类型的主键："自动编号"主键、单字段主键和多字段主键。

（1）"自动编号"主键

当向表中添加记录时，可将"自动编号"字段设置为自动输入连接数字的编号，如果在保存新表之前没有设置主键，则 Access 会询问是否要创建主键，如果单击"是"按钮，将创建"自动编号"字段并将其设置为主键。

（2）单字段主键

如果数据表中有唯一值的字段，如"学生"表中的"学号"字段，则可以将该字段作为主键。如果选择的字段有重复值或 NULL 值，Access 将不会设置其为主键。

说明：如果通过编辑数据仍然不容易消除这些重复项，可以添加一个自动编号字段并将它设置为主键或定义为多字段主键。

（3）多字段主键

在不能保证任何单字段包含唯一值时，可以将两个或多个字段的组合作为主键。这种情况经常用于多对多关系中关系另外两个表的表。例如，"成绩"表与"学生"表和"课程"表之间都有关系，因此该表的主键包含两个字段：学号和课程编号。"成绩"表列出了所有学生的所有课程的成绩，但是对于每个学生而言，每门课程只能出现一次，所以在"成绩"表中将"学号"和"课程编号"字段的组合作为主键。

2. 索引

索引简单来说就像图书的目录一样是一个记录数据存放地址的列表。索引本身也是一个文件，一个用来专门记录数据地址的文件。查找某个数据时，先在索引中找到数据的位置。可能基于单个字段或多个字段来创建索引，多字段索引能够区分第一个字段值相同的记录。

索引的主要优点如下。

① 提高数据查询速度。

② 保证数据的唯一性。

③ 加快表链接的速度。

一般对经常查询的字段、要排序的字段或要在查询中联接到其他表中的字段设置索引,表的主键将自动设置索引,而数据类型为 OLE 对象的字段则不能设置索引。

索引属性值分为有重复值和无重复值两种。

① 有重复值:指索引字段中的值允许出现重复的情况。

② 无重复值:指索引字段中的值不允许出现重复的情况。

在 Access 中,索引分为 3 种类型:主索引、唯一索引和常规索引。

① 主索引:只有在主键上创建的索引才是主索引,所以一个表只有一个主索引。

② 唯一索引:与主索引很相似,但是一个表可以有多个唯一索引。

③ 常规索引:主要作用就是加快查找和排序的速度,一个表可以有多个常规索引。

📖 **任务设计**

1. 设置主键

在"教学信息管理系统"数据库的"学生"表中,设置"学号"字段为主键。其操作步骤如下。

① 在"教学信息管理系统"数据库中,以"设计视图"打开"学生"表。

② 在视图中选择"学号"字段行,单击"设计"选项卡上"工具"组中的 🔑，或者鼠标右击,在弹出的快捷菜单中选择"主键"命令,则选定的字段设置为主键,并在字段名前加上一个 🔑 图标,如图 3-49 所示。

图 3-49　主键设置

说明: 如果要创建多字段主键,创建时要一次将这些字段都选中后再单击"主键"按钮。

2. 设置索引

在"教学信息管理系统"数据库的"学生"表中,给"姓名"字段创建索引。其操作步骤如下。

① 在"教学信息管理系统"数据库中,以"设计视图"打开"学生"表。

② 在视图中选择"姓名"字段,在字段属性的"常规"选项卡中单击"索引"属性右侧的下拉箭头,选择"有(有重复)"选项,如图 3-50 所示。

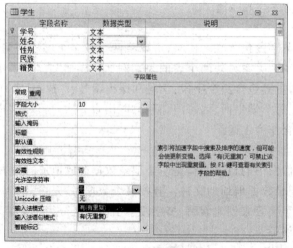

图 3-50　"学生"表设计视图

③ 单击"设计"选项卡上"显示/隐藏"组中的"索引"按钮,弹出"索引:学生"对话框,显示两个索引:一个是已经设置为主键的"学号"字段,为主索引,在"索引名称"列默认为"PrimaryKey";另一个是名为"姓名"的常规索引,如图 3-51 所示。

图 3-51　创建索引对话框

④ 保存表设计视图。

说明:索引创建成功后,索引的内容会在保存表时自动保存,其内容会根据对应数据的更改、删除或添加自动更新。

项目四　表的基本操作

Access 数据表的基本操作包括添加记录、删除记录、修改记录、查找数据、数据排序与数据筛选等,这些操作都是在数据表视图中进行的。

任务一　表结构的操作

📖 任务描述

在使用表之前,应该仔细检查表的结构,查看表的设计是否合理,然后才能向表中输入数据,或者基于表创建其他数据库对象。

📖 任务分析

在数据表中,对表结构的操作可以在"设计视图"和"数据表视图"中实现。下面通过实例学习在"设计视图"中对字段的基本操作。

📖 知识链接

表结构的操作主要包括添加字段、修改字段和删除字段等,在修改之前必须要注意以下几点。

① 如果数据表中已经存在数据,则不能添加一个非空的字段。

② 修改字段名称并不会影响该字段的数据值,但是会影响基于该表创建的其他数据库对象,需要在其他数据库对象中对表中该字段的引用做相应的修改才可生效。

📖 **任务设计**

在"教学信息管理系统"数据库中,为"学生"表添加"家庭地址"字段,字段类型为文本,大小为 50;修改"照片"字段名称为"Image"。其操作步骤如下。

① 在"教学信息管理系统"数据库中,以"设计视图"打开"学生"表。

② 在视图中,把光标定位在最后一个字段之后,或者单击"设计"选项卡上"工具"组中的"输入行"按钮,则在当前光标的位置会添加一个空字段,在字段后中输入"家庭地址"。

③ 在设计视图中选择"照片"字段,直接输入"Image"新字段名,如图 3-52 所示,然后保存所作的修改。

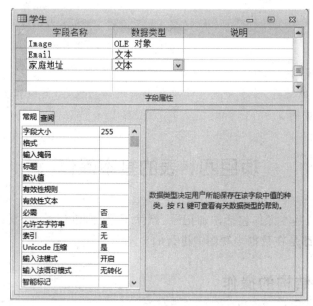

图 3-52　添加新字段

任务二　表记录的操作

📖 **任务描述**

数据表的结构只是为数据的存储制订规则,一个完整的数据表还应该拥有内容,也就是记录。记录的输入和编辑操作是数据库应用中最基本的操作。

📖 **任务分析**

记录的输入主要实现不同数据类型的数据输入,而记录的编辑涉及记录的修改、删除等操作。用户可在数据表视图中实现这些基本操作。

📖 **知识链接**

1. 添加新记录

添加新记录有下列 4 种方法。

① 直接将光标定位在表的最后一行。

② 单击"记录指示器"最右侧的"新(空白)记录"按钮。

③ 单击"开始"选项卡上"记录"组中的"新建"按钮。

④ 将鼠标移动到某条记录的"记录选择器"上,当指针变成箭头时,鼠标右击,在弹出的快捷菜单中单击 新记录(W) 按钮。

2．输入数据

添加新记录后开始输入数据,由于字段数据类型和属性的不同,对不同的字段输入数据时会有不同的要求,输入的数据必须满足这些要求才能输入成功。

(1)输入文本型数据

文本型数据最多只能输入 255 个字符,对于姓名、地址等常见的文本类型,应该按照比实际需要大一点来设置文本字段大小,以节约数据库的空间,例如,一般设置 10 个字符大小,可容纳 5 个汉字。

(2)输入日期型数据

当光标定位到日期数据字段时,在字段的右侧会出现一个日期选择器图标,单击该图标打开"日历"控件,如图 3-53 所示。

如果输入今日日期,直接单击"今日"按钮;如果输入其他日期,可以在日历控件中进行选择。

(3)输入 OLE 对象型数据

OLE 对象类型的字段通过"插入对象"的方式实现输入,当光标定位到 OLE 对象类型字段时,鼠标右击,在弹出的快捷菜单中选择"插入对象"命令,弹出"插入对象"对话框,如图 3-54 所示,有以下两种方式选择。

① 选择"新建"单选按钮,则在右边会显示出各种对象类型的列表选项,选择某种类型创建新的对象,并插入到字段中,如图 3-54 所示。

图 3-53　日期选择器

② 选择"由文件创建"单选按钮,则在"打开"对话框中选择一个已存储的外部图片文件插入到字段中,如图 3-55 所示。

图 3-54　"插入对象"对话框

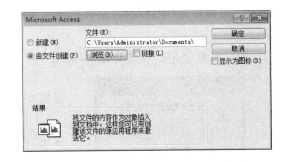

图 3-55　"文件选择"对话框

3．修改记录

在数据表视图中,用鼠标直接单击需要修改记录的数据时,对应的字段值会出现文本框,并在对应记录的左边会显示标记,则表示正在修改记录。

4. 删除记录

在进行删除记录操作时,首先选中需要删除的记录,单击"开始"选项卡上"记录"组中的 ✕ 删除 ▾ 或 ◢ 删除记录(B) 按钮实现记录的删除。

如果需要同时删除多个连续的记录,则先选中第一条记录,按 Ctrl 键,再选择最后一条记录,然后右击鼠标,在弹出的快捷菜单中选择"删除记录"命令。

5. 查找和替换字段

在操作数据时,如果需要查找或修改多处相同的数据,用户可以使用"查找和替换"功能来实现,这样效率更高。有下列两种实现方法。

① 在记录指示器的"搜索"栏中,输入要查找的数据,则光标会定位到所查找的数据位置,如需替换,直接输入替换文本数据。

② 单击"开始"选项卡"查找"组中的 🔍 和 🔁 按钮,弹出"查找和替换"对话框,如图 3-56 所示。"查找内容"文本框用来输入要查找的数据;"替换为"文本框用来输入要替换查找的数据;"查找范围"列表框用于确定在哪个字段中查找数据,在查找之前,最好把光标定位在查找的字段上,查找的效率会提高;"匹配"列表框用来确定匹配方式,包括"整个字段""字段的任何部分"和"字段开头";"搜索"列表框用来确定搜索方式,包括"向上""向下""全部"3 种方式。

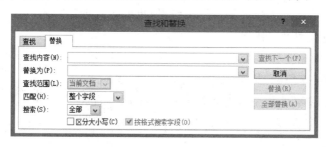

图 3-56 "查找和替换"对话框

📖 **任 务 设 计**

在"教学信息管理系统"数据库的"学生"表中,添加一条新记录,其数据内容为:"2017060001,丁晶,汉族,女,江西,预备党员,1993 年 12 月 12 日,09,1405,05121301"。查找所有政治面貌为"群众"的记录并修改为"团员"。删除姓名为"钟雯瑶"的记录。其操作步骤如下。

① 在"教学信息管理系统"数据库中,以"数据表视图"打开"学生"表。

图 3-57 "您将不能撤销该替换操作"对话框

② 单击"记录指示器"按钮,光标会自动跳到记录的最后一行,在相应的字段位置输入记录的值。

③ 把光标定位在"政治面貌"字段上,单击 🔁 按钮,弹出"查找和替换"对话框,在"查找内容"文本框里输入"群众",在"替换为"文本框里输入"团员","查找范围"选择当前字段,"匹配"选择整个字段,然后单击"全部替换"按钮。弹出"您将不能撤销该替换操作"对话框,如图 3-57 所示。单击"是"按钮,实现所有的替换并在状态栏上显示共替换多少次。

④ 利用"查找"功能,查找到姓名为"钟雯瑶"的记录,单击"开始"选项卡上"记录"组中的

✕删除 · 按钮,弹出"确定要删除记录"对话框,单击"是",完成删除。

任务三　数据的排序和筛选

📖 任务描述

数据表主要用来存放数据,如何在海量的数据中查看所需的数据呢？假如想查看"成绩"表中的最高分或者查看不及格的学生信息等,我们可以利用排序和筛选来实现。

📖 任务分析

排序是一种组织数据的方式,是指按一定规则对数据进行整理、排列。一个好的排序方法可以有效提高排序速度,提高排序效果。在数据表中默认以表中定义的关键字段排序,如果表中没有主关键字段,则以输入的次序排序记录。

筛选是指对记录进行筛选,选择符合准则的记录。准则是一个条件集,用来限制某个记录子集的显示。从意义上来讲就是查询的一种。

📖 知识链接

在"开始"选项卡上"排序和筛选"组中提供了 Access 的排序和筛选功能,如图 3-58 所示。

图 3-58　"排序和筛选"组

1. 排序及其方式

排序分为升序和降序两种方式。排序是根据当前表中的一个或多个字段的值对整个表中的所有记录进行重新排序。排序时可按升序或降序排序。排序记录时,不同的字段类型,排序规则有所不同,具体规则如下。

① 英语按字母顺序排列,大小写视为相同,升序时按 A～Z 排序,降序时按 Z～A 排序。

② 中文按拼音字母的顺序排列,升序时按 A～Z 排序,降序时按 Z～A 排序。

③ 数据按数据的大小排序,升序时按从前到后的顺序排序,降序时按从后向前的顺序排序。

④ 日期和时间字段按日期的先后顺序排序,升序时按从前到后的顺序排序,降序时按从后向前的顺序排序。

若要对多个字段进行排序,应先在设计网格中按照希望排序执行的次序来排列字段。Access 首先对最左侧字段进行排序,当该字段具有相同值时,对其右侧的下一个字段进行排序,以此类推。直到按全部指定的字段排好序为止。

在保存数据时,Access 将保存该排序次序,并在重新打开数据表时,自动重新应用排序。也可以通过单击 取消排序 按钮取消排序,数据表恢复默认排序。

2. 筛选

筛选是在众多的记录中只显示满足条件的数据记录,而把其他记录隐藏起来,包括以下 4 种筛选方式。

① 筛选器:提供了一种灵活的方式,选定的列中所有不重复的值以列表显示出来,用户可以逐个选择需要的筛选内容。筛选列表取决于所选字段的数据类型和值。

② 选择筛选:提供了用户筛选的字段值,该值由光标所在的位置来决定。选择筛选又细分为"等于""不等于""包含"和"不包含"筛选。

③ 按窗体筛选:是一种快速筛选方式,使用它不需要浏览整个数据表的记录,且可以同时对多个字段值进行筛选。

④ 高级筛选:是一种多条件的筛选,可以筛选出复杂的条件记录。筛选条件就是一个条件表达式。

在设置筛选后,如果不再需要筛选,应该将它清除,否则影响下一次筛选。单击"排序和筛选"组中的"高级"按钮,在下拉菜单中选择 ▼ 命令,即实现所有筛选的清除。

📖 **任务设计**

1. 数据排序

(1)单字段排序

图 3-59 "排序"列表框

在"教学信息管理系统"数据库中,"成绩"表中的记录按"成绩"降序排列。其操作步骤如下。

① 在"教学信息管理系统"数据库中,以"数据表视图"打开"成绩"表。

② 单击"成绩"字段名称右侧下拉列表,如图 3-59 所示。在列表中选择 ↓↓ 命令,按降序排列,在"成绩"的字段名旁边增加向下的黑箭头,即表明"成绩"字段执行了降序排序。

③ 排序后的结果如图 3-60 所示,即可以直接通过排序结果查看成绩的最高分。以此方法也可以通过升序排序查看成绩的最低分。

(2)多字段排序

在"教学信息管理系统"数据库中,"学生"表按"系编号"和"学号"升序排序。其操作步骤如下。

① 在"教学信息管理系统"数据库中,以"数据表视图"打开"学生"表。

② 进行多字段排序时,如果两个字段并不相邻,可以调整两个字段位置为相邻,且把第一排序字段置于最左侧。选中"系编号"字段列,然后拖拽到"学号"字段左侧分隔线处松开。

③ 选中"系编号"和"学号"两个字段列,单击"开始"选项卡上"排序和筛选"组中的"升序"按钮,即实现两个字段的升序。如果两个字段的排序方式不相同,需要单独对字段选择排序方式。

④ 排序后的结果如图 3-61 所示。

2. 数据筛选

(1)基于选择器筛选

在"教学信息管理系统"数据库中,在"学生"表中,筛选出所有是"团员"的学生记录。其操

图 3-60　排序结果一

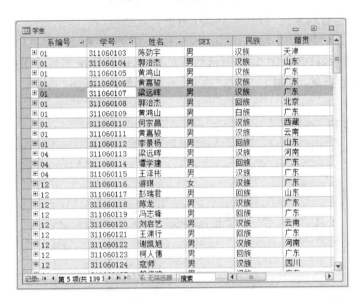

图 3-61　排序结果二

作步骤如下。

① 在"教学信息管理系统"数据库中，以"数据表视图"打开"学生"表。

② 把光标定位在所要筛选内容"团员"的某个单元格中，单击"开始"选项卡上"排序和筛选"组中的"选择"按钮，打开下拉菜单，单击 等于"团员" (E) 命令；或者直接在光标所在的位置鼠标右击，在弹出的快捷菜单中选择 等于"团员" (E) 命令，如图 3-62 所示。

③ 筛选结果如图 3-63 所示。

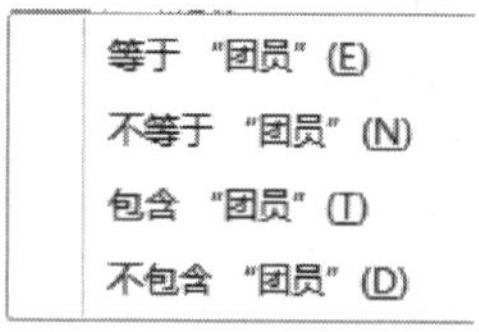

图 3-62　"选择器"筛选 　　　　　　　　　　　图 3-63　"选择器"筛选结果

说明：筛选完成后，不满足条件的记录只是被隐藏起来。如果要将数据表中的数据恢复到筛选前的状态，可以单击"排序和筛选"组中的 按钮来实现。

（2）基于筛选器筛选

在"学生"表中，筛选出"广东"籍贯的学生记录。其操作步骤如下。

① 在"教学信息管理系统"数据库中，以"数据表视图"打开"学生"表。

② 把光标定位在"籍贯"字段列，单击"排序和筛选"组中的"筛选"按钮，或者单击"籍贯"字段右侧的下拉箭头，打开如图 3-64 所示的下拉列表，默认情况下列表中所有的籍贯都被勾选中，可以取消其他籍贯，只剩下"广东"选项，或者先取消"全选"列表项，再选中"广东"列表项。

③ 筛选结果如图 3-65 所示。

图 3-64　"筛选器"筛选列表 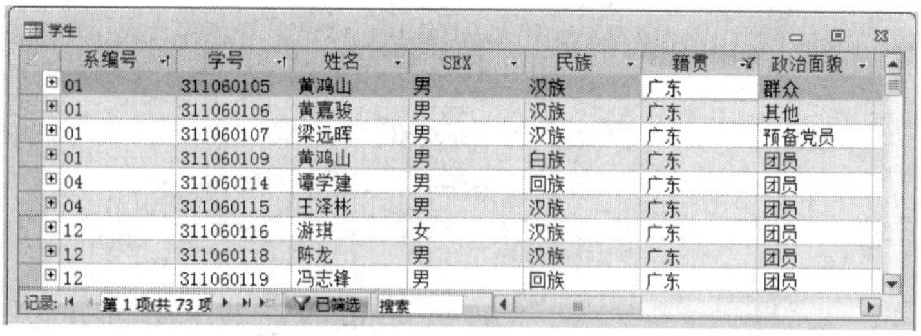　　　　　　　　　图 3-65　"筛选器"筛选结果

（3）按窗体筛选

在"教师"表中，筛选出职称为"教授"且性别为"男"的教师记录。其操作步骤如下。

① 在"教学信息管理系统"数据库中，以"数据表视图"打开"教师"表。

② 单击"排序和筛选"组中的"高级"按钮，在下拉列表中选择"按窗体筛选"命令，数据表视图立即转变为单一记录，在"性别"字段列表中选择"男"，在"职称"字段列表中选择"教授"，如图 3-66 所示。

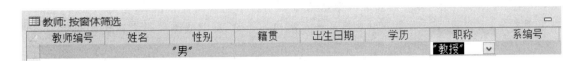

图 3-66　"窗体"筛选

③ 单击"排序和筛选"组中的 按钮,返回到数据表视图,其筛选结果如图 3-67 所示。

教师编号	姓名	性别	工作时间	政治面目	学历	职称	系编号	联系电话	单击以添加
⊞ 10105	张袤	男	1958/7/8	群众	大学本科	教授	16	13715645673	
⊞ 10109	宛平	男	1957/9/28	党员	研究生	教授	12	13012345624	
⊞ 10118	吴海川	男	1969/11/10	党员	大学本科	教授	12	13788415068	
⊞ 10125	周安城	男	1969/6/25	群众	大学本科	教授	12	13788415075	
⊞ 10126	杨海波	男	1957/9/28	党员	研究生	教授	12	13788415076	
⊞ 10127	王志坚	男	1988/9/9	党员	博士研究生	教授	12	13788415077	
⊞ 10143	何蔚	男	1957/9/28	党员	研究生	教授	04	13788415093	
⊞ 10160	赵令伟	男	1957/9/28	党员	研究生	教授	01	13788415110	

图 3-67　"窗体"筛选结果

(4) 高级筛选

在"学生"表中,筛选出生日期在 1 月的学生记录。其操作步骤如下。

① 在"教学信息管理系统"数据库中,以"数据表视图"打开"学生"表。

② 单击"排序和筛选"组中的"高级"按钮,单击下拉列表的 高级筛选/排序(S)... 命令,打开如图 3-68 所示的设计窗口,窗口分为两个窗格,上部分窗格显示"学生"表,下部分窗格用于设置筛选条件,在第一列的字段单元格中选择"出生日期",在条件单元格中输入"Month([出生日期])=1"。

③ 单击 按钮,显示如图 3-69 所示的筛选结果。

图 3-68　"高级"筛选
条件定义

图 3-69　"高级"筛选的筛选结果

④ 如果想要保存筛选结果,则在"高级筛选"中单击 另存为查询(A) 按钮,打开"另存为查询"对话框,如图 3-70 所示,输入筛选结果名称,单击"确定"按钮进行保存。

说明: 高级筛选实际上创建了一个查询,筛选属于表对象里的一个子对象,是对一个数据表的临时查

图 3-70　"另存为查询"对话框

询,不会保存筛选结果(即关闭表后筛选结果随即消失);而查询是 Access 数据库的一个单独数据库对象,可以依据查询条件对数据表进行准确的查询,并且查询结果能够永久保存。

任务四　数据的复制、删除与重命名

📖 任务描述

数据表创建完成后,如果需要对数据表作备份,或者用户不再使用数据表,可以通过对数据表进行复制、删除和重命名等操作来实现。

📖 任务分析

表的复制、删除和重命名主要是针对整个数据表而言的,不是对记录的操作。

📖 知识链接

① 表的复制:可用来实现表的备份,也可以用来建立新表。表的复制有以下 3 种类型。
- 仅结构:只是将所选的表的结构复制形成一个新表。
- 结构和数据:将所选的表的结构及其全部数据记录一起复制,形成一个新表。
- 将数据追加到已有表:将所选的表全部数据记录追加到一个已存在的表中,但要求确实有一个已存在的表且此表的结构和被复制的表的结构相同,才能保证复制数据的正确性。

② 表的删除:如果数据表在数据库中已经不再使用,可以将其删除。

③ 表的重命名:如果表的命名不合理或不符合要求,可以对其进行重命名。

📖 任务设计

在"教学信息管理系统"数据库中,为"学生"表创建一个完整备份。其操作步骤如下。
① 在"教学信息管理系统"数据库中,在"导航窗格"中单击"学生"表。

图 3-71　"粘贴表方式"对话框

② 单击"开始"选项卡上"剪切板"组中的 📋 按钮或者按〈Ctrl＋C〉快捷键。

③ 单击"剪切板"组中的 📋 按钮或者按〈Ctrl＋V〉快捷键,弹出"粘贴表方式"对话框,如图 3-71 所示。选择"结构和数据",在"表名称"文本框中输入"学生的副本",单击"确定"按钮,即保存新表,在导航空格中显示新表名。

任务五　数据表格式的设置

📖 任务描述

数据表视图下的数据格式是默认格式,可以通过对数据表的外观样式设置来美化数据表的显示效果。

■ 任务分析

数据表的外观样式包括行高和列宽、字体样式、数据表样式、字段列样式等。

■ 知识链接

① 行高和列宽：行高是指记录之间行的距离，而列宽是指字段之间的距离。

② 字体样式：Access 的默认字体是 5 号宋体，可以通过字体设置改变数据的显示格式，在"开始"选项卡上的"文本格式"组中可对对字体进行基本设置，如图3-72 所示。

图 3-72　"文本格式"组

③ 数据表样式：数据表视图的默认表格样式为白底、黑字、细表格线形式，在"开始"选项卡的"文本格式"组中设置表格的背景颜色、网格样式等。

④ 字段列样式：包括隐藏/撤销隐藏列和冻结/解冻列。

• 隐藏/撤销隐藏列。查看数据时，如果表中字段太多，需要调整窗体下方的横向滚动条才能查看。需要打印某个数据表时，有些列是不需要打印的，此时可以暂时将某些不需要的字段隐藏起来，需要时撤销隐藏即可。

• 冻结/解冻列。查看数据时，若想让某些字段始终在窗体中显示，可以通过冻结列的方法，使此列始终在窗体的左端，不会受滚动条的影响。即在滚动字段时，这些列在窗体的左端是固定不动的。一般冻结主键以及比较重要的字段。

■ 任务设计

对"学生"表进行样式设置：行高为 20，字体设置为"幼圆、小五号"，隐藏"家庭地址"字段列，冻结"学号"和"姓名"字段，为数据表设置一种表样式。其操作步骤如下。

① 在"教学信息管理系统"数据库中，以"数据表视图"打开"学生"表。

② 把光标定位在记录选定器的分隔处，光标会变成双箭头，上下拖动鼠标，即可改变行高；或者在记录选定器上右击鼠标，在弹出的快捷菜单中选择 行高(R)… 命令，弹出"行高"对话框，在文本框中输入"20"，单击"确定"按钮。

③ 在"开始"选项卡上的"文本格式"组中，设置字体为"幼圆"，大小为"小五"。同样可设置字体的颜色等。

④ 在字段列表中选择"家庭地址"字段，鼠标右击，在弹出的快捷菜单中选择 隐藏字段(F) 命令，如图 3-73 所示，即在数据表中看不到字段。如果需要显示出来，则单击 取消隐藏字段(U) 命令即可。

⑤ 在字段列表中选中"学号"和"姓名"字段，右击鼠标，在弹出的快捷菜单中选择 冻结字段(Z) 命令，则"学号"和"姓名"字段会自动在最左侧，此时拖动水平滚动条，这两个字段始终显示在窗口的最左侧。如果不再需要冻结，则单击 取消冻结所有字段(A) 命令即可。

⑥ 在 Access 中，数据表视图由交替颜色显示，即单记录和双记录的颜色设置不同。单击"开始"选项卡上"文本格式"组中的 🎨▾ 按钮，弹出"调色板"对话框，如图 3-74 所示，主要设置

单记录行的颜色。单击 ⁻按钮,弹出"调色板"对话框,主要设置双记录的颜色。单击 ⊞⁻按钮,弹出"网格线"对话框,主要设置网格线的样式,如图 3-75 所示。设置结果如图 3-76 所示。

图 3-73　快捷菜单

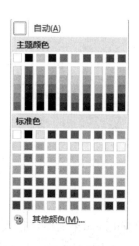

图 3-74　"调色板"对话框

图 3-75　"网格线"对话框

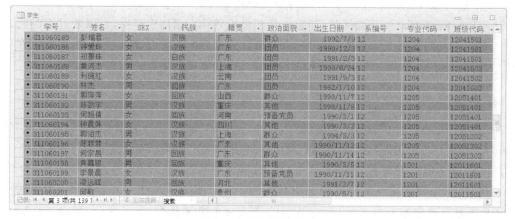

图 3-76　样式的效果图

项目五　设置数据表间的关系

通常一个关系数据库中多个数据表之间并不是孤立的,表和表之间存在着一定意义上的关联,即表间关系。数据库系统利用这些关系,把多个表连接成一个整体。关系对于整个数据库的性能及数据的完整性起着关键的作用。

任务一　表间关系的定义与创建

📖 任务描述

在数据库中,不同表中的数据之间存在一种关系,这种关系将数据库里各张表中的每条数据记录都和数据库中唯一的主题相联系,使得对一个数据的操作成为对数据库的整体操作。例如,在"教学信息管理系统"数据库中,学生选课主题涉及学生、课程和教师之间存在的关系;学生的成绩涉及学生、课程和成绩之间存在的关系等。

📖 任务分析

表间的关系分为 3 种:一对一、一对多和多对多关系。在 Access 中,在两个表之间建立一对一和一对多关系,而多对多关系则需要一对多关系来实现。

1. 一对一关系

一对一关系即在两个数据表中选一个相同属性字段作为关键字段,把其中一个数据表中的关键字段称为主关键字段,该字段值是唯一的,而另一个数据表中的关键字段称为外关键字段,该字段值也是唯一的。即 A 表中的每一条记录在 B 表中仅有一条记录与之匹配,同样 B 表中的每一条记录也只能在 A 表中有一条匹配记录。

2. 一对多关系

一对多关系是关系最常用的类型。在一个表中的一条记录可对应另一个表中的多条记录,这种关系就是一对多关系。例如,"学生"表中的一名学生可能对应"成绩"表中多门课程的成绩记录。

3. 多对多关系

在多对多关系中,A 表中的记录能与 B 表中的多条记录匹配,反过来 B 表中的一条记录也能与 A 表中的多条记录匹配。这种关系类型仅能通过第 3 个表(称为联接表)来达成。它的主键包含两个字段,即来源于 A 表和 B 表的外键。例如,"学生"表和"课程"表之间存在一个多对多关系,它们是通过"成绩"表和"学生"表、"课程"表之间的两个一对多关系来创建的。

表之间的关系是通过表的主键和外键来建立的,两张表相互关联的字段在一个数据表中是主关键字,它对每一条记录提供唯一标识,而在另一个相关联的数据表中的关联字段通常称为外部关键字。创建关系的两个字段必须具有相同的数据类型,名称则可以不同。

📖 知识链接

单击"数据库工具"选项卡上的"关系"组中的 ![按钮] 按钮,如图 3-77 所示。Access 应用程序窗口中会增加一个"关系工具"选项卡,包括"工具"和"关系"两个组,如图 3-78 所示。

① "工具"组:主要编辑表间关系。

② "关系"组:主要添加表以及查看表面关系。

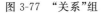

图 3-77 "关系"组

图 3-78 "关系工具"选项卡

📖 任务设计

根据"教学信息管理系统"数据库,建立"学生"表、"课程"表、"成绩"表之间的关系。其操作步骤如下。

① 打开"教学信息管理系统"数据库,单击"数据库工具"选项卡上"关系"组中的 按钮,打开"关系工具"选项卡。

② 单击"关系"组中的"显示表"按钮,弹出如图 3-79 所示的"显示表"对话框,在对话框的"表"选项卡上列出了当前数据库所有的表。

③ 把"学生"表、"课程"表、"成绩"表添加到关系窗口中。选中"学生"表中的"学号"字段,按住左键将其拖动到"成绩"表中的"学号"字段上,弹出如图 3-80 所示的"编辑关系"对话框,然后单击"确定"按钮,完成关系的建立。此时用户在关系窗口中就能看到"学生"和"成绩"两张表之间出现了一条关系线,如图 3-81 所示。

④ 按照上述的方法建立"课程"表和"成绩"表之间的关系,建好的表间关系结果如图 3-81 所示。

⑤ 保存关系布局图。

图 3-79 "显示表"对话框

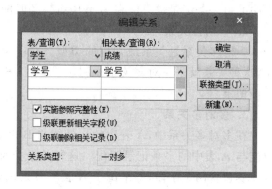

图 3-80 "编辑关系"对话框

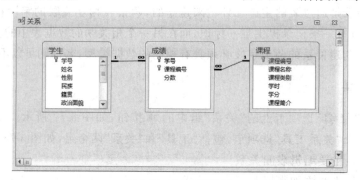

图 3-81 "关系"窗口

任务二 设置参照完整性

📖 任务描述

创建表间关系之后,还需要确保表间数据的一致性和准确性,防止意外删除或更新关系数据,通过设置参照完整性来实现。

📖 任务分析

参照完整性是一个规则,Access 使用这个规则来确保相关表中记录之间关系的有效性。

在符合下列全部条件时才可以设置参照完整性。

来自于主表的匹配字段是主关键字字段或具有唯一的索引。两张表建立一对多关系后，"一"方的表称为主表，"多"方的表称为子表。

两张表中相关联的字段都有相同的数据类型，如"学生"表和"成绩"表的"学号"字段数据类型相同。

使用参照完整性时，必须遵守以下几条规则。

① 在相关表的外部关键字字段中，除空值（NULL）外，不能有在主表的主键中不存在的数据。

② 如果在相关表中存在匹配的记录，不能只删除主表中的这条记录。

③ 如果某条记录有相关的记录，不能在主表中更改主关键字。

④ 如果需要 Access 为某个关系实施这些规则，在创建关系时，选中"实施参照完整性"复选框。如果出现了破坏参照完整性规则的操作，系统将自动出现禁止提示。

📖 **知识链接**

在我们建立表之间的关系时，"编辑关系"对话框中有一个"实施参照完整性"复选框，用户选定了该复选框，"级联更新相关字段"和"级联删除相关记录"两个复选框才可以使用。

"级联更新相关字段"复选框：当用于更新父表的数据时，Access 就会自动更新子表对应的行数据。例如，修改学生的学号时，"成绩"表对应的学号也自动更改。

"级联删除相关记录"复选框：当用于删除父表的记录时，子表的记录也会跟着删除。例如，删除学生的某条记录时，在"成绩"表中会同时删除与该学生相关的所有记录。

📖 **任务设计**

根据本项目任务一建立的"学生"表、"课程"表、"成绩"表之间的关系，设置参照完整性。其操作步骤如下。

① 打开"教学信息管理系统"数据库，单击"数据库工具"选项卡上"关系"组中的 按钮，打开"关系"窗口。

② 在"关系"窗口中，双击两个表之间的连线，弹出"编辑关系"对话框，选中"实施参照完整性""级联更新相关字段"和"级联删除相关记录"复选框，如图 3-82 所示。

③ 单击"确定"按钮。此时，"学生"表的一方显示"1"，"成绩"表的一方显示"∞"，即表示"学生"表与"成绩"表之间是"一对多"的关系（"一"方表的字段称为主键，"多"方表的字段称为外键），如图 3-83 所示。

④ 保存关系布局图。

图 3-82　"编辑关系"对话框

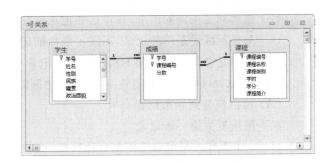

图 3-83　"关系"结果图

习题与实训三

一、选择题

1. Access 数据库的核心与基础对象是（　　）。

(A) 表　　　　　　(B) 宏　　　　　　(C) 报表　　　　　　(D) 查询

2. Access 中表和数据库之间的关系是（　　）。

(A) 一个数据库可以包含多个表　　　　(B) 数据库就是数据表

(C) 一个表可以包含多个数据库　　　　(D) 一个表只能包含两个数据库

3. 下面的数据类型中，不能作为主键的数据类型是（　　）。

(A) 文本型　　　　(B) 自动编号型　　　(C) 数字型　　　　(D) 是/否型

4. 表是数据库的核心和基础，它存放着数据库的（　　）。

(A) 全部数据　　　　　　　　　　　　(B) 部分数据

(C) 全部对象　　　　　　　　　　　　(D) 全部数据结构

5. Access 2010 一共提供了 11 种数据类型，其中用来存储多媒体对象的数据类型是（　　）。

(A) 文本　　　　　　　　　　　　　　(B) 查阅向导

(C) 备注　　　　　　　　　　　　　　(D) OLE 对象

6. 邮政编码是由 6 位数字组成的字符串，为邮政编码设置输入掩码，正确的是（　　）。

(A) 000000　　　(B) 999999　　　　(C) CCCCCC　　　(D) LLLLLL

7. Access 数据库中，为了保持表之间的关系，要求在子表中添加记录时，如果主表中没有与之相关的记录，则不能在子表中添加记录。为此需要定义的关系是（　　）。

(A) 输入掩码　　　　　　　　　　　　(B) 有效性规则

(C) 默认值　　　　　　　　　　　　　(D) 参照完整性

8. 在"学生"表中，"姓名"字段的字段大小为 10，在此列输入数据时，最多可输入的汉字数和英文字符数分别是（　　）。

(A) 5,5　　　　　(B) 5,10　　　　　(C) 10,10　　　　(D) 10,20

9. 对数据表进行筛选操作，结果是（　　）。

(A) 只显示满足条件的记录，将不满足条件的记录从表中删除

(B) 显示满足条件的记录，并将这些记录保存在一个新表中

(C) 只显示满足条件的记录，不满足条件的记录被隐藏

(D) 将满足条件的记录和不满足条件的记录分为两个表进行显示

10. 在 Access 数据表中删除一条记录，被删除的记录（　　）。

(A) 可以恢复到原来位置　　　　　　　(B) 被恢复为最后一条记录

(C) 被恢复为第一条记录　　　　　　　(D) 不能恢复

11. 一个工作人员可以使用多台计算机，而一台计算机可被多个人使用，则实体工作人员与实体计算机之间的联系是（　　）。

(A) 一对一　　　　(B) 一对多　　　　(C) 多对多　　　　(D) 多对一

12. 下列对主关键字的叙述,错误的是(　　)。

(A) 数据库中的每个表都必须有一个主码字段

(B) 主关键字是唯一的

(C) 主关键字可以是一个字段,也可以是一组字段

(D) 主关键字中不允许有重复值和空值

13. 在 Access 数据类型中,不能建立索引的数据类型是(　　)。

(A) 文本型　　　　　(B) 备注型　　　　　(C) 数字型　　　　　(D) 货币型

14. 关于 Access 字段名,下面叙述错误的是(　　)。

(A) 字段名长度为 1~255 个字符

(B) 字段名可以包含字母、汉字、数字、空格和其他字符

(C) 字段名不能包含句号(.)、感叹号(!)、方括号([])

(D) 字段名能重复出现

15. 假设数据库中表 A 与表 B 建立"一对多"关系,表 B 为"多方",则下述说法正确的是(　　)。

(A) 表 A 中的一条记录能与表 B 中的多条记录匹配

(B) 表 B 中的一条记录能与表 A 中的多条记录匹配

(C) 表 A 中的一条字段能与表 B 中的一条记录匹配

(D) 表 B 中的一条字段能与表 B 中的一条记录匹配

16. 定义字段默认值的含义是(　　)。

(A) 不得使该字段为空

(B) 不允许字段的值超出某个范围

(C) 在未输入数据之前系统自动提供数据

(D) 系统自动把小写字母转换为大写字母

17. 下列说法中,错误的是(　　)。

(A) 文本型字段最长为 255 个字符

(B) 要得到一个计算字段的结果,仅能运用总计查询来完成

(C) 在创建一对一关系时,要求两个表的相关字段都是主码

(D) 创建表之间的关系时,正确的操作是关闭相关已打开的表

18. 下面关于 Access 表的叙述中,错误的是(　　)。

(A) 在 Access 表中,可以对备注型字段进行"格式"属性设置

(B) 若删除表中含有自动编号型字段的一条记录,Access 不会对表中自动编号型字段重新编号

(C) 创建表之间的关系时,应关闭所有打开的表

(D) 可以在 Access 表的设计视图"说明"列中,对字段进行具体的说明

19. 在 Access 中,参照完整性规则不包括(　　)。

(A) 更新规则　　　(B) 查询规则　　　(C) 删除规则　　　(D) 插入规则

20. 在已经建立的数据表中,若在显示表中内容时使某些字段不能移动显示位置,可以使用的方法是(　　)。

(A) 排序　　　　　(B) 筛选　　　　　(C) 隐藏　　　　　(D) 冻结

二、填空题

1. 在 Access 2010 中,创建表的方法有_____种,主要有_____、_____、_____。

2. 表由_____和_____组成。

3. 子表是相对于主表而言的,它是一个嵌在_____中的表。

4. 关系是通过两张表之间的_____字段建立起来的,一般情况下,一张表的主键是另一张表的_____。

5. 在数据库系统中,数据的完整性包括_____完整性、_____完整性和_____完整性。

三、上机实训

任务一　创建选择查询

📖 实训目的

1. 熟练掌握数据表的各种创建方法。
2. 掌握字段数据类型的定义。

📖 实训内容

表 3-16 至表 3-22 列出了"超市信息管理系统"数据库中所有的表结构。

表 3-16　"商品"表结构

字段名	字段类型	长　度	是否为空	主　键	索　引
商品 ID	文本	15	否	√	有(无重复)
商品名称	文本	50	是		
类别 ID	文本	15	是		
供应商 ID	文本	15	是		
单价	货币		是		
数量	数字	整型	是		

表 3-17　"订单"表结构

字段名	字段类型	长　度	是否为空	主　键	索　引
订单 ID	文本	10	否	√	有(无重复)
客户 ID	文本	10	是		
雇员 ID	文本	5	是		
定购日期	日期/时间	短日期	是		
到货日期	日期/时间	短日期	是		
发货日期	日期/时间	短日期	是		

表 3-18 "客户"表结构

字段名	字段类型	长 度	是否为空	主 键	索 引
客户 ID	文本	10	否	√	有(无重复)
客户名称	文本	50	是		

表 3-19 "雇员"表结构

字段名	字段类型	长 度	是否为空	主 键	索 引
雇员 ID	文本	5	否	√	有(无重复)
雇员姓名	文本	10	是		
雇员性别	文本	2	是		
出生日期	日期/时间	短日期	是		
职务	文本	10	是		

表 3-20 "工资"表结构

字段名	字段类型	长 度	是否为空	主 键	索 引
工资表编号	自动编号	长整型	否	√	有(无重复)
雇员 ID	文本	5	是		
基本工资	货币	标准	是		
资金	货币	标准	是		
补贴	货币	标准	是		

表 3-21 "订单明细"表结构

字段名	字段类型	长 度	是否为空	主 键	索 引
订单 ID	文本	10	否	√	有(无重复)
商品 ID	文本	5	是		
数量	数字	整型	是		
折扣	数字	单精度型	是		

表 3-22 "商品类别"表结构

字段名	字段类型	长 度	是否为空	主 键	索 引
类别 ID	数字	15	否	√	有(无重复)
类别名称	文本	50	是		

1. 依据表 3-16 的表结构,利用模板方式创建"商品"表。

2. 依据表 3-17 的表结构,利用空白表创建"客户"表。

3. 通过导入数据的方法创建"雇员"表,数据来源是"雇员.xlsx"。导入完成后依据表 3-19 的表结构修改"雇员"表。

4. 依据表 3-18、表 3-20、表 3-21、表 3-22 所示的表结构,利用设计视图创建"客户"表、"工资"表、"订单明细"表、"商品类别"表。

任务二　数据表的字段属性设置

📖 **实训目的**

熟练掌握数据表的字段属性设置。

📖 **实训内容**

1. 设置"商品"表中的"单价"字段的格式为"￥＃，＃＃0.00"，设置"工资"表中的"基本工资"字段的格式为"￥＃，＃＃0.000"。

2. 设置"单价"字段有效性规则为大于0,有效性文本为"商品单价不能为负值"。

3. 设置"客户"表中的"客户 ID"字段的输入掩码为"AA000"。

4. 设置"雇员"表中的"雇员性别"字段的默认值为"男"。

5. 设置"商品"表中的"类别 ID"字段为查阅字段,查阅字段值为"商品类别"表中的"类别 ID";设置"订单明细"表中的"订单 ID"字段为查阅字段,查阅字段值为"订单"表中的"订单 ID";设置"工资"表中的"雇员 ID"字段为查阅字段,查阅字段值为"雇员"表中的"雇员 ID"。

6. 冻结"雇员"表中的"雇员 ID",隐藏"职务"字段。

7. 为"客户"表增加一个字段,字段名称为"联系电话",类型为文本型,字段大小为13,且设置该字段的掩码格式为"(020)00000000C999"。

8. 依据任务一所创建的7张表,分别为每个数据表设置主键和索引。

任务三　数据表的操作

📖 **实训目的**

1. 熟练掌握数据表的记录操作和插入、删除、更新等操作。
2. 掌握表的数据排序与索引、筛选等操作。
3. 熟悉表的样式设置。
4. 掌握表之间关系的建立。

📖 **实训内容**

1. 给"雇员"表添加一条新记录,数据内容为:10007,范平,男,1988/08/09,销售经理。

2. 为"订单"数据表创建一份备份,备份表名为"dd_back",并删除"雇员 ID"为"10001"的所有记录。

3. 在"商品"表中,先按"单价"升序排序,当单价相同时,再按"数量"降序排序。

4. 在"订单明细"表中筛选出"商品 ID"为"A0003"的订单明细信息。

5. 为"订单"表设置样式,字体、字号和颜色分别设置为幼圆、10 号和蓝色;表格中的单记录行颜色为粉色,双记录行颜色为绿色。

6. 建立"超市信息管理系统"数据库中7张表的表间关系,并设置参照完整性。

模块四 查询的设计与创建

【学习目标】

- 了解查询的作用和分类。
- 掌握用向导创建查询的方法。
- 掌握用设计视图创建查询的方法。
- 掌握选择查询的创建方法。
- 掌握参数查询的创建方法。
- 掌握交叉表查询的创建方法。
- 掌握操作查询的创建方法。
- 掌握 SQL 查询的创建方法。

查询是数据库最重要和最常见的应用,它是 Access 数据库的第二个重要对象,主要作用如下。

① 通过查询浏览表中的数据,并分析和修改数据。

② 利用查询可以直接向用户提供有用的数据,而将不需要的数据排除在查询之外。

③ 将经常处理的原始数据或统计计算定义为查询,可大大简化数据处理工作,从而提高整个数据库的性能。

④ 查询结果可以生成新的基本表,可以进行新的查询,还可以为窗体、报表提供数据。

本模块主要介绍 5 种查询:选择查询、参数查询、交叉表查询、操作查询和 SQL 查询。这 5 种查询的应用目标不同,对数据源的操作方式和操作结果也有所不同。

(1)选择查询

选择查询是最常用的一种查询类型。它是根据指定的查询条件,从一个或多个表中获取数据的方法。在选择查询的基础上还可以对数据进行多种统计功能,完成计算查询。

(2)参数查询

参数查询是一种动态的查询,它利用对话框提示用户输入参数,并检索符合所输入参数的记录或值,用户每次输入的参数值不同,查询结果会发生相应变化。

(3)交叉表查询

交叉表是一种常用的分类汇总表格。使用交叉表查询,显示源于表中某个字段的汇总值,并将它们分组,其中一组列在数据表的左侧,另一组列在数据表的上部。行和列的交叉处可以对数据进行多种汇总计算,如求和、平均值、记数、最大值、最小值等。使用交叉表查询数据非常直观明了,被广泛应用。

(4)操作查询

操作查询是对数据库的表中数据进行修改的查询。操作查询分为 4 种类型:删除查询、追加查询、更改查询与生成表查询。操作查询使得用户对数据表中数据的维护更加方便。

（5）SQL 查询

结构化查询语言（Structured Query Language，SQL）是用来查询、更新和管理关系数据库的标准数据库查询语言。

项目一　创建选择查询

选择查询是一种在数据表视图中显示信息的数据库对象，用于浏览、检索、统计数据库中的数据，主要功能如下。

① 从一个或多个表中检索数据。

② 在一定条件下，更改相关表中的记录。

③ 对记录进行分组，并进行总计、计数、求平均值以及其他类型的计算。

可以通过"查询向导"或查询"设计视图"来创建选择查询。尽管这两种方法彼此稍有不同，但基本步骤实质上是相同的。

① 选择要用作数据源的表或查询。

② 指定要从数据源中选择的字段。

③ 指定条件，限制查询返回的记录（可选）。

创建好的查询可以直接运行并查看结果，可以保存后在需要时重复使用它，例如，作为窗体、报表或其他查询的数据源使用，可以复制，可以导出。

本项目通过 3 个任务介绍选择查询的创建和使用方法。

任务一　使用向导创建查询

📖 **任务描述**

使用向导可以快速创建一些简单而实用的查询，并且可在一张或多张表中查找重复的记录或字段值，以及查找表之间不匹配的记录等。

📖 **任务分析**

掌握用简单查询向导、交叉表查询向导、查找重复项查询向导、查找不匹配项查询向导来创建查询。

📖 **知识链接**

1. 查询向导类型

Access 提供了 4 个创建查询的向导：简单查询向导、交叉表查询向导、查找重复项查询向导、查找不匹配项查询向导。

在 Access 2010 窗口的"创建"选项卡上的"查询"组中，用户可以看到"查询向导"按钮。单击"查询向导"按钮 📇 ，则打开"新建查询"对话框，如图 4-1 所示。"新建查询"对话框中显示 4 种查询向导。

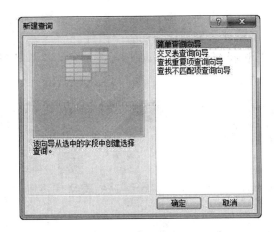

图 4-1　"新建查询"对话框

① 简单查询向导：快速创建一个简单而实用的查询，并且可以在一张或多张表或查询中指定检索字段中的数据，主要用于创建选择查询。

② 交叉表查询向导：引导用户创建交叉表查询，实现对查询数据的汇总、求平均值等计算，并对数据结构进行重新组织。

③ 查找重复项查询向导：引导用户创建查询，用于确定数据源中是否有重复记录。

④ 查找不匹配项查询向导：引导用户创建查询，用于查询数据源中与相关表不匹配的记录。

2. 查询视图

为了设计查询和查看查询结果，Access 提供了 5 种视图模式：数据表视图、查询设计视图、SQL 视图、数据透视表视图和数据透视图视图。其中前 3 种是常用的查询视图。

（1）数据表视图

数据表视图采用二维表结构，主要用于显示打开的表数据、查询结果。用户也可以在这种视图模式下添加、更新、删除数据。

例如，选择"教学信息管理系统"中的"院系"表，双击鼠标左键就可以直接打开相应的数据表视图，如图 4-2 所示。

系编号	系名称	系主任	办公电话	EMAIL
01	文学系	柳翰笙	020-82261934	
02	建筑系	王志刚	020-82261826	
03	机电系	张诚信	020-82224572	
04	会计系	吴海波	020-82473622	
05	艺术系	刘逸飞	020-82299321	
06	物理系	张伟嘉	020-86347582	
07	外语系	周延生	020-82442312	
08	化学系	张宇	020-83145622	
09	表演系	何晓寒	020-82261211	
10	体育系	张达易	020-81031792	
11	社会学系	刘远程	020-82553724	
12	信息工程系	赖庆	020-89376216	
13	商务系	魏国钦	020-82332134	
14	工商管理系	马兰萍	020-82264412	
15	公共管理系	赵氏坤	020-82266123	
16	经济与金融系	胡辉汉	020-82723845	

图 4-2　数据表视图

（2）查询设计视图

查询设计视图是一个设计数据库对象的窗口,数据表、查询、窗体和报表都有各自的设计视图。查询设计视图包含了创建查询所需要的各个组件。

如果还没有查询文件,选择"创建"菜单,在图 4-3 所示的菜单选项中选择"查询设计",便打开查询设计视图。

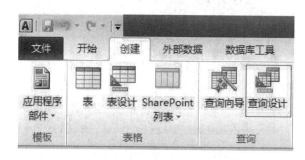

图 4-3　"创建"菜单

如果已经存在查询文件,可以采用以下方式打开查询的"设计视图"。

① 在查询对象的导航窗格中,右击要以设计视图方式打开的查询,在弹出的快捷菜单中选择"设计视图"命令。

② 如果查询已经以数据表视图方式打开,单击"开始"/"设计"选项卡上"视图"组中的 设计视图(D) 选项,或单击 Access 状态栏上的"设计视图"按钮 。

③ 如果查询已经以数据表视图方式打开,右击数据表视图的标题栏,在弹出的快捷菜单中选择 设计视图(D) 选项。

以上无论哪种情况,都可以打开如图 4-4 所示的"查询设计视图举例"窗口。

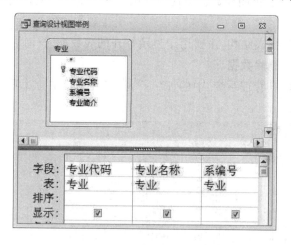

图 4-4　查询设计视图

查询设计窗口分为上下两部分:上部分为表/查询的字段列表,显示添加到查询中的数据表或查询的字段列表;下部分为查询设计区,定义查询的字段并将表达式作为条件。查询设计窗口的中间是可以调节的分隔线。

查询设计网格中的内容如下。

① 字段:查询所需要的字段,如果与字段对应的"显示"复选框被选中,则表示该字段将显

示在查询的结果中。

② 表:指定查询的数据来源表或其他查询。

③ 排序:指定查询的结果是否进行排序。

④ 条件:指定用户用于查询的条件或要求。

（3）SQL 视图

当用户在设计视图中创建查询时,Access 在 SQL 视图中自动创建与查询对应的 SQL 语句。用户可以在 SQL 视图中查看或改变 SQL 语句,进而改变查询。

打开查询的"SQL 视图"有如下几种方式。

① 以"数据表视图"或"设计视图"方式打开查询,右击标题栏,在弹出的快捷菜单中选择 **SQL SQL 视图(Q)** 选项。

② 以"数据表视图"或"设计视图"方式打开查询,单击"开始"/"设计"选项卡上"视图"组中的 **SQL SQL 视图(Q)** 选项,或单击 Access 状态栏上的"SQL 视图"按钮 **SQL**。

打开的 SQL 视图,如图 4-5 所示,窗口类似记事本,里面是 SQL 查询语句。

图 4-5　SQL 视图

📖 **任务设计**

说明: 模块四中所有的任务操作都是在打开"教学信息管理系统"数据库后,在其中完成的。

1. 使用"简单查询向导"创建单表查询

创建一个名称为"项目 1-1-1 学生信息"的查询,用于查询学生学号、姓名、性别、系编号、专业代码和班级代码信息。具体操作步骤如下。

① 打开"教学信息管理系统"数据库,在如图 4-6 所示的导航窗格下拉列表中选择"学生"表为查询对象。

② 单击图 4-7 所示的"创建"选项卡上"查询"组的"查询向导"按钮,打开"新建查询"对话框,见图 4-1。

图 4-6　数据表对象窗格

图 4-7　"创建"菜单选项卡

③ 在"新建查询"对话框中选择"简单查询向导"选项,单击"确定"按钮,打开"简单查询向导"对话框。

④ 在"简单查询向导"对话框的"表/查询"下拉列表中选择查询的数据源,此处选择"表:学生",如图 4-8 所示。然后在"可用字段"列表框中依次将学号、姓名、性别、系编号、专业代码、班级代码字段添加到"选定字段"列表框中,如图 4-9 所示。

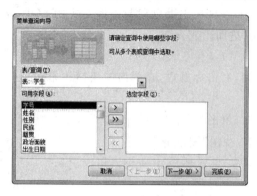

图 4-8　选择查询数据源

图 4-9　选择查询字段

⑤ 单击"下一步"按钮,打开 4-10 所示的窗口,设置查询标题,然后单击"完成"按钮,查看查询结果,如图 4-11 所示。也可以选择"修改查询设计"单选按钮,进入查询设计视图窗口,进一步修改并完善查询。

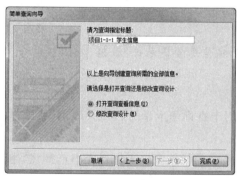

图 4-10　设置查询标题

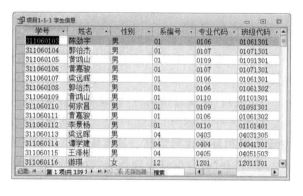

图 4-11　学生信息查询结果

2. 使用"简单查询向导"创建多表查询

创建一个名称为"项目 1-1-2 学生专业信息"的查询,用于查询学生的具体专业情况,查询结果显示学号、姓名、性别和专业名称。需要说明的是,多表查询需要提前建立多表之间的表间关联关系。具体操作步骤如下。

① 打开"教学信息管理系统"数据库,先在"学生"表和"专业"表间建立表间关联关系,如图 4-12 所示。

② 在图 4-7 所示的"创建"选项卡上"查询"组中选择"查询向导"按钮,打开"新建查询"对话框。

③ 在"表/查询"下拉列表中选择"表:学生",将"姓名""专业名称"和"性别"3 个字段添加到"选定字段"列表框中。

④ 继续在"表/查询"下拉列表中选择"表:专业",将"专业名称"字段添加到"选定字段"列表框中,如图 4-13 所示。

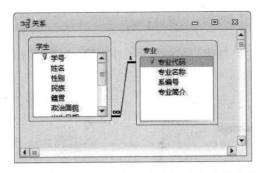

图 4-12　建立"学生"表和"专业"表间的关联关系

⑤ 单击"下一步"按钮,在打开窗口文本框中输入查询标题"项目 1-1-2 学生专业信息",选择"打开查询查看信息"单选按钮。

⑥ 单击"完成"按钮完成查询的创建,打开如图 4-14 所示的查询结果。

图 4-13　选择查询字段

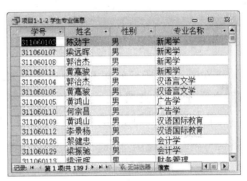

图 4-14　学生专业信息查询结果

3. 使用"交叉表查询向导"创建查询

创建一个名称为"项目 1-1-3 各院系专业学生男女人数统计"的查询,用于查询统计每个院系不同专业的男女生人数情况。具体操作步骤如下。

① 单击图 4-7 所示的"创建"选项卡上"查询"组的"查询向导"按钮,打开"新建查询"对话框,见图 4-1。

② 选择"交叉表查询向导",单击"确定"按钮。

③ 指定查询数据来源为"表:学生",如图 4-15 所示,然后单击"下一步"按钮。

④ 从"可用字段"列表中依次选择"系编号""专业代码"和"班级代码"3 个字段到"选定字段"列表,作为交叉表的行标题,如图 4-16 所示,然后单击"下一步"按钮。

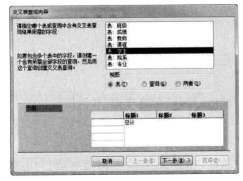

图 4-15　指定查询数据来源

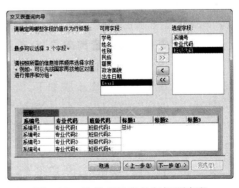

图 4-16　选择交叉表的行标题字段

⑤ 从"字段"列表中选择"性别"字段作为交叉表的列标题,如图 4-17 所示,然后单击"下一步"按钮。

⑥ 从"字段"列表中选择"姓名"字段作为统计字段,并选择统计函数为 Count,如图 4-18 所示,然后单击"下一步"按钮。

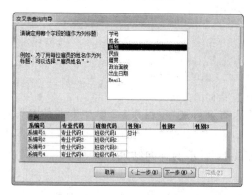

图 4-17　选择交叉表的列标题字段

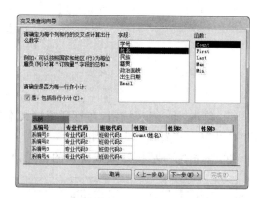

图 4-18　选择统计依据字段和统计函数

⑦ 在图 4-19 所示的文本框中输入查询名称"项目 1-1-3 各院系专业学生男女人数统计",选择"查看查询"单选按钮。

⑧单击"完成"按钮完成查询的创建,打开如图 4-20 所示的查询结果。

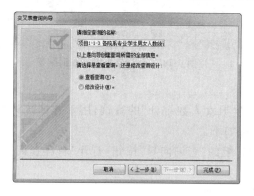

图 4-19　设置查询标题

图 4-20　交叉表查询统计结果

说明: 由于交叉表查询中涉及函数,所以交叉表查询常用于分类统计数据。交叉表的行标题最多只能选择 3 个字段,列标题最多选择 1 个字段。选择的行标题字段和列标题字段不同,会影响查看结果的维度。

4. 使用"查找重复项查询向导"创建查询

创建一个名称为"项目 1-1-4 同班籍贯相同的学生信息"的查询,以此了解同一班级籍贯相同的学生情况。具体操作步骤如下。

① 单击"创建"选项卡上"查询"组的"查询向导"按钮,打开"新建查询"对话框。

② 在"新建查询"对话框中选择"查找重复项查询向导"选项,单击"确定"按钮,打开"查找重复项查询向导"对话框,选择"表:学生",如图 4-21 所示。

③ 单击"下一步"按钮,打开如图 4-22 所示的对话框,在该对话框的"可用字段"列表框中选择包含重复项的一个或多个字段,此处选择"班级代码"和"籍贯"两个字段。

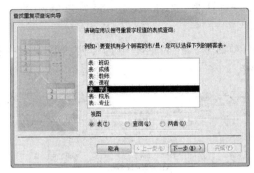
图 4-21 "查找重复项查询向导"对话框

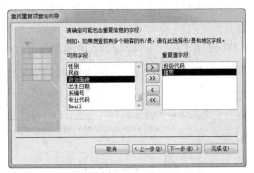
图 4-22 设置包含重复信息的字段

④ 单击"下一步"按钮,打开如图 4-23 所示的对话框,在该对话框的"另外的查询字段"列表框中选择查询中要显示的除重复字段以外的其他字段,此处选择"学号"和"姓名"两个字段。

⑤ 单击"下一步"按钮,在打开的对话框的文本框中输入查询名称"项目 1-1-4 同班籍贯相同的学生信息",如图 4-24 所示。

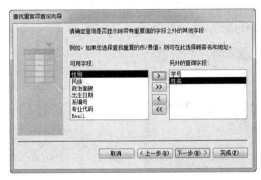
图 4-23 选择其他查询字段

图 4-24 设置查询名称

⑥ 单击"完成"按钮完成查询,运行的查询结果如图 4-25 所示。

5. 使用"查找不匹配项查询向导"创建查询

创建一个名称为"项目 1-1-5 没有安排授课任务的教师名单"的查询,查询结果显示教师编号、姓名和系编号。具体操作步骤如下。

① 单击"创建"选项卡上"查询"组中的"查询向导"按钮,打开"新建查询"对话框。

② 在"新建查询"对话框中选择"查找不匹配项查询向导"选项,单击"确定"按钮,打开"查找不匹配项查询向导"对话框,在"查找不匹配项查询向导"对话框中选择"表:教师",如图 4-26 所示。

图 4-25 同一班级籍贯相同的学生名单

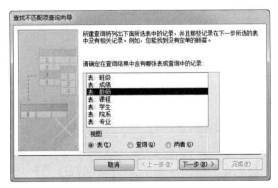
图 4-26 选择"表:教师"

③ 单击"下一步"按钮,打开如图 4-27 所示的对话框,选择"课程"表为包涵相关记录的表。

④ 单击"下一步"按钮,打开如图 4-28 所示的对话框。在对话框中选择两张数据表中都有的"教师编号"匹配字段,单击中间的"匹配"按钮。

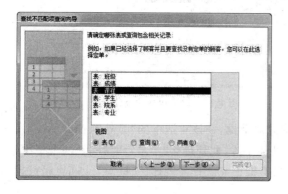
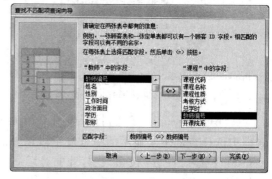

图 4-27 选择"课程"表为包涵相关记录的表　　　　图 4-28 选择匹配字段

⑤ 单击"下一步"按钮,打开如图 4-29 所示的对话框,选择最终需要显示的字段。

图 4-29 选择最终需要显示的字段

⑥ 单击"下一步"按钮,打开如图 4-30 所示的对话框,设置查询名称,并单击"完成"按钮,查询运行结果如图 4-31 所示。

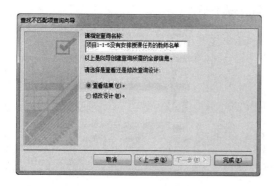

图 4-30 设置查询名称　　　　4-31 没有安排授课任务的教师名单

说明： 使用"查找不匹配项查询向导"命令，可以让用户在一个表或查询中查找在另一个表或查询中没有相关记录的数据。

📖 任务总结

使用"查询向导"创建查询的操作较为简单，用户可以在向导对话框的提示下选择数据源中的字段，即可快速完成查询的创建。但对于需要指定条件或参数的查询，则无法实现。而使用"设计视图"方法，用户在"设计视图"窗口中可以设置各种查询条件，定义计算方式，以及对已有查询进行修改，操作起来很灵活，适用于创建较为复杂的查询。

任务二　使用设计视图创建查询

📖 任务描述

使用设计视图创建查询，按照用户的特定需要选择字段，设置相关的查询条件、查询需要的数据记录，同时可以对已经创建的查询进行修改，进一步满足查询需求。

📖 任务分析

熟悉查询"设计视图"界面中各个选项的含义、"设计"选项卡上各个组的功能，掌握用查询"设计视图"创建查询的一般步骤和方法。

📖 知识链接

1. 查询"设计"选项卡功能介绍

打开查询"设计视图"后，在 Access 2010 应用程序窗口会增加一个"设计"选项卡，如图 4-32 所示。这个选项卡集合了查询设计最常用的操作，包括结果查看、查询类型选择、查询设置和查询计算等功能，常用操作的功能简介如表 4-1 所示。

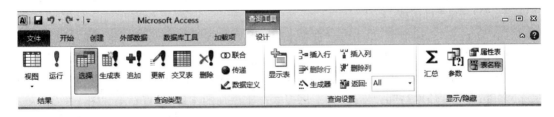

图 4-32　查询"设计"选项卡

2. 无条件查询

用户创建的查询中不包含任何查询条件，查询结果显示数据源中若干或全部字段的所有记录。

3. 有条件查询

在实际查询需求中，更多的是要按照用户设定的一个或多个条件来完成查询，查询结果只包含满足条件的记录。

表 4-1 查询"设计"选项卡功能简介

按钮名称	功能简介
视图按钮（视图）	单击该按钮的下拉列表,选择不同的查询视图,可以让查询在 5 种视图之间进行切换
运行按钮（运行）	单击该按钮,运行当前打开的查询,生成并显示查询结果
选择查询（选择）	单击该按钮,创建选择查询,从数据源中选择字段,按照条件要求查询数据记录
生成表查询（生成表）	单击该按钮,将查询的结果生成一张数据表放在当前数据库或其他数据库中
追加查询（追加）	单击该按钮,将查询的结果追加到数据库中已经存在的某张数据表中
更新查询（更新）	单击该按钮,修改指定数据表中的全部或部分数据记录字段值
交叉表查询（交叉表）	单击该按钮,创建一个交叉表来显示统计数据结果
删除查询（删除）	单击该按钮,删除指定表中的全部或部分数据记录
显示表按钮（显示表）	该按钮用于打开/关闭"显示表"对话框
生成器按钮（生成器）	单击该按钮,打开/关闭"表达式生成器"对话框
汇总按钮（Σ 汇总）	单击该按钮,显示/关闭查询"设计视图"界面"设计网格"中的"总计"行
属性表按钮（属性表）	单击该按钮,打开/关闭"属性表"任务窗格

📖 **任务设计**

1. 创建无条件查询

创建一个名称为"项目 1-2-1 院系教师名单"的查询,用于查询每个院系教师的系编号、系名称、姓名、性别、学历和职称 6 个字段信息。具体操作步骤如下。

① 单击"创建"选项卡上"查询"组中的"查询设计"按钮,打开如图 4-33 所示的"设计视图"界面和"显示表"对话框。

② 在"显示表"对话框中,单击"表"选项卡,依次双击"院系"和"教师",将两张表添加到查询"设计视图"界面的上半部分窗口中,然后单击"关闭"按钮关闭"显示表"对话框。

③ 双击"院系"表中的"系编号"和"系名称",双击"教师"表中的"姓名""性别""学历"和"职称"字段,在"设计网格"的"字段"行上出现 6 个刚添加的字段,设置结果如图 4-34 所示。

图 4-33 查询"设计视图"及添加数据源界面

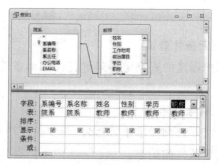

图 4-34 添加数据表字段

④ 单击快速访问工具栏上的“保存”按钮，在打开的“另存为”对话框的“查询名称”文本框中输入“项目 1-2-1 院系教师名单”，然后单击“确定”按钮。

⑤ 单击“设计”选项卡上“结果”组中的“视图”按钮，或单击“设计”选项卡上“结果”组中的“运行”按钮，切换到数据表视图，查询的运行结果如图 4-35 所示。

项目1-2-1 院系教师名单

系编号	系名称	姓名	性别	学历	职称
12	信息工程系	张乐	女	大学本科	教授
07	外语系	赵希明	女	硕士研究生	副教授
14	工商管理系	李小平	男	博士研究生	讲师
04	会计系	李历宁	男	大学本科	讲师
16	经济与金融系	张爽	男	大学本科	教授
12	信息工程系	张进明	男	大学本科	副教授
04	会计系	邵林	女	研究生	副教授
01	文学系	李燕	女	大学本科	讲师
12	信息工程系	宛平	男	研究生	教授
16	经济与金融系	陈江川	男	大学本科	讲师
12	信息工程系	靳晋复	女	研究生	副教授
07	外语系	郭新	女	研究生	副教授
01	文学系	张山	男	大学本科	讲师
14	工商管理系	杨灵	男	大学本科	讲师
01	文学系	林泰	男	大学本科	讲师
07	外语系	胡芳	男	大学本科	副教授
14	工商管理系	李小东	女	大学本科	讲师
12	信息工程系	吴海川	男	大学本科	教授

记录: 第 1 项(共 67 项) 无筛选器 搜索

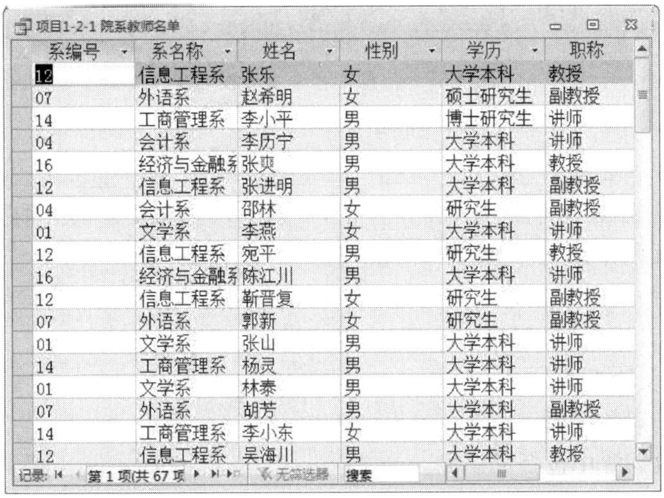

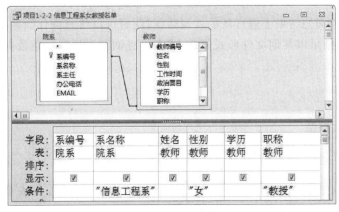

图 4-35　院系教师名单

2. 创建条件查询

复制上例中名称为“项目 1-2-1 院系教师名单”的查询，粘贴后命名为“项目 1-2-2 信息工程系女教授名单”，重新修改查询，增加查询条件：系名称为“信息工程系”，性别为“女”，职称为“教授”，结果显示教师的系编号、系名称、姓名、性别、学历和职称 6 个字段信息。具体操作步骤如下。

① 选择已经复制粘贴好的名称为“项目 1-2-2 信息工程系女教授名单”的查询，单击鼠标右键，选择快捷菜单中的“设计视图(D)”，进入查询“设计视图”界面。

② 在“系名称”字段列的“条件”行单元格中输入查询条件“信息工程系”；在“性别”字段列的“条件”行单元格中输入查询条件“女”；在“职称”字段列的“条件”行单元格中输入查询条件“教授”，如图 4-36 所示。

图 4-36　设置查询条件

③ 单击"设计"选项卡上"结果"组中的"视图"按钮,或单击"设计"选项卡上"结果"组中的"运行"按钮,查询的运行结果如图 4-37 所示。

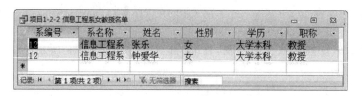

图 4-37　信息工程系女教授名单

📖 **任务总结**

使用查询"设计视图"来创建查询更加灵活,可以实现更加复杂的查询要求。如果查询中涉及查询条件,就无法采用"查询向导"来完成查询了。

使用查询"设计视图"来创建查询的过程虽然没有使用"查询向导"简单,但无论多复杂的查询,使用查询"设计视图"来创建查询的基本步骤如下。

① 打开查询"设计视图"。

② 添加表或查询数据源。

③ 指定要从数据源中包括的字段。

④ 指定条件,限制查询返回的记录,或者进行分组、排序等。(可选。)

⑤ 运行查询,保存查询结果。

本任务简单介绍了一下查询"设计视图"的基本用法,在介绍不同类型的查询时,会反复使用到查询"设计视图",读者将进一步了解查询"设计视图"的用法。

任务三　查询的使用

📖 **任务描述**

掌握添加查询数据源和导出查询结果的操作方法。

📖 **任务分析**

有时用户需要在上一次查询结果的基础上进一步完善查询,可以通过复制修改查询的方式完成,也可以在查询的结果上进行新的查询筛选,此时可以将查询作为数据来源。有时用户需要将查询的数据结果以其他文件形式保存,或者将查询结果放到其他数据库中,可以采用导出方式。

📖 **知识链接**

1. 以查询为数据源

以查询为数据源,只需要在创建新的查询时,把已经创建好的查询作为数据源对象即可。

2. 导出查询

可以将 Access 查询结果以 11 种方式导出。最常用的是 Access 查询结果导出保存为 Excel 文件,或导出保存到其他的 Access 数据库中。

任务设计

1. 以查询为数据源

以"项目 1-2-1 院系教师名单"查询和"课程"数据表为数据源,创建名称为"项目 1-2-3 教师任课情况"的查询,以此查询外语系胡芳老师上了哪些课程,查询结果显示系名称、姓名和课程名称 3 个字段。具体操作步骤如下。

① 如图 4-38 所示,进入查询"设计视图"界面,双击添加"课程"表。

② 如图 4-39 所示,选择"显示表"窗口的"查询"选项卡,双击添加"项目 1-2-1 院系教师名单"查询。

③ 如图 4-40 所示,建立"课程"表和"项目 1-2-1 院系教师名单"查询之间的联系。

④ 如图 4-41 所示,添加字段并设置系名称和姓名查询条件。

⑤ 保存并运行查询后的结果如图 4-42 所示。

图 4-38　添加"课程"表

图 4-39　添加"项目 1-2-1 院系教师名单"查询

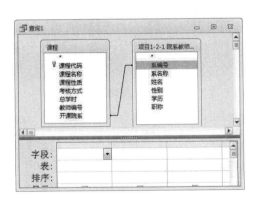

图 4-40　建立关联关系

图 4-41　添加字段并设置查询条件

2. 导出查询结果

选择上例中创建的名称为"项目 1-2-3 教师任课情况"的查询,将查询结果导出保存为"外语系胡芳老师任课情况.xlsx"。具体操作步骤如下。

① 如图 4-43 所示,选择上例中创建的名称为"项目 1-2-3 教师任课情况"的查询,单击鼠标右键,选择"导出"→"Excel",打开"导出"窗口。

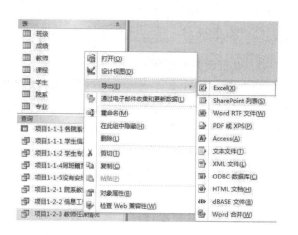

图 4-42　教师任课情况查询结果

图 4-43　导出查询结果

② 如图 4-44 所示,在打开的"导出"窗口中,确定文件保存位置,输入文件名,选择文件格式,单击"确定"按钮,并关闭"导出"窗口。

③ 从保存位置打开"外语系胡芳老师任课情况.xlsx",查看到的导出结果如图 4-45 所示。

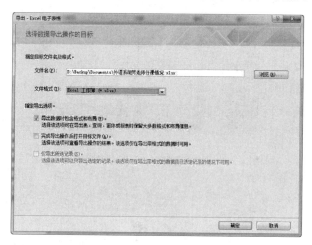

图 4-44　查询"导出"窗口

图 4-45　查询导出结果

项目二　查询中的条件设置

用户在实际应用中,更多的是要求实现带有一定限制条件的复杂查询。例如,项目一所创建的名称为"项目 1-2-2 信息工程系女教授名单"的查询,查询条件涉及系名称、性别和职称。

如果要实现带有条件的查询,就需要正确设置查询条件表达式。查询条件表达式一般由运算符、常量、函数和字段名等任意组合而成,表达式应该有一个计算结果。条件表达式描述要规范、正确,否则无法完成查询或者查询结果不正确。所以,有必要先掌握查询条件表达式的各个组成部分。

任务一　查询条件表达式

📖 任务描述

熟悉 Access 中常见的运算符和内置函数,掌握查询条件表达式的正确书写格式,并针对用户的不同查询要求,在查询"设计视图"界面的"设计网格"窗口,设置查询条件的表达式来完成查询任务。

📖 任务分析

查询条件的表达式一般由运算符、常量、函数和字段名构成,要书写表达式,必须逐个了解查询条件表达式中的每个组成部分。

📖 知识链接

1. 运算符

运算符是组成查询条件表达式的基本元素。在 Access 中常见的运算符有 4 种:算术运算符、关系运算符、逻辑运算符和特殊运算符。具体介绍如下。

（1）算术运算符

对算术运算符,按照优先级从低到高的使用说明如表 4-2 所示。

表 4-2　算术运算符

算术运算符	说　明	查询条件举例	作　用
＋	加	12＋5 [人数]＋5	计算 12 和 5 的和 在原有人数的基础上增加 5 个人
－	减	[人数]－5	在原有人数的基础上减少 5 个人
*	乘	[学生总人数] * 10%	从全部学生中抽取 10% 的人
/	除	[学生总人数]/[班级总数]	求出每个班的平均学生人数
\	整除	[总学分]\[课程门数]	求出每门课的平均学分,取整数
Mod	求余	[学分] Mod 2	求学分除以 2 的余数
^	乘方	[学分]^2	求课程学分的平方

说明:如果用户在查询条件中引用字段名,则字段名需要用中括号"[]"括起来。

（2）关系运算符

关系运算符主要用来比较数据对象的大小关系,因此也称作比较运算符。将参与比较运算的数据对象写在比较运算符的左右两边,并且要求两边的数据对象必须是同一种数据类型,即运算符左边数据的数据类型如果是文本型,则右边对应数据的数据类型也只能是文本型。关系运算符的使用说明如表 4-3 所示。

表 4-3　关系运算符

关系运算符	说　明	查询条件举例	作　用
＞	大于	[工作时间] ＞ #2012-08-31#	查询出 2012 年 8 月 31 日后参加工作的人员的信息
＞＝	大于或等于	[出生日期] ＞＝ #1980-12-31#	查询出 1980 年以后出生的学生的信息
＜	小于	[人数] ＜ 60	查询出人数少于 60 人的班级的信息
＜＝	小于或等于	[人数] ＜＝ 60	查询出人数少于等于 60 人的班级的信息
＝	等于	[年级] ＝ 2017	查询出 2017 级的信息
＜＞	不等于	[专业名称] ＜＞ "动画"	查询出专业名称不为"动画"的学生的信息

说明：如果在查询条件中包含日期时间型常量，则需要用一对"#"将其括起来，如[工作时间]＞#2012-08-31#。

（3）逻辑运算符

当查询条件包含多个条件时，可以使用逻辑运算符来进行组合。对逻辑运算符按照优先级由低到高的使用说明如表 4-4 所示。

表 4-4　逻辑运算符

逻辑运算符	说　明	查询条件举例	作　用
OR	逻辑或	"广东" OR "上海"	查询广东或上海籍学生的信息
AND	逻辑与	"男" AND "广东"	查询广东籍男生的记录
NOT	逻辑非	NOT "汉族"	查询少数民族记录

说明：如在查询条件中包含字符型常量，则需要用一对单引号或双引号将其括起来。

（4）特殊运算符

特殊运算符的说明、示例如表 4-5 所示。

表 4-5　特殊运算符

特殊运算符	说　明	查询条件举例	作　用
IN	指定一个字段值的列表	IN("广东","上海","北京")	查询广东、上海或北京籍学生的记录
BETWEEN…AND…	指定一个字段值的范围	BETWEEN 90 AND 100	查询出成绩介于 90 与 100 之间的学生的信息，其等价于：＞＝90 AND ＜＝100
IS NULL	指定一个字段值为空	[成绩] IS NULL	查询出缺考的考生信息
IS NOT NULL	指定一个字段值不为空	[民族] IS NOT NULL	查询出民族信息不为空的记录
LIKE	用于指定查找文本型字段的模式匹配，限于字符型数据类型	姓名 LIKE "刘＊" 专业名称 LIKE "％管理％"	查询出姓"刘"的学生的信息 查询出"管理"类专业的学生的信息

2. 表达式

表达式由字段、函数、运算符、变量或常量组合而成。在进行条件查询时，需要正确编写条件表达式。可以在查询设计视图窗口下半部分条件设置网格单元格中直接编写条件表达式，也可以选择"条件"单元格，单击"设计"选项卡"查询设置"组中的"生成器"按钮 生成器，打开如图 4-46 所示的"表达式生成器"对话框，在其中构造所需要的表达式。

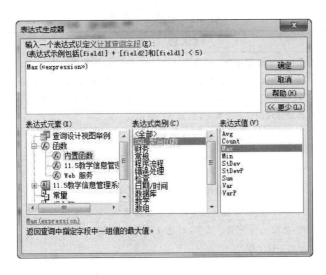

图 4-46 "表达式生成器"对话框

说明: 在输入表达式时,除了汉字以外,其他所有字符必须在英文输入法状态下输入。

3. 函数

Access 为用户提供了大量的内置函数,包括算术函数、文本函数、日期/时间函数、SQL 聚合函数等。在如图 4-46 所示的"表达式生成器"对话框中,用户双击"函数"选项并选择"内置函数",则可以看到所有内置函数。

使用这些内置函数可以更好地设计查询条件,也能更好地对数据进行计算、处理。每个函数由函数名、小括号、参数组成。函数的参数可以是一个表达式,如返回当前系统日期的月份,可以用"Month(Date())"表达式来表示,此处用函数的返回值 Date() 作为另一个函数 Month() 的参数。

下面简要介绍常用函数的格式及其功能。

(1)算术函数

常用算术函数及其功能如表 4-6 所示。

表 4-6 常用算术函数

函 数	功 能	举 例
Abs(数值表达式)	绝对值函数,返回数值表达式值的绝对值	Abs(−10),其结果为 10
Int(数值表达式)	取整函数,返回数值表达式值的整数部分,如果参数为负数,则返回小于等于参数值的第一个负数	Int(8.65),其结果为 8
Round(数值表达式,n)	四舍五入函数,按指定的小数位数 n 进行四舍五入运算	Round(8.65,1),其结果为 8.7
Srq(数值表达式)	平方根函数,返回数值表达式值的平方根值	Srq(64),其结果为 8
Rnd(数值表达式)	随机函数,产生一个 0～9 之间的随机数,为单精度类型	Rnd(0),产生最近生成的随机数

(2)文本函数

文本函数又称为字符串函数,常用的文本函数及其功能如表 4-7 所示。

表 4-7　常用文本函数

函　数	功　能	举　例
Left(字符表达式，n)	字符串截取函数。从字符表达式左侧第 1 个字符开始，截取 n 个字符。当字符表达式是 NULL 时，返回 NULL；当 n 为 0 时，返回一个空串；当 n 大于或等于字符表达式的字符个数时，返回字符表达式	Left("广东财经大学华商学院"，6)，其结果为：广东财经大学
Right(字符表达式，n)	字符串截取函数。从字符表达式右侧第 1 个字符开始，截取 n 个字符。当字符表达式是 NULL 时，返回 NULL；当 n 为 0 时，返回一个空串；当 n 大于或等于字符表达式的字符个数时，返回字符表达式	Right("广东财经大学华商学院"，4)，其结果为：华商学院
Mid(字符表达式，n_1，n_2)	字符串截取函数。从字符表达式的第 n_1 个字符开始，截取 n_2 个字符。其中，n_1 是开始的字符位置，n_2 是取的字符个数	Mid("广东财经大学华商学院"，3，4)，其结果为：财经大学
Len(字符表达式)	字符串长度函数。返回字符表达式的字符个数	Len("abc")，其结果为：3
Ucase(字符表达式)	大小写转换函数。将指定字符表达式中的小写字母转换成大写字母	Ucase("aBc")，其结果为：ABC
Lcase(字符表达式)	大小写转换函数。将指定字符表达式中的大写字母转换成小写字母	Lcase("aBc")，其结果为：abc
Ltrim(字符表达式)	删除空格函数。删除字符串前面的空格	Ltrim("　abc　")，其结果为："abc　"
Rtrim(字符表达式)	删除空格函数。删除字符串末尾的空格	Rtrim("　abc　")，其结果为："　abc"
Trim(字符表达式)	删除空格函数。删除字符串前面、末尾的空格	Trim("　abc　")，其结果为："abc"

（3）日期/时间函数

常用的日期/时间函数及其功能如表 4-8 所示。

表 4-8　常用日期/时间函数

函　数	功　能	举　例
Date( )	返回当前系统日期	如 Date()，其结果可以为：2017-10-20
Time( )	返回当前系统时期	如 Time()，其结果可以为：21:50
Now( )	返回当前系统日期和时间	如 Now()，其结果可以为：2017-10-20 21:30:23
Year(日期表达式)	返回日期表达式年份的整数	Year(#2017-10-20#)，其结果为：2017
Month(日期表达式)	返回日期表达式月份的整数，其值为 1～12	Month(#2017-10-20#)，其结果为：10
Day(日期表达式)	返回日期表达式日期的整数，其值为 1～31	Day(#2017-10-20#)，其结果为：20
Weekday(日期表达式)	返回一周内的某天。"1"表示星期天，"2"表示星期一，…，"7"表示星期六	Weekday(#2017-10-20#)，其结果为：5
Hour(时间表达式)	返回时间表达式的小时数，其值为 0～23	Hour(# 21:50:15 #)，其结果为：21
Minute(时间表达式)	返回时间表达式的分钟数，其值为 0～59	Minute(# 21:50:15 #)，其结果为：50
Second(时间表达式)	返回时间表达式的秒数，其值为 0～59	Second(# 21:50:15#)，其结果为：15

（4）SQL 聚合函数

SQL 聚合函数及其功能如表 4-9 所示。

表 4-9　SQL 聚合函数

函　数	功　能	举　例
Sum（字符表达式）	返回字符表达式中值的总和。字符表达式可以是一个字段名，也可以是一个含字段名的表达式，但所含字段的数据类型必须是数字型	Sum（［人数］）
Avg（字符表达式）	返回字符表达式中值的平均值	Avg（［人数］）
Max（字符表达式）	返回字符表达式中值的最大值	Max（［人数］）
Min（字符表达式）	返回字符表达式中值的最小值	Min（［人数］）
Count（字符表达式）	返回字符表达式中值的个数，通常以星号（＊）作为其参数	Count（［姓名］）

📖 任务设计

1. 设置"且关系"的查询条件

创建一个名称为"项目 2-1-1 专业必修考试课程"的查询，即查询课程性质为"专业必修"，并且考核方式为"考试"的课程信息，查询结果显示课程代码、课程名称、课程性质、考核方式、学分和总学时 6 个字段。其操作步骤如下。

① 单击"创建"选项卡上"查询"组中的"查询设计"按钮，打开"设计视图"界面和"显示表"对话框。

② 在"显示表"对话框中，将"课程"表添加到查询"设计视图"界面的上半部分窗口中，然后关闭"显示表"对话框。

③ 按图 4-47 所示，设置查询结果显示的字段和查询条件。

④ 保存查询文件，其运行结果如图 4-48 所示。

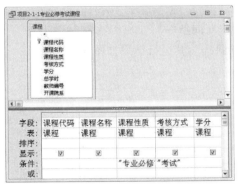

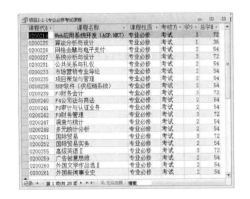

图 4-47　设置查询字段和查询条件一　　　　图 4-48　查询运行结果一

说明： 在查询"设计视图"界面的"设计网格"窗口，如果在同一条件行的不同单元格中设置了查询条件表达式，则表示这些查询条件之间是"且的关系"，即"AND 关系"。

2. 设置"或关系"的查询条件

创建一个名称为"项目 2-1-2 云南和西藏学生信息"的查询，用于查询籍贯为"云南"或"西藏"的学生信息，查询结果显示学号、姓名、性别、籍贯和系名称 5 个字段。其操作步骤如下。

① 单击"创建"选项卡上"查询"组的"查询设计"按钮，打开"设计视图"界面和"显示表"对话框。

② 在"显示表"对话框中,将"学生"表和"院系"表添加到查询"设计视图"界面的上半部分窗口中,然后关闭"显示表"对话框。

③ 按图 4-49 所示,设置查询结果要显示的字段和查询条件。

④ 保存查询为"项目 2-1-2 云南和西藏学生信息",其运行结果如图 4-50 所示。

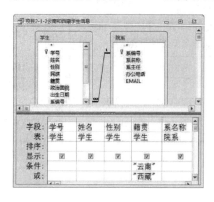

图 4-49　设置查询字段和查询条件二　　　　　图 4-50　查询运行结果二

说明: 在查询"设计视图"界面的"设计网格"窗口,如果在不同条件行的单元格中设置了查询条件表达式,则表示这些查询条件之间是"或的关系",即"OR 关系"。

3. 设置"且/或关系"的查询条件

创建一个名称为"项目 2-1-3 院系专业必修考试课程"的查询,以查询"信息工程系"和"会计系"开设的课程性质为"专业必修",且考核方式为"考试"的课程信息,查询结果显示课程代码、课程名称、课程性质、考核方式和系名称 5 个字段。其操作步骤如下。

① 单击"创建"选项卡上"查询"组中的"查询设计"按钮,打开"设计视图"界面和"显示表"对话框。

② 在"显示表"对话框中,将"课程"表、"院系"表添加到查询"设计视图"界面的上半部分窗口中,然后单击"关闭"按钮关闭"显示表"对话框。

③ 按图 4-51 所示,设置查询结果要显示的字段和查询条件。

④ 将查询保存为"项目 2-1-3 院系专业必修考试课程",其运行结果如图 4-52 所示。

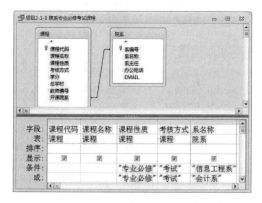

图 4-51　设置查询字段和查询条件三　　　　　图 4-52　查询运行结果三

4. 设置模糊查询条件

创建一个名称为"项目 2-1-4 学习会计学类专业且姓李或姓陈的学生信息"的查询,用于从"专业"表、"学生"表和"班级"表中查询信息。查询学生所学专业名称中含有"会计学",并且姓"李"或姓"陈"的学生信息,查询结果显示姓名、专业名称和班级名称3个字段,查询结果按照姓名升序排列显示。其操作步骤如下。

① 单击"创建"选项卡上"查询"组中的"查询设计"按钮,打开"设计视图"界面和"显示表"对话框。

② 在"显示表"对话框中,将查询数据源"学生"表、"专业"表和"班级"表添加到查询"设计视图"界面的上半部分窗口中,然后关闭"显示表"对话框。

③ 添加查询字段,设置模糊查询条件,并设置排序方式,如图4-53所示。

④ 将查询保存为"项目2-1-4学习会计学类专业且姓李或姓陈的学生信息",其运行结果如图4-54所示。

图 4-53　设置查询字段和查询条件四

图 4-54　查询运行结果四

说明:LIKE特殊运算符常用于模糊查询条件表达式。

5. 查询中使用 IN 运算符

创建一个名称为"项目2-1-5学习新闻学、广告学或动画的学生信息"的查询,查询结果显示专业名称、班级名称和姓名3个字段。其操作步骤如下。

① 单击"创建"选项卡上"查询"组中的"查询设计"按钮,打开"设计视图"界面和"显示表"对话框。

② 在"显示表"对话框中,将"专业"表、"学生"表和"班级"表添加到查询的"设计视图"界面的上半部分窗口中,然后关闭"显示表"对话框。

③ 按图4-55所示,选择添加字段,并设置专业条件为:IN ("新闻学","广告学","动画")。

④ 将查询保存为"项目2-1-5学习新闻学、广告学或动画的学生信息",其运行结果如图4-56所示。

图 4-55　设置查询字段和查询条件五

图 4-56　查询运行结果五

说明：如果查询条件值在某个列表选项内,则可以通过在查询条件中使用特殊运算符 IN 来实现,且 IN 运算符设置的查询条件可用 OR 运算符来替换。如上述例子的查询条件可更改为:"新闻学"OR"广告学"OR"动画"。

6. 查询中使用 BETWEEN…AND…运算符

创建一个名称为"项目 2-1-6 C 语言程序设计课程成绩在 85～100 之间的学生信息"的查询,用于查询 C 语言程序设计课程成绩大于等于 85 且小于等于 100 的学生信息,查询结果显示课程名称、成绩、姓名和班级名称 4 个字段。其操作步骤如下。

① 单击"创建"选项卡上"查询"组中的"查询设计"按钮,打开"设计视图"界面和"显示表"对话框。

② 在"显示表"对话框中,将数据源"学生"表、"成绩"表、"课程"表和"班级"表添加到查询的"设计视图"界面的上半部分窗口中,然后关闭"显示表"对话框。

③ 依次将数据源中的"课程名称""成绩""姓名"和"班级名称"4 个字段添加到"设计网格"的"字段"行上。

④ 在"课程名称"字段的"条件"行输入:C 语言程序设计。在"成绩"字段的"条件"行中输入:BETWEEN 85 AND 100。查询的设置结果如图 4-57 所示。

⑤ 将查询保存为"项目 2-1-6 C 语言程序设计课程成绩在 85～100 之间的学生信息",其运行结果如图 4-58 所示。

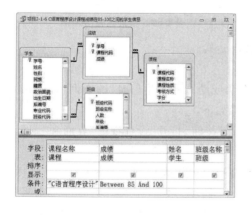

图 4-57　设置查询字段和查询条件六

图 4-58　查询运行结果六

说明：BETWEEN…AND…运算符也可以用关系运算符来替换,如上述例子的查询条件可更改为:＞＝85 AND ＜＝100。

7. 查询中使用函数

创建一个名称为"项目 2-1-7 1994 年出生的学生信息"的查询,用于查找 1994 年出生的学生的信息,查询结果显示学生的姓名、性别、籍贯和出生日期 4 个字段。其操作步骤如下。

① 单击"创建"选项卡上"查询"组中的"查询设计"按钮,打开"设计视图"界面和"显示表"对话框。

② 在"显示表"对话框中,将"学生"表添加到查询的"设计视图"界面的上半部分窗口中,然后关闭"显示表"对话框。

③ 依次将数据源中的"姓名""性别""籍贯"和"出生日期"字段添加到"设计网格"的"字段"行上。在"出生日期"字段的"条件"行中输入:Year([出生日期])＝1994。查询的设置结

果如图 4-59 所示。

④ 将查询保存为"项目 2-1-7 1994 年出生的学生信息",其运行结果如图 4-60 所示。

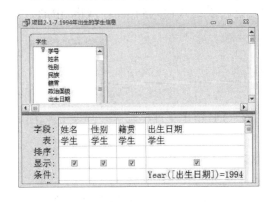

图 4-59　设置查询字段和查询条件七

图 4-60　查询运行结果七

任务二　在查询中进行计算

📖 任务描述

在前面任务所创建的查询中,只按照不同查询条件完成了数据查询,并没有对符合条件的数据进行统计汇总计算。然而用户在实际应用中,通过查询操作完成表内部或各表之间数据的运算是建立查询对象的一个常用的功能。计算查询操作可以通过在"设计网格"的"总计"行中设置查询计算表达式来完成。

📖 任务分析

在查询中进行计算,需要用到"设计"选项卡上"显示/隐藏"组中的"汇总"按钮 Σ 。在查询"设计视图"界面的"设计网格"中使用"预定义计算"和"自定义计算"来设置查询中的计算。

📖 知识链接

1. 预定义计算

预定义计算又称总计计算,在字段的总计单元格中打开下拉列表,从下拉列表中可选择预定义计算函数。总计计算列表中的各选项及其含义如表 4-10 所示。

表 4-10　总计计算列表中的各选项及其含义

选　项	含　义	选　项	含　义
Group By(分组)	设置用于分组的字段	StDev(标准方差)	求指定字段值的标准偏差
合计	求指定字段的累加和	方差	求指定字段值的方差
平均值	求指定字段的平均值	First(第一条记录)	求在表或查询中第一条记录的字段值
最小值	求指定字段的最小值	Last(最后一条记录)	求在表或查询中最后一条记录的字段值
最大值	求指定字段的最大值	Expression(表达式)	创建表达式中包含统计函数的计算字段
计数	求指定字段中非空值个数	Where(条件)	设置查询要满足的条件

2. 自定义计算

自定义计算可以对一个或多个字段的值进行数值、日期和文本计算。如果想要进行自定义计算，则需要在"设计网格"中新建计算字段，方法是将表达式输入到"设计网格"中的空"字段"单元格中。

📖 **任务设计**

1. 设置总计计算

（1）创建一个名称为"项目2-2-1 课程总门数"的查询，用于统计学院总共开设了多少门课程。其操作步骤如下。

① 打开查询的"设计视图"界面，添加查询的数据源"课程"表。

② 将"课程"表中的"课程名称"字段添加到"设计网格"窗口的"字段"行上。

③ 单击"设计"选项卡上"显示/隐藏"组中的"汇总"按钮，此时在"设计网格"窗口显示"总计"行。

④ 单击"设计网格"窗口"姓名"字段列对应的"总计"行下拉列表框，然后在打开的下拉列表框中选择"计数"选项。查询的设置结果如图4-61所示。

⑤ 将查询保存为"项目2-2-1 课程总门数"，其运行结果如图4-62所示。

图 4-61　查询设置结果一

图 4-62　查询运行结果一

在图4-62所示的查询结果中，默认显示的标题名称为"课程名称之计数"，其含义不太明确，可以返回查询的"设计网格"窗口修改标题名。单击"课程名称"字段单元格，接着单击"设计"选项卡上"显示/隐藏"组中的"属性"按钮 属性表，打开"属性表"任务窗格，然后在任务窗格的"标题"文本框中输入"课程总门数"，如图4-63所示。关闭"属性表"任务窗格，保存并运行该查询，修改标题名后的查询结果如图4-64所示。

图 4-63　"属性表"任务窗格

图 4-64　修改标题名后的查询结果

（2）创建一个名称为"项目 2-2-2 信息工程系专业必修课门数"的查询，用于统计信息工程系开设的专业必修课总共有多少门。其操作步骤如下。

① 打开查询的"设计视图"界面，添加查询的数据源"课程"表和"院系"表，并通过"开课院系"和"系编号"字段建立两张表之间的关系。

② 将"课程"表中的"课程名称"和"课程性质"字段，以及"院系"表中的"系名称"字段添加到"设计网格"窗口的"字段"行上。

③ 单击"设计"选项卡上"显示/隐藏"组中的"汇总"按钮，此时在"设计网格"区显示"总计"行。

④ 单击"设计网格"窗口"课程名称"字段列对应的"总计"行下拉列表框，然后在打开的下拉列表框中选择"计数"选项；单击"设计网格"窗口"系名称"和"课程性质"字段列对应的"总计"行下拉列表框，然后在打开的下拉列表框中选择"Where(条件)"选项。

⑤ 分别编辑"系名称"和"课程性质"的 Where(条件)表达式，查询的设置结果如图 4-65 所示。

⑥ 将查询保存为"项目 2-2-2 信息工程系专业必修课门数"，其运行结果如图 4-66 所示。

图 4-65　查询设置结果二

图 4-66　查询运行结果二

2. 设置分组计算

（1）创建一个名称为"项目 2-2-3 各系专业必修课门数"的查询，用于统计不同系开设的专业必修课总共有多少门。其操作步骤如下。

① 打开查询的"设计视图"界面，添加查询的数据源"课程"表和"院系"表，并通过"开课院系"和"系编号"字段建立两张表之间的关系。

② 将"课程"表中的"课程名称"和"课程性质"字段，以及"院系"表中的"系名称"字段添加到"设计网格"窗口的"字段"行上。

③ 单击"设计"选项卡上"显示/隐藏"组中的"汇总"按钮，此时在"设计网格"窗口显示"总计"行。

④ 单击"设计网格"窗口"系名称"字段列对应的"总计"行下拉列表框，然后在打开的下拉列表框中选择"Group By(分组)"选项；单击"设计网格"窗口"课程名称"字段列对应的"总计"行下拉列表框，然后在打开的下拉列表框中选择"计数"选项；单击"设计网格"窗口"课程性质"字段列对应的"总计"行下拉列表框，然后在打开的下拉列表框中选择"Where(条件)表达式"选项，查询的设置结果如图 4-67 所示。

⑤ 将查询保存为"项目 2-2-3 各系专业必修课门数"，重新定义计数结果字段标题后运行

查询,结果如图 4-68 所示。

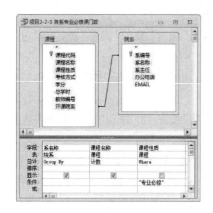

图 4-67　查询设置结果三　　　　　　　图 4-68　查询运行结果三

（2）创建一个名称为"项目 2-2-4 2013 级每个班的广告创意思维课程最高成绩"的查询,用于统计 2013 级选修了"广告创意思维"这门课的每个班的课程最高成绩是多少。其操作步骤如下。

① 打开查询的"设计视图"界面,添加查询的数据源"学生""课程""成绩"和"班级"4张表。

② 将"年级""班级名称""课程名称"和"成绩"字段添加到"设计网格"窗口的"字段"行上。

③ 单击"设计"选项卡上"显示/隐藏"组中的"汇总"按钮,此时在"设计网格"窗口显示"总计"行。

④ 将"年级"和"班级名称"字段作为"Group By"分组项,将"课程名称"字段作为"Where"条件字段,对"成绩"字段求"最大值"。查询的设置结果如图 4-69 所示。

⑤ 将查询保存为"项目 2-2-4 2013 级每个班的广告创意思维课程最高成绩",其运行结果如图 4-70 所示。

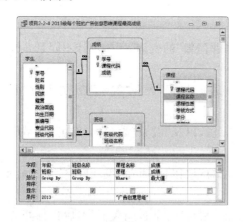

图 4-69　查询设置结果四　　　　　　　图 4-70　查询运行结果四

3. 设置自定义计算

创建一个名称为"项目 2-2-5 教师增加工作量计算"的查询,用于统计"马历程"老师所上的专业必修课因班级人数超过 60 人而增加的工作量。查询结果显示姓名、课程名称、课程性质、班级名称、人数、总学时和增加工作量 7 个字段。其中,"增加工作量"字段由自定义公式计算得到，计算的要求是：班级人数超过 60 人，专业必修课的“增加工作量”等于“总学时”乘以 0.3。其操作步骤如下。

① 打开查询的“设计视图”界面，添加查询的数据源“教师”“课程”和“班级”3 张表。

② 将“姓名”“课程名称”“课程性质”“班级名称”“人数”和“总学时”6 个字段添加到“设计网格”窗口的“字段”行上。

③ 在“设计网格”窗口设置教师姓名条件值为“马历程”，课程性质条件值为“专业必修”，人数条件为“>60”。

④ 在“设计网格”窗口添加一个“增加工作量”字段列，并在字段列单元格中输入：增加工作量：[总学时]＊.3。查询的设置结果如图 4-71 所示。

⑤ 将查询保存为“项目 2-2-5 教师增加工作量计算”，其运行结果如图 4-72 所示。

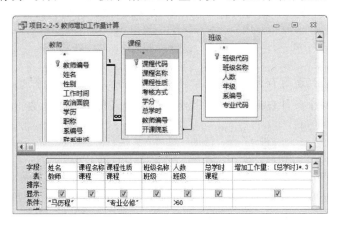

图 4-71　查询设置结果五

项目2-2-5 教师增加工作量计算

姓名	课程名称	课程性质	班级名称	人数	总学时	增加工作量
马历程	UI界面设计	专业必修	13本计算机科学与技术班	64	54	16.2
马历程	UI界面设计	专业必修	14本计算机科学与技术班	76	54	16.2
马历程	UI界面设计	专业必修	15本计算机科学与技术1班	61	54	16.2
马历程	UI界面设计	专业必修	15本计算机科学与技术2班	65	54	16.2
马历程	UI界面设计	专业必修	16本电子商务1班	62	54	16.2
马历程	UI界面设计	专业必修	16本电子商务2班	62	54	16.2
马历程	多媒体技术	专业必修	13本计算机科学与技术班	64	54	16.2
马历程	多媒体技术	专业必修	14本计算机科学与技术班	76	54	16.2
马历程	多媒体技术	专业必修	15本计算机科学与技术1班	61	54	16.2
马历程	多媒体技术	专业必修	15本计算机科学与技术2班	65	54	16.2
马历程	多媒体技术	专业必修	16本电子商务1班	62	54	16.2
马历程	多媒体技术	专业必修	16本电子商务2班	62	54	16.2

记录: 第 12 项(共 12 项)　无筛选器　搜索

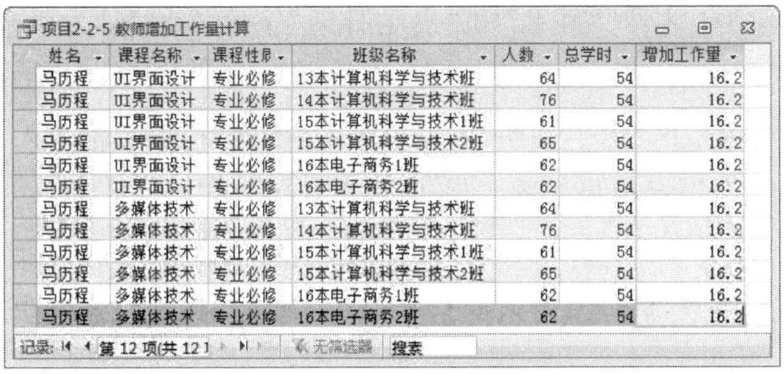

图 4-72　查询运行结果五

项目三　创建参数查询

参数查询是一种动态查询，它利用对话框提示用户输入参数并检索符合所输入参数的记录或值。

要创建参数查询，必须在查询列的“条件”单元格中输入参数表达式(括在方括号中)，而不是输入特定的条件。运行该查询时，Access 将显示包含参数表达式文本的参数提示框，在参数提示框中输入数据后，Accees 使用输入的数据作为查询条件，从而查询出符合条件的数据记录。

任务一 创建单参数查询

📖 **任务描述**

创建一个单参数查询，以实现当用户运行查询时，根据所输入的不同参数值检索相应的数据。

📖 **任务分析**

对于单参数查询，首先要找出设置查询条件的字段，然后正确编写参数条件表达式。

📖 **知识链接**

单参数查询是指当运行查询时，系统会弹出一个提示"输入参数值"的对话框，用户可以在这个对话框中输入一个条件查询参数值，以此查询符合条件参数值的数据记录。

📖 **任务设计**

创建一个名称为"项目 3-1-1 查询某年出生的学生信息"的单参数查询，要求根据提示输入"出生日期"字段的"年份"查询条件值，查找出这一年出生的学生的信息，查询结果显示学号、姓名和出生日期 3 个字段。其操作步骤如下。

① 打开查询的"设计视图"界面，添加查询的数据源"学生"表。

② 将"学生"表中的"学号""姓名"和"出生日期"字段添加到"设计网格"窗口的"字段"行上。

③ 在"设计网格"窗口的"出生日期"字段对应的"条件"行单元格输入：Year（[出生日期]）=[请输入出生年份：]。设置结果如图 4-73 所示。

④ 将查询保存为"项目 3-1-1 查询某年出生的学生信息"，运行时弹出如图 4-74 所示的"输入参数值"提示框，在文本框中输入年份"1989"，单击"确定"按钮，其查询结果如图 4-75 所示。

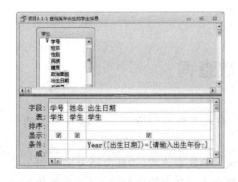

图 4-73 查询设置结果   图 4-74 输入参数值   图 4-75 查询运行结果

任务二　创建多参数查询

📖 任务描述

创建一个多参数查询,以实现当用户运行查询时,根据所输入的多个不同参数值检索相应的数据。

📖 任务分析

对于多参数查询,首先要找出设置查询条件的一个或多个字段,然后正确编写多个参数条件表达式。

📖 知识链接

多参数查询是指当运行查询时,系统会先后弹出多个提示"输入参数值"的对话框,用户可以在多个对话框中依次输入条件查询参数值,以此查询符合多条件参数值的数据记录。

📖 任务设计

创建一个名称为"项目 3-2-1 按系名称和课程性质查询开课信息"的多参数查询,要求根据提示输入"系名称"字段和"课程性质"的查询条件值,查找出该系某一性质的课程的开课信息,查询结果显示系名称、课程性质、课程名称、学分和考核方式 5 个字段。其操作步骤如下。

① 打开查询的"设计视图"界面,添加查询的数据源"课程"表和"院系"表。

② 将"系名称""课程性质""课程名称""学分"和"考核方式"5 个字段添加到"设计网格"窗口的"字段"行上。

③ 在"设计网格"窗口的"系名称"字段对应的"条件"行单元格输入:[请输入系名称:]。在"课程性质"字段对应的"条件"行单元格输入:[请输入课程性质:]。设置结果如图 4-76 所示。

④ 将查询保存为"项目 3-2-1 按系名称和课程性质查询开课信息",运行时弹出第一个如图 4-77 所示的"输入参数值"提示框,在文本框中输入系名称"信息工程系",单击"确定"按钮,接着在第二个弹出的如图 4-78 所示的"输入参数值"提示框,输入课程性质"专业限选",单击"确定"按钮,其查询结果如图 4-79 所示。

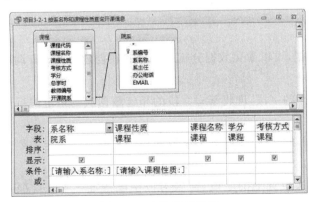

图 4-76　查询设置结果

图 4-77　输入第一个参数值

图 4-78　输入第二个参数值

图 4-79　查询运行结果

项目四　创建交叉表查询

交叉表查询是将来源于表或查询中的字段进行分组，一组列在交叉表左侧，一组列在交叉表上部，并在行与列交叉处显示表中某个字段的各种计算值，如查询计算数据的总和、平均值、计数及其他类型的统计。

Access 提供两种创建交叉表查询的方法："交叉表查询向导"和查询的"设计视图"。两种方式对比如下。

① 利用"交叉表查询向导"可以在系统的提示下，快速地创建一个交叉表查询，但是不能使用条件和自定义字段。

② 当所创建的"交叉表查询"数据源来自多个表/查询，或创建新字段作为"行标题"或"列标题"，或设置查询条件时，使用"设计视图"方法来创建交叉表查询更为灵活、方便。

在本模块项目二的任务一中，已经介绍了如何使用交叉表查询向导来创建交叉表查询，因此，以下仅介绍如何使用"设计视图"创建交叉表查询。

📖 任务描述

以多张表为数据源，用"设计视图"来创建交叉表查询。

📖 任务分析

在任务实施前，首先要根据具体任务目标要求，确定构成交叉表查询的 3 个要素：行标题、列标题和值。即选择哪些字段作为行标题，哪些字段作为列标题，需要完成什么计算。

📖 知识链接

使用交叉表查询来计算和重构数据，可以简化数据分析。当用户在创建交叉表查询时，需要分别指定以下 3 种字段。

① 行标题：指定放在交叉表最左侧的字段，即将某一字段的相应数据放到指定的行中，用户最多可以指定 3 个字段作为行标题。

② 列标题：指定放在交叉表最顶部的字段，即将某一字段的相应数据放到指定的列中，用户能且仅能指定 1 个字段作为列标题。

③ 值：指定放在交叉表行与列交叉位置上的字段，需要为该字段指定一个总计项，如计数、总计、平均值等。

任务设计

创建一个名称为"项目 4-1-1 学生政治面貌信息统计"的交叉表查询,用于统计不同系的不同政治面貌的学生人数,查询结果显示"系名称""政治面貌"及对应的学生人数。其操作步骤如下。

① 打开查询的"设计视图"界面,添加查询的数据源"院系"表和"学生"表。

② 将"系名称""政治面貌"和"姓名"3 个字段添加到"设计网格"窗口的"字段"行上。

③ 单击"设计"选项卡上"查询类型"组中的"交叉表"按钮▊,则在查询的"设计网格"窗口增加"总计"行和"交叉表"行。

④ 然后按图 4-80 所示,设置交叉表查询的"行标题""列标题""值"字段和总计项。

⑤ 将查询保存为"项目 4-1-1 学生政治面貌信息统计",其运行结果如图 4-81 所示。

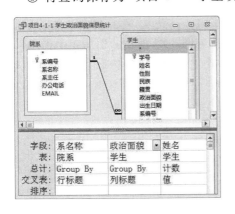

图 4-80 查询设置结果

图 4-81 查询运行结果

项目五 创建操作查询

除了按照指定条件查询数据记录以外,还可以对数据记录进行一系列操作查询,包括生成表查询、追加查询、更新查询和删除查询。下面将通过具体任务介绍各种操作查询的设计使用方法。

任务一 创建生成表查询

任务描述

本任务通过一个实例介绍如何创建生成表查询。

任务分析

在任务实施前,首先要了解生成表查询的概念和使用场景。

知识链接

在 Access 中,从表中访问数据要比从查询中访问数据快得多,如果经常要从几个表中提取数据,最好的方法是使用 Access 提供的生成表查询,从多个表中提取数据组合起来生成一个新表,永久保存下来。

📖 **任务设计**

创建一个名称为"项目 5-1-1 经管系专业信息"的生成表查询,将"工商管理系"和"经济与金融系"的专业信息生成到一个新表,新表名称为"经管系专业信息",新表包含"系名称"和"专业名称"两个字段。其操作步骤如下。

① 打开查询的"设计视图"界面,添加查询的数据源"院系"表和"专业"表。

② 将"系名称"和"专业名称"两个字段添加到"设计网格"窗口中,在"设计网格"窗口的"系名称"字段对应的"条件"行单元格设置查询条件,结果如图 4-82 所示。

③ 单击"设计"选项卡上"查询类型"组中的"生成表"按钮,打开如图 4-83 所示的"生成表"对话框,在文本框中输入生成新表的名称"经管系专业信息",单击"确定"按钮。

④ 单击"设计"选项卡上的运行按钮,弹出的消息框如图 4-84 所示。然后单击消息框中的"是"按钮,生成数据表,可以看到当前数据库中多了一个名为"经管系专业信息"的数据表,打开该表查看生成表查询结果如图 4-85 所示。

图 4-82 查询设置结果

图 4-83 "生成表"对话框

图 4-84 生成表消息框

图 4-85 生成表查询运行结果

任务二 创建追加查询

如果需要从数据库的某个数据表中筛选数据,可以使用选择查询。如果需要将这些筛选出来的数据追加到另外一个数据表中,则必须使用追加查询。因此,可以使用追加查询从外部数据源中导入数据,然后将它们追加到现有表中,与选择查询类似,追加查询的范围也可以利用条件加以限制。

📖 **任务描述**

本任务通过一个实例介绍如何创建追加查询。

📖 **任务分析**

在任务实施前,首先要明确查询出来的数据要追加到哪张表中。查询出来的数据的字段结构和目标表的字段结构是否一致,即是否有相同的字段名,字段顺序是否一致,字段的个数是否小于或等于目标表字段个数,以免追加数据错位或出错。

📖 **知识链接**

追加查询是指将一个或多个表/查询中符合条件的数据添加到另一个已经存在的表的末尾。被追加记录的表必须是已经存在的表,该表可以是当前数据库中的表,也可以是其他数据库中的表。

📖 **任务设计**

创建一个名称为"项目 5-2-1 经管系专业信息追加"的追加查询,查询出"公共管理系"的"系名称"和"专业名称"两个字段信息,追加到本项目任务一生成的"经管系专业信息"。其操作步骤如下。

① 打开查询的"设计视图"界面,添加查询的数据源"院系"表和"专业"表。

② 将"系名称"和"专业名称"两个字段添加到"设计网格"窗口中,在"设计网格"窗口的"系名称"字段对应的"条件"行单元格设置查询条件为"公共管理系",结果如图 4-86 所示。

③ 单击"设计"选项卡上"查询类型"组中的"追加"查询按钮,打开如图 4-87 所示的"追加"对话框,在组合框列表中选择目标表的名称"经管系专业信息",单击"确定"按钮。

④ 单击"设计"选项卡上的运行按钮,弹出消息框如图 4-88 所示。

⑤ 单击消息框中的"确定"按钮,数据记录追加成功,打开"经管系专业信息"表查看追加结果,如图 4-89 所示。

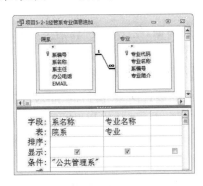

图 4-86　查询设置结果

图 4-87　"追加"对话框

图 4-88　追加消息框　　　　　　　　　　图 4-89　追加查询运行结果

任务三　创建更新查询

更新查询可以对数据表中的数据进行有规律的、成批的更新替换，从而提高修改数据的效率。

📖 **任务描述**

本任务通过一个实例介绍如何创建更新查询，并使用更新查询更新数据。

📖 **任务分析**

在任务实施前，首先要明确哪些数据需要更新，分析总结出更新查询条件，以此更新符合条件的数据记录。

📖 **知识链接**

更新查询是指将一个或多个表/查询中的部分或全部数据进行更新。因此当用户需要一次更新数据源中的多条记录时，使用更新查询实现这类操作的效率更高。

📖 **任务设计**

创建一个名称为"项目 5-3-1 修改学生课程成绩"的更新查询，用于修改"郭治杰"同学"数据库应用基础"这门课程对应的成绩，在原始成绩上加 15 分。其操作步骤如下。

① 打开查询的"设计视图"界面，添加查询的数据源"学生"表、"课程"表和"成绩"表。

② 将"学号""姓名""课程名称"和"成绩"4 个字段添加到"设计网格"窗口的"字段"行上。

③ 单击"设计"选项卡上"查询类型"组中的"更新"按钮，在"设计网格"窗口会新增"更新到"行。按图 4-90 所示，设置更新查询的条件。

④ 将查询保存为"项目 5-3-1 修改学生课程成绩"。

⑤ 单击"设计"选项卡上"结果"组中的"运行"按钮，弹出如图 4-91 所示的确认修改行数的消息框，此处单击"是"按钮，即完成数据的修改。

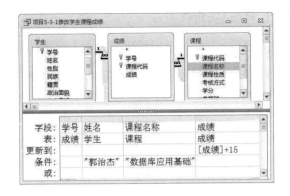

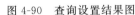

图 4-90 查询设置结果图　　　　　　　　　图 4-91 更新查询消息框

说明：更新查询如果不设置查询条件，将会更新字段对应的全部值，一般更新查询需要设置查询条件。更新查询不能反复运行，因为每运行一次，就会更新一次数据。

任务四　创建删除查询

如果需要从数据表中有规律地成批删除一些记录，可以使用删除查询来解决。注意：应用删除查询应该指定相应的条件，否则就会删除数据表中的全部数据。

📖 任务描述

本任务通过一个实例介绍如何创建删除查询。

📖 任务分析

在任务实施前，首先要明确哪些记录需要删除，分析总结出删除查询条件，以此删除符合条件的数据记录。

📖 知识链接

删除查询是指从一个或多个表/查询中删除一组记录。要注意的是使用删除查询，将删除满足条件的整条记录，而不是只删除记录中指定的字段。当删除的记录来自于多个表时，这些表之间必须满足下列几点。

① 在"关系"窗口中定义相关表之间的关系。

② 在"关系"对话框中选中"实施参照完整性"复选项。

③ 在"关系"对话框中选中"级联删除相关记录"复选项。

📖 任务设计

创建一个名称为"项目 5-4-1 删除市场营销（实验班）"的删除查询，将本项目中任务一生成的"经管系专业信息"表中专业名称为"市场营销（实验班）"的记录删除掉。其操作步骤如下。

① 打开查询的"设计视图"界面，添加查询的数据源"经管系专业信息"表。

② 将"专业名称"添加到"设计网格"窗口的"字段"行上。

③ 单击"设计"选项卡上"查询类型"组中的"删除"按钮，在"设计网格"窗口会新增"删除"行。设置删除查询的条件如图 4-92 所示。

④ 将查询保存为"项目 5-4-1 删除市场营销(实验班)"。

⑤ 单击"设计"选项卡上"结果"组中的"运行"按钮，弹出如图 4-93 所示的确认删除行数的消息框，此处单击"是"按钮，即完成数据的删除。

图 4-92　查询设置结果图

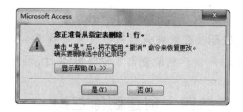

图 4-93　删除查询消息框

项目六　创建 SQL 查询

SQL(Structured Query Language)是一种结构化查询语言。SQL 概念的建立起始于 1974 年，随着 SQL 的发展，ISO、ANSI 等国际权威标准化组织都为其制定了标准，从而建立了 SQL 在数据库领域的核心地位。SQL 是目前关系数据库的标准语言。

SQL 功能强大，主要包括四大功能，简介如表 4-11 所示。

表 4-11　SQL 功能简介

SQL 功能	功能说明	关键词
数据定义	用于定义存放数据的结构和组织，以及定义数据项之间的关系	CREATE、ALTER 和 DROP
数据操作	用于实现对数据库的基本操作，包括插入、删除和修改 3 种操作。用于对数据库中的数据进行插入、修改和删除等更新操作	INSERT、UPDATE 和 DELETE
数据查询	SQL 提供的 SELECT 语句可用于对数据库的数据进行检索	SELECT
数据控制	包括对基本表和视图的授权、完整性规则的描述、事务控制等内容，以保护所存储的数据不被非法存取	GRANT、REVOKE

任务一　SQL 的数据定义

📖 任务描述

本任务通过 6 个实例介绍如何使用 SQL 的数据定义功能完成创建数据库、创建表、修改表结构、删除表和索引对象。

📖 **任务分析**

在具体任务操作前,首先需要熟悉 SQL 数据定义的基本语法格式,才能完成本任务。

📖 **知识链接**

1. 创建、修改和删除表的基本语法

(1) 创建表

SQL 语言使用 CREATE TABLE 语句定义表,其基本格式如下:

CREATE TABLE ＜表名＞
(＜列名 1＞ ＜数据类型＞［列级完整性约束条件］,
＜列名 2＞ ＜数据类型＞［列级完整性约束条件］,
…
［＜表级完整性约束条件＞］);

其中,＜表名＞是指所要创建的表的名称。＜列名＞定义表中一个或多个属性的名称,属性也称为列或字段名,定义属性时需要同时指定该属性的数据类型和宽度。［列级完整性约束条件］定义相关字段的约束条件,包括主键约束(PRIMARY KEY)、唯一约束(UNIQUE)、外键约束(FOREIGN KEY)、空值约束(NOT NULL 或 NULL)、检查约束(CHECK)。

(2) 修改表

修改表包括向表中添加属性或约束,修改属性的数据类型和宽度,以及删除完整性约束等。

SQL 语言使用 ALTER TABLE 语句修改表,其基本格式如下:

ALTER TABLE ＜表名＞
［ADD ＜新列名＞ ＜数据类型＞［完整性约束条件］］
［DROP ＜完整性约束名＞］
［ALTER ＜列名＞ ＜数据类型＞］;

其中,＜表名＞是指需要修改的表的名称。ADD 子句用于增加新字段和其对应的完整性约束条件。DROP 子句用于删除指定的约束。ALTER 子句用于修改原有字段的属性。

(3) 删除表

SQL 语言使用 DROP TABLE 语句删除数据库中不再使用的表,其基本格式如下:

DROP TABLE ＜表名＞

2. 创建和删除索引的基本语法

如果把数据库的表比作一本书,则表的索引就像书的目录一样,通过索引可以提高查询速度。

(1) 创建索引

SQL 语言使用 CREATE INDEX 语句创建索引,其基本格式如下:

CREATE ［UNIQUE］［CLUSTER］INDEX ＜索引名＞
ON ＜表名＞(＜列名＞［＜次序＞］［,＜列名＞［＜次序＞］］…);

其中,<表名>是指要创建索引的表的名称。索引可以建立在表中的一列或多列上,各列名之间用逗号分隔。每个<列名>后面可以用<次序>指定索引值的排列次序,即指定 ASC(升序)或 DESC(降序),系统的默认值是 ASC。

① UNIQUE 表示建立唯一索引,即建立的该种索引的每一个索引值对应唯一的数据记录。

② CLUSTER 表示建立聚簇索引,聚簇索引是指索引项的顺序与表中记录的物理顺序一致的索引组织。在一个表中只能建立一个聚簇索引。

(2) 删除索引

SQL 语言使用 DROP INDEX 语句删除索引,其基本格式如下:

DROP INDEX <索引名> ON <表名>

📖 任务设计

1. 创建表

创建一个名称为"项目 6-1-1 创建课表"的查询,用于创建一个"课表"表,表中有编号、班级代码、课程代码、教师编号、上课时间和上课地点 6 个字段,其中,设定编号为主键,班级代码不为空。其操作步骤如下。

① 打开查询的"设计视图"界面,单击"设计"选项卡上"结果"组中的"视图"按钮,在其下拉列表中选择"SQL 视图"选项;或在"设计视图"界面右击,在弹出的快捷菜单中选择"SQL 视图"选项,打开"SQL 视图"窗口。

② 按图 4-94 所示,在"SQL 视图"窗口中输入创建课表的 SQL 语句。

③ 将查询保存为"项目 6-1-1 创建课表",单击"设计"选项卡上"结果"组中的"运行"按钮,完成课表的创建。

④ 返回到"表"对象任务窗格,在列表中选中"课表"表,打开表"设计视图"选项,打开"课表"表的"设计视图",如图 4-95 所示。

图 4-94　创建课表的 SQL 语句　　　　图 4-95　"课表"表的设计视图

2. 修改表

（1）创建一个名称为"项目 6-1-2 向课表添加字段"的查询，用于向"课表"表添加"学期"和"发布时间"两个字段，字段的数据类型分别为 INT 类型和 DATE 类型。其操作步骤如下。

① 打开查询的"SQL 视图"窗口。

② 按图 4-96 所示，在"SQL 视图"窗口中输入向课表添加"学期"和"发布时间"的 SQL 语句。

③ 将查询保存为"项目 6-1-2 向课表添加字段"，单击"设计"选项卡上"结果"组中的"运行"按钮，完成字段的添加。

④ 返回到"表"对象任务窗格，打开"课表"表的"设计视图"，如图 4-97 所示，用户可以看到刚添加的"学期"和"发布时间"字段。

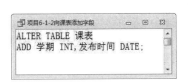

图 4-96　向课表添加字段的 SQL 语句　　　　图 4-97　添加字段后"课表"表的设计视图

（2）创建一个名称为"项目 6-1-3 删除课表字段"的查询，用于将"课表"表中"发布时间"字段删除。其操作步骤如下。

① 打开查询的"SQL 视图"窗口。

② 按图 4-98 所示，在"SQL 视图"窗口中输入删除"课表"表中"发布时间"字段的 SQL 语句。

③ 将查询保存为"项目 6-1-3 删除课表字段"，单击"设计"选项卡上"结果"组中的"运行"按钮，完成字段的删除。

④ 返回到"表"对象任务窗格，打开"课表"表的"设计视图"，如图 4-99 所示，用户可以看到"发布时间"字段已经被删除。

图 4-98　删除课表字段的 SQL 语句　　　　图 4-99　删除字段后"课表"表的设计视图

3. 创建索引

创建一个名称为"项目6-1-4创建索引"的查询,用以给"课表"表按"编号"降序创建唯一索引,索引名称为:编号_唯一索引。其操作步骤如下。

① 打开查询的"SQL视图"窗口。

② 按图4-100所示,在"SQL视图"窗口中输入创建索引的SQL语句。

③ 将查询保存为"项目6-1-4创建索引",单击"设计"选项卡上"结果"组中的"运行"按钮,完成索引的创建。

④ 返回到"表"对象任务窗格,打开"课表"表"设计视图"窗口。

⑤ 单击"设计"选项卡上"显示/隐藏"组中的"索引"按钮，打开如图4-101所示的"索引:课表"窗口,用户可在该对话框中看到刚创建的唯一索引"编号_唯一索引"。

图4-100 创建索引的SQL语句

图4-101 "索引:课表"窗口

4. 删除索引

创建一个名称为"项目6-1-5删除索引"的查询,用以将上例在"课表"表中所创建的唯一索引"编号_唯一索引"删除。其操作步骤如下。

图4-102 删除索引的SQL语句

① 打开查询的"SQL视图"窗口。

② 按图4-102所示,在"SQL视图"窗口中输入删除索引的SQL语句。

③ 将查询保存为"项目6-1-5删除索引",单击"设计"选项卡上"结果"组中的"运行"按钮,完成索引的删除。

④ 返回到"表"对象任务窗格,在列表中选中"课表"表,打开其"设计视图"窗口。

⑤ 打开"索引:课表"窗口,用户可以看到"编号_唯一索引"已经被删除。

5. 删除表

创建一个名称为"项目6-1-6删除课表"的查询,用于将"课表"表删除。其操作步骤如下。

图4-103 删除"课表"表的SQL语句

① 打开查询的"SQL视图"窗口。

② 按图4-103所示,在"SQL视图"窗口中输入删除"课表"表的SQL语句。

③ 保存查询为"项目6-1-6删除课表",单击"设计"选项卡上"结果"组中的"运行"按钮。

④ 返回到"表"对象任务窗格,查看"课表"已经被删除,不存在了。

说明:表一旦被删除,不仅仅删除表中的数据和其定义,连建立在该表上的索引和触发器等一起被删除,所以用户在删除表时要格外注意。

任务二　SQL 的数据操作

📖 **任务描述**

本任务通过 4 个实例介绍如何使用 SQL 语句对表的数据进行插入、修改和删除等操作。

📖 **任务分析**

在任务实施前，首先要掌握插入、修改、删除数据操作对应的 SQL 语句基本语法格式。

📖 **知识链接**

1. INSERT 语句

INSERT 语句用于向表中插入数据，根据用户一次向表中添加一条记录还是多条记录，可以选择下列 INSERT 语句的两种语法格式来实现不同的需求。

（1）语法格式 1：添加一条记录

INSERT INTO ＜目标表名＞［（字段 1［，字段 2［，…］］）］
VALUES（值 1［，值 2［，…］］）

（2）语法格式 2：将查询结果记录批量添加到目标表

INSERT INTO ＜目标表名＞［（字段 1［，字段 2［，…］］）］
SELECT［数据源.］字段 1［，字段 2［，…］］
FROM ＜数据源＞

其中，＜数据源＞可以是已存在的单表或多表，也可以是已存在的查询文件。

2. UPDATE 语句

UPDATE 语句用于对数据表中的数据进行修改，其语法格式如下：

UPDATE ＜表名＞
SET ＜字段 1＞ ＝ ＜表达式＞｜＜子查询＞
［，＜字段 2＞ ＝ ＜表达式＞｜＜子查询＞…］
［WHERE ＜条件表达式＞］

① ＜表名＞指定要修改数据的表。

② "＜字段 1＞ ＝ ＜表达式＞｜＜子查询＞"表示将＜字段 1＞的值修改为＜表达式＞或＜子查询＞，如果同时修改多个字段则需要用逗号隔开各个部分。

③ ＜条件表达式＞限定了只有满足条件的数据记录字段值才会被修改。

3. DELETE 语句

DELETE 语句用于删除表中满足条件的一条或多条记录。其语法格式如下：

DELETE FROM ＜表名＞ WHERE ＜条件表达式＞

① ＜表名＞指定要删除记录的表。

② ＜条件表达式＞限定了要删除的记录必须满足删除条件才可以被删除。

③ 如果省略 WHERE 子句,则会删除指定表中的所有记录。

📖 **任务设计**

1. 插入一条记录

使用"SQL 视图"创建一个名称为"项目 6-2-1 增加一名教师"的查询,用于向"教师"表插入一条记录,所添加记录的各字段值分别为:"10168","刘文治","女",♯2017-10-25♯,"党员","研究生","教授","05","13421580324"。其操作步骤如下。

① 打开查询的"设计视图"界面,单击"设计"选项卡上"结果"组中的"视图"按钮,在其下拉列表中选择"SQL 视图"选项;或在"设计视图"界面右击,在弹出的快捷菜单中选择"SQL 视图"选项,打开查询的"SQL 视图"窗口。

② 按图 4-104 所示,在"SQL 视图"窗口中输入向"教师"表插入一条记录的 SQL 语句。

③ 将查询保存为"项目 6-2-1 增加一名教师",单击"设计"选项卡上"结果"组中的"运行"按钮,打开如图 4-105 所示的消息框,单击"是"按钮,即向目标表"教师"添加一条记录。

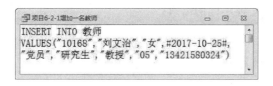

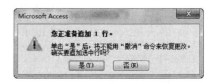

图 4-104　向"教师"表插入一条记录的 SQL 语句　　　　　图 4-105　消息框

2. 插入多条记录

使用"SQL 视图"创建一个名称为"项目 6-2-2 向表中添加多条记录"的查询。其操作步骤如下。

① 如图 4-106 所示,从"表"对象任务窗格中选择复制"学生"表,粘贴为"广东籍少数民族学生"表,粘贴方式为"仅结构",以此为插入多条记录操作做好准备。

② 打开查询的"SQL 视图"窗口。

③ 按图 4-107 所示,在"SQL 视图"窗口中输入向"广东籍少数民族学生"表插入多条记录的 SQL 语句。

④ 将查询保存为"项目 6-2-2 向表中添加多条记录",单击"设计"选项卡上"结果"组中的"运行"按钮,在如图 4-108 所示的确认追加记录数的消息框中单击"是"按钮,即向目标表"广东籍少数民族学生"添加多条记录。

⑤ 返回到"表"对象任务窗格,打开"广东籍少数民族学生"表的"数据表视图",用户可以看到所插入的多条记录,如图 4-109 所示。

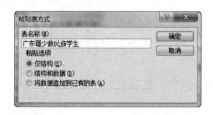

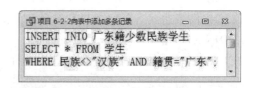

图 4-106　复制表结构　　　　　　　　　图 4-107　添加多条记录的 SQL 语句

图 4-108 确认追加记录消息框　　　　　　　　图 4-109 插入多条记录后的数据表视图

说明： 向表中插入一条或多条记录时，由于受主键字段的影响，不能反复运行插入语句。

3. 修改数据

使用"SQL 视图"创建一个名称为"项目 6-2-3 修改班级人数"的查询，修改"班级"表中"16 本会计学 7 班"的人数，增加 4 名专升本学生。其操作步骤如下。

① 打开查询的"SQL 视图"窗口。

② 按图 4-110 所示，在"SQL 视图"窗口中输入修改"班级"表人数的 SQL 语句。

③ 将查询保存为"项目 6-2-3 修改班级人数"，单击"设计"选项卡上"结果"组中的"运行"按钮，打开如图 4-111 所示的消息框，单击"是"按钮，则"班级"表中"16 本会计学 7 班"的人数被修改。

图 4-110 修改数据的 SQL 语句　　　　　　　图 4-111 确认修改行数的消息框

说明： 修改表数据记录时，一般要设置更新条件，按照更新条件可能会更新一条记录，也可能会批量更新多条记录；更新记录的操作语句每运行一次，符合更新条件的记录数据就会被更新一次，所以不要重复运行更新语句；更新主键字段值时，会受到表之间的关联关系的约束，可以设置表间参照完整性规则为级联更新规则。

4. 删除数据

使用"SQL 视图"创建一个名称为"项目 6-2-4 删除数据"的查询，用于将上例"广东籍少数民族学生"表中民族为"回族"的"女"同学的记录删除。其操作步骤如下。

① 打开查询的"SQL 视图"窗口。

② 按图 4-112 所示，在"SQL 视图"窗口中输入删除"广东籍少数民族学生"表数据的 SQL 语句。

③ 将查询保存为"项目 6-2-4 删除数据"，单击"设计"选项卡上"结果"组中的"运行"按钮，打开如图 4-113 所示的消息框，单击"是"按钮，完成对"广东籍少数民族学生"表中满足条件的记录的删除。

图 4-112 删除数据的 SQL 语句　　　　　　　图 4-113 确认删除数据的消息框

说明： 由于删除记录操作不能撤销，所以在删除记录前应该做好相关数据表的备份，以免发生误删数据无法恢复的情况；删除数据记录时，一般要设置删除条件，否则将会删除表中全部记录；按照删除条件可能会删除一条记录，也可能会批量删除多条记录；删除记录时，由于受到表之间的关联关系的影响，或者不允许随意删除相关的记录，或者级联删除与多张表相关的全部记录，因此要在执行删除 SQL 语句前，先分析删除记录的表与其他相关表之间的关系。

任务三　SQL 的数据查询

📖 任务描述

SQL 语言中功能最强大、使用最频繁的功能就是数据查询功能，具体用 SELECT 语句来实现。使用 SELECT 语句既可以创建简单的单表查询，也可以创建复杂的联接查询和子查询。

下面通过 5 个实例介绍如何使用 SELECT 语句创建简单查询、带条件的查询、联接查询和在查询中进行计算。

📖 任务分析

在任务实施前，首先来学习 SELECT 语句的基本语法格式。

📖 知识链接

1. SELECT 语句格式

SELECT 语句是用于创建查询的 SQL 语句，其基本格式如下：

```
SELECT [ALL|DISTINCT] * | <字段列表>
FROM <表名1或查询名1> [,表名2或查询名2]…
[WHERE <条件表达式>]
[GROUP BY <分组表达式>]
[HAVING <条件表达式>]
[ORDER BY 字段列表[ASC|DESC]]
```

各关键字和子句的含义如下。

① SELECT…FROM…是查询的基本语法结构。

② ALL 表示检索所有符合条件的记录，默认值为 ALL，一般省略不写。

③ DISTINCT 关键字表示查询结果中不包含重复行的记录集。

④ "＊"表示检索指定表中的所有字段。

⑤ 查询多个字段或多个表时，字段名之间、表名之间需要用逗号分隔开。

⑥ 如果查询的 FROM 子句后面有多个表，在指定字段名时需要在其前面加上表名作为前缀，即"表名.字段名"，以避免表与表之间使用相同的字段名而产生歧义。

⑦ 字段名可以使用别名，指定别名的格式是在字段名之后加上"AS 别名"。

⑧ 语法格式中的方括号"[ ]"表示可选项；"|"符号表示（由"|"符号所分隔的前、后）两项任选其一。

⑨ 如果有 GROUP BY 子句，则将查询结果按照指定字段相同的值进行分组。如果

GROUP BY 子句带有 HAVING 子句,则只检索出满足 HAVING 条件的记录。

⑩ 如果有 ORDER BY 子句,则将查询结果按指定字段的值进行升序(ASC)或降序(DE-SC)排列,默认值是 ASC。

2. SQL 聚合函数

SQL 聚合函数主要用于对查询数据的计算,一般用于处理查询字段或查询条件中。常用的聚合函数有 Sum、Avg、Max、Min 和 Count 等。当在 SELECT 语句中使用聚合函数进行统计时,经常需要用到 GROUP BY 子句对数据进行分组统计。

3. 多表连接查询

多表连接查询是指通过连接运算符对两个以上表/查询中的数据进行查询。建立多表查询的数据源需要有名称相同的字段,或名称虽然不同,但表达的意思相同的关联字段。例如,"学生姓名"和"学生名字"这两个字段名称虽然不同,但是表达的意思相同。在数据源之间通过共同的关联字段才能建立表之间的联系。

多表连接查询中两张表之间的连接关系如下。

① 表 1 INNER JOIN 表 2:查询两张表中连接字段值完全匹配的数据记录。

② 表 1 LEFT JOIN 表 2:以表 1 中的连接字段值为参照,查询表 1 中指定字段的全部值,表 2 中如果没有相关匹配记录,则字段数据为空。

③ 表 1 RIGHT JOIN 表 2:以表 2 中的连接字段值为参照,查询表 2 中指定字段的全部值,表 1 中如果没有相关匹配记录,则字段数据为空。

📖 任务设计

1. 创建简单查询

(1) 使用"SQL 视图"创建一个名称为"项目 6-3-1 查询所有院系信息"的查询,用于查询"院系"表中的所有记录。其操作步骤如下。

① 打开查询的"SQL 视图"窗口。

② 按图 4-114 所示,在"SQL 视图"窗口中输入查询"院系"表所有记录的 SELECT 语句。

③ 将查询保存为"项目 6-3-1 查询所有院系信息",单击"设计"选项卡上"结果"组中的"运行"按钮,返回的查询结果如图 4-115 所示。

图 4-114　查询 SELECT 语句一　　　　　　图 4-115　查询结果一

（2）使用"SQL 视图"创建一个名称为"项目 6-3-2 教师基本信息"的查询，用于检索"教师"表中所有教师的教师编号、姓名、性别、学历和职称 5 个字段值。其操作步骤如下。

① 打开查询的"SQL 视图"窗口。

② 按图 4-116 所示，在"SQL 视图"窗口中输入查询"教师"表指定子段的所有记录的 SELECT 语句。

③ 将查询保存为"项目 6-3-2 教师基本信息"，单击"设计"选项卡上"结果"组中的"运行"按钮，返回的查询结果如图 4-117 所示。

图 4-116　查询 SELECT 语句二

图 4-117　查询结果二

2. 创建条件查询

使用"SQL 视图"创建一个名称为"项目 6-3-3 在 1991 年以后出生的广东籍男生记录"的查询，用于查询"学生"表中 1990 年以后出生的广东籍男生的学号、姓名、性别、籍贯和出生日期 5 个字段信息。其操作步骤如下。

① 打开查询的"SQL 视图"窗口。

② 按图 4-118 所示，在"SQL 视图"窗口中输入 SELECT 语句。

③ 将查询保存为"项目 6-3-3 在 1991 年以后出生的广东籍男生记录"，单击"设计"选项卡上"结果"组中的"运行"按钮，返回的查询结果如图 4-119 所示。

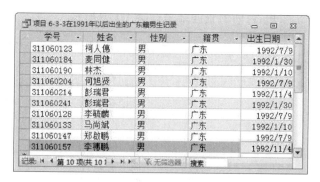

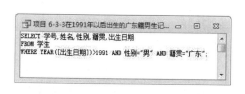

图 4-118　查询 SELECT 语句三

图 4-119　查询结果三

3. 使用聚合函数进行分组计算

使用"SQL 视图"创建一个名称为"项目 6-3-4 统计每个年级的学生总人数"的查询，用于统计"班级"表中不同年级的学生总人数，统计结果按照年级降序排列。其操作步骤如下。

① 打开查询的"SQL 视图"窗口。

② 按图 4-120 所示,在"SQL 视图"窗口中输入统计各年级学生总人数的 SELECT 语句。

③ 将查询保存为"项目 6-3-4 统计每个年级的学生总人数",单击"设计"选项卡上"结果"组中的"运行"按钮,返回的查询结果如图 4-121 所示。

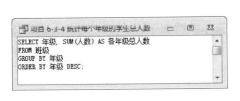

图 4-120　查询 SELECT 语句四

图 4-121　查询结果四

说明:如果在 SELECT 语句中使用了聚合函数,则需要在 GROUP BY 子句中列出所有在 SELECT 子句中未使用聚合函数的字段。SQL 语句中的 AS 关键字用于将字段名命名为新名称。

4. 使用 HAVING 子句

使用"SQL 视图"创建一个名称为"项目 6-3-5 统计显示学生总人数超过 5 500 的年级"的查询,通过"班级"表查询学生总人数超过 5 500 人的年级,查询结果显示年级和学生总人数两个字段。其操作步骤如下。

① 打开查询的"SQL 视图"窗口。

② 在"SQL 视图"窗口中输入如图 4-122 所示的 SELECT 语句。

③ 将查询保存为"项目 6-3-5 统计显示学生总人数超过 5 500 的年级",运行查询后的返回结果如图 4-123 所示。

图 4-122　查询 SELECT 语句五

图 4-123　查询结果五

5. 创建多表连接查询

(1) 使用"SQL 视图"创建一个名称为"项目 6-3-6 班级学生信息"的查询,用以查询"14 本会计学 20 班"的学生信息,查询结果显示班级代码、班级名称、学号和姓名 4 个字段。其操作步骤如下。

① 打开查询的"SQL 视图"窗口。

② 在"SQL 视图"窗口中输入如图 4-124 所示的 SELECT 语句。

③ 将查询保存为"项目 6-3-6 班级学生信息",运行查询后的返回结果如图 4-125 所示。

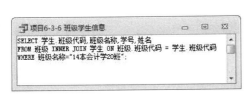

图 4-124　查询 SELECT 语句六

图 4-125　查询结果六

说明：上述查询的数据源有"学生"和"班级"两张表。两张表之间的连接依据是：班级.班级代码 = 学生.班级代码。需要注意的是：当数据源中多个表有相同名字的字段时，则需要通过"表名.字段名"方式指定引用字段所属的表，如"班级.班级代码"。

（2）复制上例中名称为"项目 6-3-6 班级学生信息"的查询，粘贴后重命名为"项目 6-3-7 班级学生信息 2"，修改 "学生"和"班级"两张表之间的连接关系为"LEFT JOIN"，去掉查询条件，查询结果显示班级名称、学号和姓名 3 个字段。其操作步骤如下。

① 打开查询的"SQL 视图"窗口。

② 按图 4-126 所示，修改 SELECT 语句。

③ 保存运行查询后的返回结果如图 4-127 所示，与"班级"表中"班级名称"字段不匹配的"学生"表字段全部为空，以此可以了解哪些班级还没有登记学生信息。

图 4-126　查询 SELECT 语句七　　　　　　图 4-127　查询结果七

任务四　SQL 的联合查询

📖 任务描述

通过联合查询，从同一张数据表或不同数据表中查询数据记录，合并查询结果记录。

📖 任务分析

首先要明确联合查询的数据源是单张表还是多张表，其次要明确两个查询中共同的字段。

📖 知识链接

联合查询是指将两个查询结果合并在一块，每个查询的语法结构都基本一致，要求两个查询结果的字段个数、数据类型相同，以及字段排列顺序必须一致。

联合查询的基本语法格式是：

SELECT 语句 A

UNION

SELECT 语句 B

其中，"UNION"的意思是把前后两个 SELECT 语句产生的结果合并到一个集合中。

任务设计

使用"SQL 视图"创建一个名称为"项目 6-4-1 联合查询"的查询,用于查询北京籍的男生和广东籍的白族学生的信息,查询结果显示学号、姓名、性别和籍贯 4 个字段。其操作步骤如下。

① 打开查询的"设计视图"界面,并关闭"显示表"对话框。

② 单击"设计"选项卡上"查询类型"组中的"联合"按钮 ,或者在"设计视图"界面右击,在打开的快捷菜单中选择"SQL 特定查询"→"联合查询"选项。

③ 在空白的 SQL 视图窗口中输入如图 4-128 所示的 SQL 语句。

④ 将查询保存为"项目 6-4-1 联合查询",运行查询后的返回结果如图 4-129 所示。

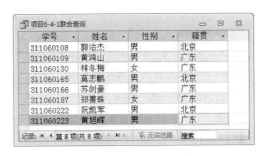

图 4-128 联合查询的 SELECT 语句

图 4-129 查询运行结果

任务五 SQL 的子查询

任务描述

通过设计一个子查询,了解子查询的基本语法结构和子查询的使用方法。

任务分析

在任务实施前,首先要了解创建子查询的语法。

子查询的基本语法格式是:

SELECT|UPDATE|INSERT|DELETE 语句 1

　　　子查询连接表达式

（SELECT 子句）

其中,根据子查询表达式中所用的连接符号的不同,可以将子查询分为以下 4 种。

① 带有比较运算符">""<""=""!="的子查询。

② 带有 ANY 或 ALL 谓词的子查询。

③ 带有 IN 谓词的子查询。

④ 带有 EXISTS 谓词的子查询。

知识链接

子查询是一种常用计算机语言 SELECT-SQL 语言中嵌套查询下层的程序模块。当一个查询是另一个查询的条件时,称之为子查询。子查询的输出可以包括一个单独的值(单行子查询)、几行值(多行子查询)或者多列数据(多列子查询)。

📖 **任务设计**

(1) 使用"SQL 视图"创建一个名称为"项目 6-5-1 子查询"的查询,用于查询"C 语言程序设计"课程考试成绩低于该门课程平均成绩的学生的学号、姓名、课程名称和成绩。其操作步骤如下。

① 打开"SQL 视图"窗口。

② 在"SQL 视图"窗口中输入如图 4-130 所示的 SQL 语句。保存后,运行 SQL 语句,返回的查询结果如图 4-131 所示。

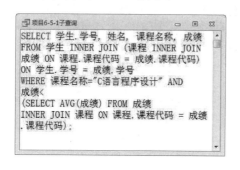

图 4-130 子查询的 SELECT 语句一

图 4-131 子查询的运行结果一

(2) 使用"SQL 视图"创建一个名称为"项目 6-5-2 子查询 2"的查询,用于查询比 2016 级每个班级人数都多的班级,查询结果显示年级、班级名称、人数。其操作步骤如下。

① 打开"SQL 视图"窗口。

② 在"SQL 视图"窗口中输入如图 4-132 所示的 SQL 语句。保存后,运行 SQL 语句,返回的查询结果如图 4-133 所示。

图 4-133 子查询的运行结果二

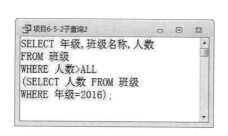

图 4-132 子查询的 SELECT 语句二

习题与实训四

一、选择题

1. 查询的数据源是(　　)。

(A) 表　　　　　　　　(B) 报表　　　　　　(C) 查询　　　　　　(D) 表或查询

2. 查询向导不能创建(　　　)。

(A) 选择查询　　　　(B) 交叉表查询　　　(C) 参数查询　　　　(D) 重复项查询

3. 除了从数据表中选择数据,还可以对表中的数据进行修改的查询是(　　　)。

(A) 交叉表查询　　　(B) 操作查询　　　　(C) 选择查询　　　　(D) 参数查询

4. 执行查询时,将通过对话框提示用户输入查询条件的是(　　　)。

(A) 选择查询　　　　(B) 参数查询　　　　(C) 操作查询　　　　(D) SQL 查询

5. 下列不属于操作查询的是(　　　)。

(A) 参数查询　　　　(B) 追加查询　　　　(C) 生成表查询　　　(D) 更新查询

6. 将"表 1"中的记录复制到数据表"表 2"中,所使用的查询方式是(　　　)。

(A) 更新查询　　　　(B) 追加查询　　　　(C) 删除查询　　　　(D) 生成表查询

7. 下列查询中,对数据表数据会产生影响的是(　　　)。

(A) 参数查询　　　　(B) 选择查询　　　　(C) 交叉表查询　　　(D) 操作查询

8. 利用一张或多张表中的全部或部分数据创建新表,应该使用(　　　)。

(A) 更新查询　　　　(B) 追加查询　　　　(C) 删除查询　　　　(D) 生成表查询

9. 不会更改数据表记录的查询是(　　　)。

(A) 更新查询　　　　(B) 追加查询　　　　(C) 删除查询　　　　(D) 生成表查询

10. 如果使用向导创建交叉表查询的数据源来自多张表,可以先建立一个(　　　),然后将其作为交叉表的数据源。

(A) 数据表　　　　　(B) 虚表　　　　　　(C) 查询　　　　　　(D) 动态集

11. 关于查询设计器,以下说法正确的是(　　　)。

(A) 只能添加数据表　　　　　　　　　(B) 只能添加查询

(C) 可以添加数据表,也可以添加查询　　(D) 以上说法都不对

12. 下列查询条件表达式合法的是(　　　)。

(A) 0>=成绩<=100　　　　　　　　(B) 100>=成绩<=0

(C) 成绩>=0,成绩<=100　　　　　　(D) 成绩>=0 AND 成绩<=100

13. 与表达式"A BETWEEN 20 AND 80"功能相同的表达式是(　　　)。

(A) A>=20 AND A<=80　　　　　　(B) A<=80 OR A>=20

(C) A>20 AND A<80　　　　　　　(D) IN(20,80)

14. 若数据表中有姓名字段,要查询姓名为"张三"或"李四"的记录,则条件应设置为(　　　)。

(A) IN("张三","李四")　　　　　　(B) IN"张三"AND "李四"

(C) "张三"AND "李四"　　　　　　(D) LIKE "张三"AND "李四"

15. 在商品表中要查找商品名称中包含"营养"的商品,则在"商品名称"字段中应输入准则表达式(　　　)。

(A) "营养"　　　　　　　　　　　(B) " * 营养 * "

(C) LIKE " * 营养 * "　　　　　　(D) LIKE "营养"

16. 以下 SELECT 语句语法正确的是(　　　)。

(A) SELECT ＊ FROM "图书"WHERE 出版社名称="清华大学出版社"

(B) SELECT ＊ FROM 图书 WHERE 出版社名称=清华大学出版社

（C）SELECT ＊ FROM "图书" WHERE 出版社名称＝清华大学出版社

（D）SELECT ＊ FROM 图书 WHERE 出版社名称＝"清华大学出版社"

17. 下列不属于 SQL 查询的是（　　　）。

（A）联合查询　　　　（B）选择查询　　　　（C）传递查询　　　　（D）子查询

18. SELECT 语句中的"ORDER BY"子句是为了指定（　　　）。

（A）排序字段名　　　（B）分组字段　　　　（C）查询条件　　　　（D）查询字段

19. 创建表的 SQL 语句是（　　　）。

（A）CREATE TABLE　　　　　　　　（B）ALTER TABLE

（C）DROP　　　　　　　　　　　　　（D）CREATE INDEX

20. 在查询中进行了分组，对分组结果进行筛选用（　　　）子句。

（A）WHILE　　　　（B）WHERE　　　　（C）HAVING　　　　（D）GROUP BY

二、填空题

1. 根据对数据源操作方式和结果的不同，查询可以分为＿＿＿＿＿、＿＿＿＿＿、＿＿＿＿＿、＿＿＿＿＿和＿＿＿＿＿。

2. 操作查询包括＿＿＿＿＿、＿＿＿＿＿、＿＿＿＿＿和＿＿＿＿＿。

3. 如果有多个查询条件要求同时满足，则查询条件必须用＿＿＿＿＿词连接。

4. 模糊查询一般用＿＿＿＿＿特殊运算符和＿＿＿＿＿通配符。

5. Access 查询的数据源可以来自＿＿＿＿＿和＿＿＿＿＿。

6. 查询"成绩"表中"成绩"字段值不为空值的查询条件是＿＿＿＿＿。

7. 返回当前系统日期的函数是＿＿＿＿＿。

8. 如果必须删除表中的记录，发现删除的记录和其他表有关联，则应该提前设置表之间的参照完整性规则为＿＿＿＿＿。

9. SQL 查询对数据进行增删改查的关键词是＿＿＿＿＿、＿＿＿＿＿、＿＿＿＿＿和＿＿＿＿＿。

10. 在 SQL 的 SELECT 语句中，用＿＿＿＿＿关键字对查询的结果进行分组显示。

三、上机实训

根据"超市信息管理系统"数据库，完成下列实训任务。

任务一　创建选择查询

📖 实训目的

1. 掌握使用"查询向导"创建选择查询。

2. 掌握使用"设计视图"创建选择查询。

3. 熟悉各种查询条件的设置。

4. 掌握在查询中统计数据。

📖 实训内容

1. 使用"查询向导"创建一个名称为"任务 1-1 商品基本信息"的简单查询，要求查询结果显示商品 ID、商品名称、单价和数量 4 个字段。

2. 创建一个名称为"任务 1-2 商品类别信息"的查询，要求查询结果显示商品 ID、商品名称和商品类别名称 3 个字段。

3. 创建一个名称为"任务 1-3 低价日用品信息"的查询,用于查询单价低于 3 元的日用品的情况,要求查询结果显示商品名称、单价、商品类别名称、商品供应商 ID 4 个字段。

4. 创建一个名称为"任务 1-4 商品订购数量"的查询,用于查询 2015 年 6 月 5 日订购的商品数量信息,查询结果显示订单 ID、商品名称、数量、定购日期 4 个字段,并将结果按订购数量降序排列显示。

5. 创建一个名称为"任务 1-5 雇员信息"的查询,从"雇员"表中,查找 1980 年出生的女员工记录,结果显示所有字段信息,并按照出生年月日升序排列。

6. 创建一个名称为"任务 1-6 商品订购信息"的查询,查询所有洗衣粉商品的订购情况,结果显示商品名称、订购数量、订购日期、客户名称 4 个字段。

7. 创建一个名称为"任务 1-7 销售主管工资信息"的查询,用以查询所有销售主管的最高基本工资和平均基本工资,结果显示职务、最高基本工资和平均基本工资 3 个字段。

8. 创建一个名称为"任务 1-8 员工工资"的查询,用以从"雇员"表和"工资"表中查询税前工资低于 3 000 的员工姓名、基本工资、奖金、补贴和税前工资。(税前工资＝基本工资＋奖金＋补贴。)

任务二　创建高级查询

📖 **实训目的**

1. 掌握使用"交叉表查询向导"创建交叉表查询。
2. 掌握使用"设计视图"创建交叉表查询。
3. 掌握创建单参数查询。
4. 掌握创建多参数查询。
5. 熟练创建各种操作查询。

📖 **实训内容**

1. 使用"交叉表查询向导"创建一个名称为"任务 2-1 按职务统计男女雇员数量"的交叉表查询,用于统计不同职务的男女员工数量,要求查询结果显示雇员职务和男女人数。

2. 使用"设计视图"创建一个名称为"任务 2-2 统计商品库存量"的交叉表查询,用商品类别、商品和订单明细表,统计不同商品类别、不同商品的订购总数量,要求"商品类别"字段作为交叉表的行标题,"商品名称"字段作为交叉表的列标题,行列交叉单元格(值)填充订购总数量。

3. 创建一个名称为"任务 2-3 商品分类查询"的参数查询,根据提示输入某一商品类别名称,查询出该类别的商品类别名称、商品名称和价格。

4. 创建一个名称为"任务 2-4 工资调整"的参数和更新综合的查询,上调"工资"表中指定雇员编号的基本工资、奖金和补贴,3 项资金上调金额不确定,都由参数来决定。

5. 创建一个名称为"任务 2-5 客户订购商品"的生成表查询,要求根据"客户""商品""订单""订单明细"4 张表,查询客户订购商品的信息记录,并生成"客户商品订单信息"表。要求生成的表中包含客户名称、商品名称、商品总价、定购日期、发货日期和到货日期 6 个字段,其中每种商品总价字段值等于"实际订购数量*单价*折扣"。

6. 创建一个名称为"任务 2-6 万丽福超市发货单"的追加查询,将客户名称为"万丽福超市"的 8 日发货的商品信息追加到"万丽福超市发货单"表中。需要追加的数据包括客户名称、商品名称、单价、数量和发货日期。

7. 创建一个名称为"任务 2-7 修改发货日期"的更新查询,将"园园商店"订购的"帮宝适婴儿尿不湿"商品推迟一个月发货。

8. 创建一个名称为"任务 2-8 修改工资"的更新查询,将"唐小丽"的基本工资上调 10%。

9. 创建一个名称为"任务 2-9 删除雇员信息"的删除查询,将"雇员"表中雇员 ID 为"10005"的记录删除。

10. 创建一个名称为"任务 2-10 删除供应商信息"的删除查询,将"商品"表中的"G0001"号供应商的记录删除。

任务三　创建 SQL 查询

📖 **实训目的**

1. 熟悉使用 SQL 语句定义数据库对象。
2. 掌握使用 SQL 语句操作数据。
3. 掌握使用 SQL 语句查询数据。
4. 掌握创建 SQL 特定查询。

📖 **实训内容**

1. 使用"SQL 视图"创建一个名称为"任务 3-1 创建供应商表"的查询,用于创建一个"供应商"表,该表由"供应商 ID""供应商名称""联系人""办公电话"4 个字段组成,并设定"供应商 ID"为主键。

2. 使用"SQL 视图"创建一个名称为"任务 3-2 添加字段"的查询,向"供应商"添加"地址"和"简介"字段的查询,用于向"供应商"表添加一个"地址"字段和"简介"字段,其中"地址"字段的数据类型为字符型,"简介"字段的数据类型为备注型。

3. 使用"SQL 视图"创建一个名称为"任务 3-3 插入一条记录"的查询,用于向"供应商"表插入一条记录,所添加的各字段值为:"A0001","广州嘉华日用品生产厂","张志文","(020)82660126","广州白云区 231 号","成立于 2010 年,生产日用品"。

4. 使用"SQL 视图"创建一个名称为"任务 3-4 插入多条记录"的查询,将"商品"表中的"供应商 ID"字段的值为"A0002","T0001"和 "G0001"的记录,查询后插入到前面任务所创建的"供应商"表中。

5. 使用"SQL 视图"创建一个名称为"任务 3-5 商品库存数量"的查询,查出数量低于 15件的商品的商品 ID、商品名称、单价和数量。

6. 使用"SQL 视图"创建一个名称为"任务 3-6 雇员信息"的查询,查出 1970 年出生的雇员的全部信息。

7. 使用"SQL 视图"创建一个名称为"任务 3-7 商品基本信息"的查询,查出所有洗衣粉的商品 ID、商品名称、单价和数量。

8. 使用"SQL 视图"创建一个名称为"任务 3-8 工资统计"的查询,从"工资表"中统计出雇员总人数、最高平均工资和最低补贴情况。

9. 使用"SQL 视图"创建一个名称为"任务 3-9 商品订购量统计"的查询,从"订单明细"表中统计出不同类商品的总数量,结果按照各类商品总数量降序排列。

10. 使用"SQL 视图"创建一个名称为"任务 3-10 日用商品信息"的查询,从"商品"和"商品类别"表中查出所有商品的商品名称、商品类别和单价,结果按照单价升序排列。

11. 使用"SQL 视图"创建一个名称为"任务 3-11 修改商品单价"的更新查询,将"商品"表中商品编号为"A1020"商品的单价增加 2 元。

12. 使用"SQL 视图"创建一个名称为"任务 3-12 删除低价商品"的查询,将价格低于 3 元的商品记录删除。

13. 使用"SQL 视图"创建一个名称为"任务 3-13 雇员工资查询"的子查询,查询出工资超过 2 600 元的雇员的姓名。

14. 使用"SQL 视图"创建一个名称为"任务 3-14 创建联合查询"的查询,使用联合查询查出类别名称为"日用品"和"婴儿用品"的商品信息,结果显示商品名称和类别名称。

模块五　窗体的设计与创建

【学习目标】

- 了解窗体的功能、类型。
- 学会使用向导创建窗体。
- 学会使用设计视图创建窗体。
- 掌握主/子窗体的创建。
- 熟悉窗体中常用控件的使用。
- 掌握窗体及控件的属性设置。
- 熟练使用窗体对数据进行操作。

窗体作为 Access 数据库对象之一,可用于为数据库应用程序创建用户界面,便于用户向数据库中输入数据,并对数据库中的数据进行浏览和编辑等操作,还可以控制程序的运行流程。绑定窗体是将窗体直接连接到数据源(如表或查询)的窗体,并可用于输入、编辑或显示来自该数据源的数据。另外,用户也可以创建未绑定窗体,该窗体没有直接连接到数据源,但仍然包含操作应用程序所需的命令按钮、标签或其他控件。

本模块着重介绍绑定窗体。可以使用绑定窗体来控制对数据的访问,如显示哪些字段或数据行。例如,某些用户可能只需要查看包含许多字段的表中的几个字段,为这些用户提供仅包含那些字段的窗体,可以方便他们使用数据库。还可以向窗体添加命令按钮和其他功能以自动执行常见操作。

可以将绑定窗体看作窗口,人们可通过它查看和访问数据库。有效的窗体可以提高用户使用数据库的效率,原因是可以省去搜索所需内容的步骤。外观设计良好的窗体可以增加用户使用数据库的乐趣和效率,还有助于避免输入错误的数据。

1. 窗体的组成

窗体实际上就是 Windows 操作系统的一种窗口,它提供了一个界面给用户操作使用。它包含了一般窗口的主要组成部分,并且根据用户的需要,可以在窗体中添加不同用途的控件。

从外观看,一个完整的窗体由窗体页眉、窗体页脚、主体、页面页眉和页面页脚 5 个部分组成,如图 5-1 所示。在窗体的设计视图中,这 5 个部分被分为 5 个区域,每个区域被称为"节"。在每一个节中,用户可以添加各种控件,并且设置各个节的属性,如设置背景颜色或图片。有了这个结构,窗体只是一个空架子,通过窗体操作的数据才是核心内容,所以,通常窗体还要和数据源绑定。下面对窗体的 5 个组成部分及数据源进行介绍。

① 窗体页眉:用来显示窗体的标题等信息。在窗体的设计视图中,它位于窗体的顶部,或第一个打印页的顶部,类似一本书的封面,一个窗体只能有一个窗体页眉。

② 窗体页脚:通常用来显示窗体的创建日期时间和创建者的信息,它对于窗体中的每条

记录都是一样的,它位于窗体的底部或最后一个打印页的后面,类似一本书的封底。一个窗体只能有一个窗体页脚。

③ 主体:用来显示数据表中的记录,由各种控件组成,它位于窗体的中部,是所有窗体都必须有的设计区,相当于一本书的正文章节部分。

④ 页面页眉:在窗体的每一页顶部显示页标题,页面页眉只能出现在打印的窗体中。

⑤ 页面页脚:在窗体的每一页底部显示日期时间和页码等信息,只能出现在打印的窗体中。

⑥ 窗体数据源:用来设置窗体中显示数据的来源,可以是数据表或者查询。在设计视图中,数据源可以在窗体的"属性"对话框中的"数据"选项卡的"记录源"属性项进行设置。

图 5-1 窗体的组成

2. 窗体的类型

Access 窗体有多种分类方法,通常按功能、数据的显示方式和显示关系分类。

Access 窗体按功能分类,有如下 4 种类型:数据操作窗体、控制窗体、信息显示窗体和交互信息窗体。

① 数据操作窗体:用户对表或查询进行显示、浏览、输入和修改等多种操作。在实际应用当中,通常考虑把数据操作窗体与控制窗体结合起来一起使用。

② 控制窗体:主要用来操作或控制程序的运行。这类窗体通常通过"命令按钮"等控件来接收并执行用户请求。

③ 信息显示窗体:主要用来显示信息。可以通过数值或图表的形式显示信息,如数据透视表和数据透视图。

④ 交互信息窗体:主要用于需要自定义的各种信息窗口,包括警告、提示信息,或要求用户填入内容等。如当输入数据违反有效性规则时,系统自动弹出警告信息。

3. 窗体的视图

在 Access 2010 中,窗体分为窗体视图、数据表视图、数据透视表视图、数据透视图视图、设计视图和布局视图 6 种,其中最常用的是窗体视图、设计视图和布局视图。不同的视图之间可以方便地进行切换。窗体在不同的视图中完成不同的任务。

（1）窗体视图

它是窗体在设计视图中完成设计后，用户看到的结果，也是最常见的视图。

（2）数据表视图

数据表视图是显示数据库中数据的视图，它以表格的样式展现出来，也是完成窗体设计后的结果。在这种视图中，一次可以浏览数据表中的多条记录。

（3）数据透视表视图

它可以动态地更改窗体的版面布置，重构数据的组织方式，以便于用户使用不同方法分析数据。它有类似交叉表查询的功能，可以实现数据的分类汇总、小计和总计等。

（4）数据透视图视图

它把表中的数据信息和数据汇总信息，以图形化的方式直观地显示给用户，如柱状图、饼图等。

（5）设计视图

设计视图是创建和设计 Access 数据库对象都具有的一种视图。在设计视图中不仅可以创建窗体，而且可以编辑修改窗体，从而使窗体的布局和外观更符合应用的要求。在窗体的设计视图中可以显示窗体的 5 个组成部分，但在默认情况下，只显示窗体的主体部分。

（6）布局视图

布局视图是 Access 2010 新增加的一种视图。它具有"所见即所得"的特点。在此视图中可以调整和修改窗体设计。能够根据实际数据调整列宽和行高，还能添加新的字段到窗体中，并设置窗体及其控件的属性。

项目一　创 建 窗 体

Access 功能区"创建"选项卡的"窗体"组中，提供了多个创建窗体的功能按钮。其中包括

图 5-2　"窗体"组

"窗体""窗体设计"和"空白窗体"3 个主要的按钮，还有"窗体向导""导航"和"其他窗体"3 个辅助按钮，如图 5-2 所示。使用设计视图创建窗体是创建窗体最重要和最通用的方法，将在本模块的项目二中详细介绍。

任务一　快速创建窗体

📖 任务描述

快速创建窗体即使用"窗体"按钮来创建窗体，其数据源来自某个表或者某个查询，所创建的窗体布局简单规范，创建过程快捷，但缺少灵活性。此方法创建的窗体是一种单个记录的窗体。

📖 任务分析

使用"窗体"按钮创建窗体，只需单击一次鼠标便可创建完成。使用它创建窗体，来自数据

源的所有字段都自动放置在窗体上。

📖 **知识链接**

在 Access 中,打开指定的数据库,在导航窗格中,选择作为窗体数据源的表或者查询,然后在功能区"创建"选项卡的"窗体"组中,单击"窗体"按钮,绑定数据源的窗体即创建完成,并以布局视图显示。

📖 **任务设计**

根据"教学信息管理系统"数据库中的"教师"表,快速创建窗体。操作步骤如下。

① 打开"教学信息管理系统"数据库,在导航窗格的下拉列表中选择"表",并选中"教师"表。

② 在功能区选择"创建"选项卡的"窗体"组,单击"窗体"按钮,即可完成教师窗体的创建,并以布局视图显示,如图 5-3 所示。

③ 在快速访问工具栏中,单击"保存"按钮,在弹出的"另存为"对话框中,输入窗体的名称"教师",然后单击"确定"按钮,如图 5-4 所示。

图 5-3　教师窗体

图 5-4　"另存为"对话框

任务二　使用"多个项目"创建窗体

📖 **任务描述**

创建一个可显示多条记录的窗体。

📖 **任务分析**

在"多个项目"的窗体中,窗体中一行就显示一条记录,这样一个窗体的一页中可以排列若干行,从而提高数据浏览和编辑的效率。

📖 **知识链接**

在 Access 中,打开指定的数据库,在导航窗格中,选择作为窗体数据源的表或者查询。在功能区"创建"选项卡的"窗体"组,单击"其他窗体"按钮,在打开的下拉列表中,单击"多个项目"命令,绑定数据源的多项目窗体即创建完成。

📖 **任务设计**

根据"教学信息管理系统"数据库中的"教师"表,使用"多个项目"方法创建窗体。

① 打开"教学信息管理系统"数据库,在导航窗格的下拉列表中选择"表",并选中"教师"表。

② 在功能区选择"创建"选项卡的"窗体"组,单击"其他窗体"按钮,在下拉列表中单击"多个项目"命令,即可完成多个项目教师窗体的创建,并以布局视图显示,如图 5-5 所示。

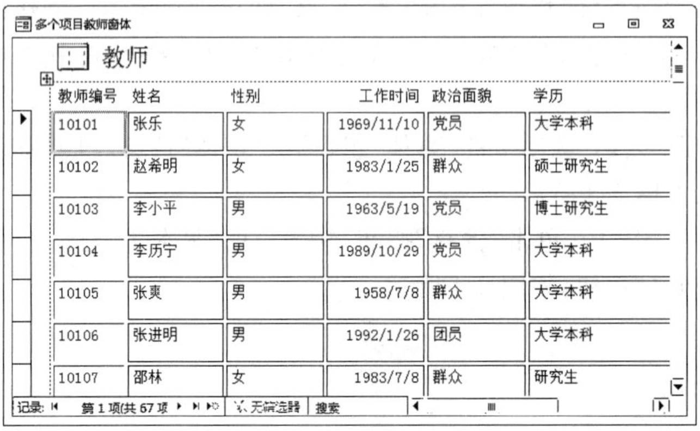

图 5-5 多个项目教师窗体

③ 在快速访问工具栏中,单击"保存"按钮,在弹出的"另存为"对话框中,输入窗体的名称"多个项目教师窗体",然后单击"确定"按钮。

任务三 创建"分割窗体"

📖 **任务描述**

创建一个被分割为上下两部分的窗体,上半部分显示单条记录,下半部分显示多条记录。

📖 **任务分析**

将数据源中数据的整体和局部显示在一个窗体中,便于用户浏览和操作数据库中的数据。

📖 **知识链接**

"分割窗体"用于创建一种具有两种布局形式的窗体。在窗体的上半部分是单一记录布局形式,一行显示一个字段。在窗体的下半部分是多条记录的数据表布局形式,一行显示一条记录。分割窗体为用户浏览记录带来方便,既可以宏观上浏览多条记录,又可以微观上详细地浏览一条记录。

📖 **任务设计**

根据"教学信息管理系统"数据库中的"教师"表,创建"教师"分割窗体。

① 打开"教学信息管理系统"数据库,在导航窗格的下拉列表中选择"表",并选中"教师"表。

② 在功能区选择"创建"选项卡的"窗体"组,单击"其他窗体"按钮,在下拉列表中单击"分割窗体"命令,即可完成"教师"分割窗体的创建,并以布局视图显示,如图 5-6 所示。

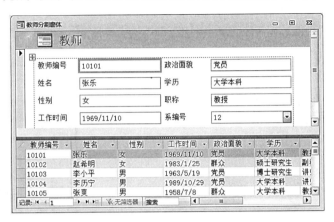

图 5-6　"教师"分割窗体

③ 在快速访问工具栏中,单击"保存"按钮,在弹出的"另存为"对话框中,输入窗体的名称"教师分割窗体",然后单击"确定"按钮。

任务四　创建数据透视图窗体

📖 任 务 描 述

创建基于数据源的数据透视图窗体。

📖 任 务 分 析

为了在海量的数据中直观地反映关键数据之间的关系,并且对数据进行分类汇总和统计,用户可以使用交互性很强的数据透视图来实现。

📖 知 识 链 接

数据透视图是一种具有交互功能的图,使用它可以将数据库中的数据通过图的形式直观地显示给用户,它通常反映了数据之间的相互关系,并可将数据统计的结果显示在图中。整个数据库透视图的创建要分两步:第一步为创建数据透视图的框架;第二步为用户通过选择填充有关信息。

📖 任 务 设 计

以"教学信息管理系统"数据库中的"教师"表为数据源,创建数据透视图窗体,制作各职称教师人数分布情况图。操作步骤如下。

① 打开"教学信息管理系统"数据库,在导航窗格的下拉列表中选择"表",并选中"教师"表。

② 在功能区选择"创建"选项卡的"窗体"组,单击"其他窗体"按钮,在下拉列表中单击"数据透视图"命令,打开"数据透视图"的设计窗口。这只是一个数据透视图的框架。

③ 在"数据透视图视图/设计"选项卡的"显示/隐藏"组中,双击"字段列表"按钮,打开字段列表,在"图表字段列表"中,将"职称"字段拖到下方的"将分类字段拖到此处"的位置。然后将"教师编号"字段拖到上方的"将数据字段拖到此处"的位置。系统自动对此字段进行计数操作,这时在图表区默认显示图为柱状图,如图5-7所示。至此数据透视图窗体创建完成。如果要更改图的类型,可单击"数据透视图视图/设计"选项卡的"类型"组中的"更改图表类型"按钮,在其中有"柱状图""条形图""饼图"等供选择。

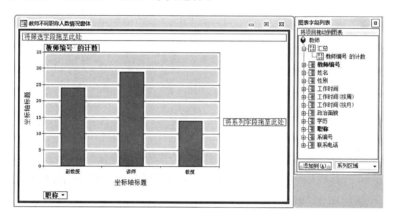

图 5-7　数据透视图创建完成的结果

④ 在快速访问工具栏中,单击"保存"按钮,在弹出的"另存为"对话框中,输入窗体的名称"教师不同职称人数情况窗体",然后单击"确定"按钮。

任务五　使用窗体向导创建窗体

📖 任务描述

使用窗体向导创建窗体即按照系统给定的步骤,一步一步地完成窗体的创建。

📖 任务分析

使用"窗体"按钮创建窗体虽然简单快捷,但是窗体无论在内容和外观上都不可选择,受到很大的限制,难以满足用户的需要,因此可以使用窗体向导来创建内容丰富、外观多样的窗体。

📖 知识链接

使用窗体向导创建窗体的方法是创建窗体的常用方法,与前几种方法创建的窗体最大的不同是,此方法创建窗体的数据源可以是多个表或者多个查询。此方法适合快速创建内容较复杂、形式多样的窗体,如果创建后的窗体需要进行修改,可以在设计视图中再做调整。

📖 任务设计

根据"教学信息管理系统"数据库中的"教师"表,使用窗体向导创建"教师信息"窗体。

① 打开"教学信息管理系统"数据库，在导航窗格的下拉列表中选择"表"，并选中"教师"表。

② 在功能区选择"创建"选项卡的"窗体"组，单击"窗体向导"按钮。

③ 在打开的"请确定窗体上使用哪些字段"对话框中，在"表/查询"下拉列表中光标已经定位在先前指定的数据源"表：教师"，单击 >> 按钮，把表中全部字段送到右边的"选定字段"窗格中，或者在"可用字段"窗格中逐一选择所需字段，然后单击 > 按钮，把选中的字段送到右边的"选定字段"窗格中，再单击"下一步"按钮，如图5-8所示。

④ 在打开的"请确定窗体使用的布局"对话框中，选择"纵栏表"，单击"下一步"按钮，如图5-9所示。

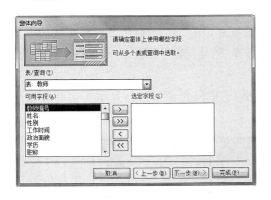

图5-8　"请确定窗体上使用哪些字段"对话框

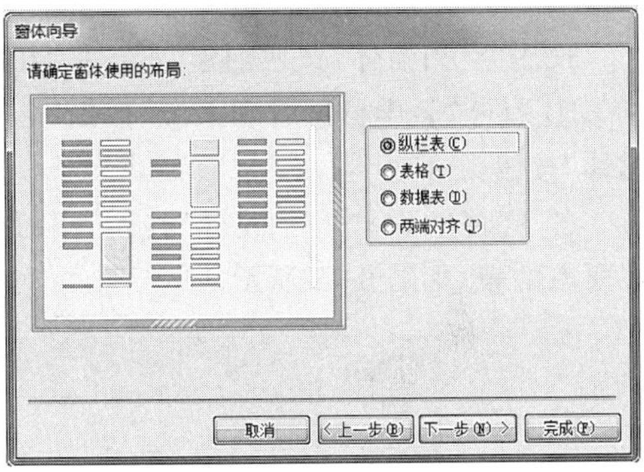

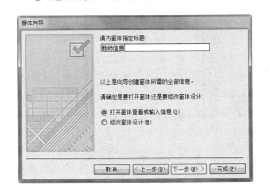

图5-9　"请确定窗体使用的布局"对话框

⑤ 在打开的"请为窗体指定标题"对话框中，输入窗体标题"教师信息"，选取默认设置"打开窗体查看或输入信息"，再单击"完成"按钮，如图5-10所示。

⑥ 这里打开的是窗体的窗体视图，用户可看到完成后的窗体效果，如图5-11所示。

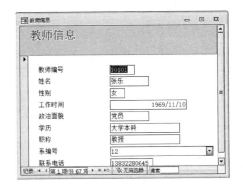

图5-10　"请为窗体指定标题"对话框

图5-11　"教师信息"窗体的窗体视图

任务六　使用"空白窗体"按钮创建窗体

📖 **任务描述**

使用"空白窗体"按钮创建窗体是在布局视图中创建数据表式窗体。

📖 **任务分析**

使用"空白窗体"按钮创建窗体非常直观,不用进行视图转换,设计者就可以立即看到创建后的结果,所有的操作都在布局视图中进行。

📖 **知识链接**

空白窗体是一种所见即所得的窗体创建方式,即当向空白窗体添加字段后,立即显示出具体的记录信息。

📖 **任务设计**

使用"空白窗体"按钮创建"教学信息管理系统"数据库中的"学生"窗体。操作步骤如下。

① 打开"教学信息管理系统"数据库,在功能区选择"创建"选项卡的"窗体"组,单击"空白窗体"按钮。

② 这时打开了"空白窗体"视图,同时在右侧打开了"字段列表"窗格,显示了当前数据库中所有的表,如图 5-12 所示。

图 5-12　"空白窗体"视图

③ 单击"学生"表前的"＋",展开"学生"表所包含的字段,逐个双击"学生"表中的"学号"等字段,这些字段被添加到空白窗体中,这时立即显示"学生"表中的第一条记录信息,同时"字段列表"的布局从 1 个窗格变为 3 个小窗格,分别是"可用于此视图的字段""相关表中的可用字段"和"其他表中的可用字段",如图 5-13 所示。

④ 如果选择相关表字段,则由于表之间已经建立了关系,因此将自动创建出主/子窗体结构的窗体,展开"成绩"表,双击其中的"成绩"字段,该字段添加到空白窗体中,显示学生的成绩信息,如图 5-14 所示。

⑤ 在快速访问工具栏中,单击"保存"按钮,在弹出的"另存为"对话框中,输入窗体的名称"学生成绩信息",然后单击"确定"按钮。

图 5-13　添加了字段后的空白窗体和"字段列表"窗格

图 5-14　添加了"成绩"表"成绩"字段后的空白窗体

项目二　设 计 窗 体

在大多数情况下,使用向导或者其他方法创建的窗体只能满足一般的需要,用户缺乏自主性,不灵活,不能够创建结构和内容复杂的窗体。通常要创建灵活复杂的窗体,可以有两种选择:一种选择是直接在设计视图中对窗体进行设计;另一种选择是先使用窗体向导或其他方法快速创建窗体,然后在设计视图中进行调整修改。

任务一　认识窗体的设计视图

📖 任务描述

窗体的设计视图是设计和编辑窗体的工作区。在设计窗体的过程中,可以使用系统提供的各种工具,这些工具都放置在窗体设计工具选项卡中(包括设计、排列和格式 3 个类别),使用它们可以确定窗体显示信息的内容,对窗体进行布局,修饰窗体的外观。

📖 **任务分析**

使用设计视图设计窗体，设计者可以灵活地选择窗体的内容组成，定制不同样式的窗体，此方法能最大限度地满足用户的要求。

📖 **知识链接**

1. 窗体设计视图的结构

在功能区选择"创建"选项卡的"窗体"组，单击"窗体设计"按钮，就可打开窗体的设计视图，如图 5-15 所示。

所有的窗体都有主体节，在默认情况下，设计视图只显示主体节，如果要添加其他节，可在窗体中单击鼠标右键，在快捷菜单中选择"窗体页眉/页脚"或"页面页眉/页脚"命令，如图 5-16 所示。这样所选择的节就被添加到窗体上。如果不需要这些节可以取消显示，在图 5-16 所示的快捷菜单中，再次单击"窗体页眉/页脚"或"页面页眉/页脚"命令，则相应的节就隐藏起来。

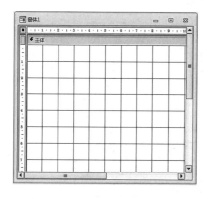

图 5-15　窗体的设计视图　　　　　　图 5-16　快捷菜单

窗体各个节的分界横条被称为节选择器，使用它可以选定节，上下拖动它可以调整节的高度，左右拖动它可以调整节的宽度（调整时所有节的宽度同时调整），在窗体的左上角标尺最左侧的小方块，是"窗体选择器"按钮，双击它可以打开窗体的属性设置窗口，如图 5-17 所示。

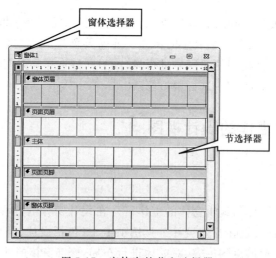

图 5-17　窗体中的节和选择器

2. 窗体设计工具选项卡

打开窗体的设计视图后,在顶部出现了窗体设计工具选项卡,它由"设计""排列"和"格式"3 个子选项卡组成,其中"设计"选项卡中包括"视图""主题""控件""页眉/页脚"和"工具"5 个组,它们提供了窗体的设计工具,如图 5-18 所示。

图 5-18　"设计"选项卡

"排列"选项卡中有"表""行和列""合并/拆分""移动""位置"和"调整大小和排序"6 个组,主要用来对齐和排列控件,如图 5-19 所示。

图 5-19　"排列"选项卡

"格式"选项卡中有"所选内容""字体""数字""背景"和"控制格式"5 个组,用来设置控件的各种格式,如图 5-20 所示。

图 5-20　"格式"选项卡

3. 设计选项卡

下面介绍设计选项卡中的 5 个组及其功能。

(1)视图组

单击视图组的"视图"按钮,在下拉列表中选择 6 种视图中的某一种,可以在不同的窗体视图之间切换。

(2)主题组

主题组包括"主题""颜色"和"字体"3 个按钮,单击每一个按钮都可以进一步打开相应的下拉列表,然后在列表中选择相应的命令进行设置。主题的作用是提供整个窗体的视觉外观。当设置窗体为某个主题,或选择某种颜色和字体后,将会使整个窗体的外观、颜色和字体发生变化。

(3)控件组

控件组就是一个控件工具箱,里面放置了各种各样的控件,这些控件可供设计者添加到窗体中,是整个窗体的主要界面元素。具体控件的功能和使用方法将在后面做介绍。

(4)页眉/页脚组和工具组

页眉/页脚组用于设置窗体的页眉/页脚和页面的页眉/页脚。工具组用于提供窗体设计

中相关的附加功能。其组成按钮功能详见表 5-1 和表 5-2

表 5-1　页眉/页脚组命令按钮

按　钮	名　　称	功　　能
	徽标	用于具有公司徽标的个性化窗体
	日期和时间	在窗体中插入日期和时间
	标题	用于创建窗体标题,快速完成,不需任何设置

表 5-2　工具组命令按钮

按　钮	名　　称	功　　能
	添加现有字段	显示表的字段列表,可将字段添加到窗体中
	属性表	显示窗体或窗体上某个对象的属性对话框
	代码	显示当前窗体的 VBA 代码
	Tab 键次序	改变窗体上控件获得焦点的键次序
	子窗体	在新窗口中添加子窗体
	将宏转变为代码	将窗体的宏转变为 VBA 代码

4. 排列选项卡

下面介绍排列选项卡中的组及其功能。

（1）表组

表组包括网格线、堆积、表格和删除布局 4 个按钮。

（2）行和列组

该组中命令按钮的主要作用是在窗体中不同方向插入行或者列。

（3）合并/拆分组

合并和拆分功能是 Access 2010 新增的功能,使用它可以像在 Excel 中一样拆分和合并控件。

（4）移动组

使用它可以向上或向下快速移动控件到窗体中的某个位置。

（5）位置组

用于调整控件的位置,包括 3 个按钮。控件边距:调整控件内文本和控件边界之间的距离。控件填充:调整一组控件在窗体上的布局。定位:调整控件在窗体上的位置。

（6）调整大小和排序组

此组中的"大小/空格"和"对齐"按钮用于调整控件的排列。"置于顶层"和"置于底层"按钮是 Access 2010 新增的功能,用于调整图像所在的图层位置。其中,"置于顶层"按钮将所选对象置于其他所有对象的前面;"置于底层"按钮将所选对象置于其他所有对象的后面。

　📖 **任务设计**

使用窗体的"设计视图"根据"教学信息管理系统"数据库中的"学生"表创建窗体,操作步骤如下。

① 打开"教学信息管理系统"数据库,在功能区的"创建"选项卡的"窗体"组中,单击"窗体设计"按钮,打开窗体的"设计视图"。

② 在打开的"窗体设计工具/设计"选项卡的"工具"组中,单击"添加现有字段"按钮,在窗体"设计视图"右侧出现"字段列表"窗格,从中找到"学生"表,单击前面的"＋",将其展开,依次双击所需放置到设计视图中的字段,这时所选取的字段以文本框的形式按顺序从上至下排列在主体节中,如图 5-21 所示。

③ 切换到"窗体视图",单击快速访问工具栏的"保存"按钮,在"另存为"对话框中输入窗体的名称"学生窗体",然后单击"确定"按钮,窗体创建完成,如图 5-22 所示。

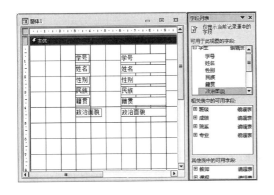

图 5-21　使用"设计视图"创建的窗体

图 5-22　创建完成的学生窗体的效果

任务二　窗体中的控件及其应用

📖 任务描述

窗体像一个台子,上面可以放很多的物品,这些物品整齐有序地排列,它们各自都有各自的用途。控件就相当于物品,了解各种控件的功能和熟练使用各种常用控件是创建友好用户界面的关键。

📖 任务分析

通常要创建结构复杂、功能多样的窗体,必须使用设计视图或布局视图来完成。而这两种视图中,各种控件的操作和属性设置都必须由设计者来实现,所以熟悉常用控件的功能和熟练掌握常用控件的创建非常重要。

📖 知识链接

在 Access 中,控件是放置在窗体对象上的对象,窗体就像一个容器,它里面可以放置不同的控件(包括窗体本身,称为子窗体控件)。控件在窗体中起着显示数据、执行操作和修饰窗体的作用。所有控件都有属性,不同的控件属性的项目和数量不全相同,但是有些属性是大多数控件共有的,如标题、名称和高度等属性。

1. 文本框

文本框既可以用来显示指定的数据,也可以用来输入和编辑数据。文本框分为 3 种类型:绑定型、未绑定型和计算型。绑定型文本框与表或查询中的字段相关联,用来显示其中的数据,并能对其内容进行修改。在设计视图中,绑定型文本框显示表或查询中具体字段的名称。

未绑定型文本框并不链接到表或查询的字段,在设计视图中以"未绑定"字样显示,通常用来显示提示信息或接收用户数据输入。计算型文本框用来放置计算表达式以显示表达式的结果。例如,在文本框中输入"＝Date()",则此文本框就为计算型文本框,可在此文本框中显示当前系统日期。

2．标签

使用标签控件主要是在窗体上显示一些说明和注释性的文字,此标签称为独立标签。另外,在创建除标签外的其他控件时,将同时创建一个标签到该控件上,此标签称为附加标签,如文本框、组合框都有一个附加标签。

3．标题

标题控件实际上就是一个标签,用于在窗体页眉中创建窗体标题,在设计视图中创建窗体时,如果以某名称对窗体进行过保存,那么再添加标题控件时,将自动以窗体名称作为窗体标题显示在窗体页眉中,此时可以设置标题的字体、字号等属性。

4．复选框、切换按钮和选项按钮

复选框、切换按钮和选项按钮作为单独的控件用来显示表或查询中的"是/否"值。当选中复选框或选项按钮时,设置为"是";否则为"否"。对于切换按钮,如果单击它,其值为"是";否则为"否"。

5．选项组控件

选项组控件是一个容器控件,它里面可以放置选项按钮、复选框或切换按钮,使用它可以在一组值中选择单个或多个值。如果里面是选项按钮,一次只能选一个值;如果里面是复选框,一次可选多个值。

6．组合框和列表框

组合框和列表框在功能上十分相似。在要输入的数据的数量和内容是确定的情况下,可以使用组合框或列表框控件,例如,窗体上输入的数据取自一个表或查询的某个字段时,或者在创建列表框或组合框控件时,或者用户自己输入所有可能的取值时。组合框控件不仅可以从列表中选择数据,而且可以输入数据,但是列表框控件只能从列表中选择数据。从外观上看,可以将组合框看作是折叠起来的列表框。

组合框(或列表框)分为绑定型和未绑定型两种。绑定型组合框(或列表框)与表的一个字段链接起来,在设计视图中,一定显示的是该字段的名称,而在窗体视图中,当选择下一条记录时,组合框(或列表框)的值也随着变化。在窗体上创建未绑定型组合框(或列表框),主要是为了通过选择组合框(列表框)中的列表值来决定窗体上查询的内容。通常使用向导来创建未绑定型组合框(或列表框),组合框(或列表框)获取数值的方法有 3 种。

- 自行键入所需的值。
- 在基于组合框中选定的值而创建的窗体上查找记录。
- 查阅表或查询中的值。

7．命令按钮

在窗体中使用命令按钮来执行某个操作,以控制程序的运行,如显示下一条记录、关闭窗口等。命令按钮执行的操作分为六大类:记录导航、记录操作、窗体操作、报表操作、应用程序和杂项,共 32 个操作。它包含了常用的 Access 的所有操作。

8．选项卡和附件控件

当窗体中的内容较多无法在一页中显示,或者为了在窗体中分类显示不同的信息时,可以使用选项卡进行分页,这时只要单击选项卡上的标签,就可以在不同的页面进行切换。

附件控件用来保存 Office 文档。

9. 图像控件

图像控件用来美化修饰窗体。

10. 子窗体/子报表控件

子窗体/子报表控件主要用在主窗体或主报表上,显示一对多关系表中的数据。

📖 **任务设计**

在窗体中添加各种用途的控件。

1. 添加文本框

在窗体中添加两个文本框控件,用来显示当前系统日期和输入密码,操作步骤如下。

① 打开数据库,在"创建"选项卡的"窗体"分组中,单击"窗体设计"按钮,创建一个新窗体。

② 在"设计"选项卡的"控件"分组中,单击"文本框"按钮,再将光标移到窗体上,按住鼠标左键拖动鼠标画出一个大小合适的文本框,这时打开"文本框向导"对话框,如图 5-23 所示。在此可以设置文本框中文字的字体、字形、字号以及对齐方式等。

③ 在"文本框向导"对话框中,单击"下一步"按钮,打开"输入法模式设置"对话框,如图 5-24 所示。在此对话框的"输入法模式设置"列表中,有 3 个列表项可选。如果文本框用于输入汉字,可选择"输入法开启";如果文本框用于接收输入英文和数字,可选择"输入法关闭"或"随意"。

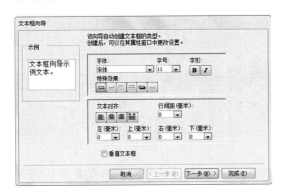

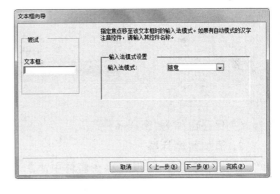

图 5-23　"文本框向导"对话框　　　　　图 5-24　"输入法模式设置"对话框

④ 在"请输入文本框的名称"文本框中输入"输入密码",单击"完成"按钮,文本框创建完成,返回到设计视图中。

⑤ 双击文本框控件,打开其属性表。在属性表中,选择"数据"选项卡,单击"输入掩码"属性项右侧"生成器"的按钮,如图 5-25 所示。

⑥ 在打开的"输入掩码向导"对话框中,选择"密码",然后单击"完成"按钮,返回到"文本框属性"对话框,在"输入掩码"框中,显示属性值为"密码"。

⑦ 按照上述步骤在窗体中添加第二个文本框,然后双击它,打开属性表,选择"全部"选项卡,在"名称"和"控件来源"框中,分别输入属性值"当前日期"和表达式"＝Date()",设置"格式"属性为"长日期",如图 5-26 所示。

图 5-25 "输入密码"文本框控件属性表　　　　图 5-26 "当天"文本框控件属性表

⑧ 单击"视图"按钮,把窗体从"设计视图"切换到"窗体视图",在"当前日期"文本框中显示当前系统日期。在"输入密码"文本框中,输入密码后显示"＊",如图 5-27 所示。

图 5-27 "密码示例"窗体

⑨ 保存窗体为"密码示例"。

2. 添加窗体标题

使用标题控件,可以直接在窗体中添加标题。以下是添加窗体标题的操作步骤。

① 打开"密码示例"窗体,切换到"设计视图"。

② 在"设计"选项卡的"页眉/页脚"组中,单击"标题"按钮。则在窗体中自动添加"窗体页眉/页脚"节,同时在窗体页眉中,立即显示窗体的标题"密码示例",它将窗体名称默认为窗体标题,如图 5-28 所示。

3. 添加选项组

下面的示例介绍在窗体的设计视图中,使用向导来添加选项组。

打开"教学信息管理系统"数据库,新建"教师信息查询"窗体,添加教师职称选项组,操作步骤如下。

① 打开数据库,在"创建"选项卡的"窗体"分组中,单击"窗体设计"按钮,创建"教师信息查询"窗体,将除了"职称"字段之外的"教师编号""姓名"等字段添加到窗体中,接着在"设计"选项卡的"控件"组中,单击"选项组"控件按钮(默认情况下,"使用控件向导"按钮是打开的,如

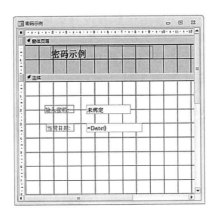

图 5-28　添加标题控件

果要取消,可以单击此按钮),然后在窗体主体节的适当位置拖动鼠标画出一个大小合适的矩形。

② 在打开的"请为每个选项指定标签"对话框中,依次输入每个选项的标签:"助教""讲师""副教授"和"教授"。再单击"下一步"按钮,如图 5-29 所示。

③ 在打开的"请确定是否使某选项成为默认选项"对话框中,要求确定是否需要默认选项。通常选择"是,默认选项是"选项,并指定"讲师"为默认项,然后单击"下一步"按钮,如图 5-30 所示。

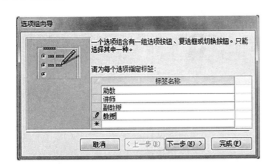

图 5-29　"请为每个选项指定标签"对话框　　图 5-30　"请确定是否使某选项成为默认选项"对话框

④ 在打开的"请为每个选项赋值"对话框中,选择默认设置,然后单击"下一步"按钮,如图 5-31 所示。

⑤ 在打开的"请确定对所选项的值采取的动作"对话框中,选择默认设置,然后单击"下一步"按钮,如图 5-32 所示。

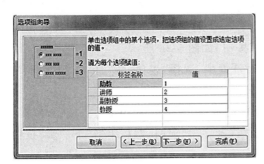

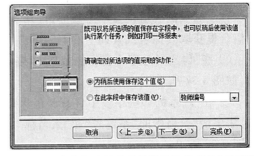

图 5-31　"请为每个选项赋值"对话框　　图 5-32　"请确定对所选项的值采取的动作"对话框

⑥ 在打开的"请确定在选项组中使用何种类型的控件"对话框中,选择"选项按钮"及"蚀刻",然后单击"下一步"按钮,如图 5-33 所示。

⑦ 在打开的"请为选项组指定标题"对话框中,在"请为选项组指定标题"文本框中,输入标题"职称",然后单击"完成"按钮,如图 5-34 所示。

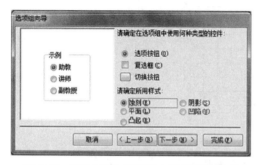

图 5-33 "请确定在选项组中使用何种类型的控件"对话框

图 5-34 "请为选项组指定标题"对话框

⑧ 在工具栏上,单击"视图"按钮,选择"窗体视图",查看选项组设计结果,如图 5-35 所示。

图 5-35 添加选项组后的窗体

4. 创建未绑定型组合框

在上面建立的"教师信息查询"窗体中,在窗体页眉中添加基于"院系"表的未绑定型组合框,查找步骤如下。

① 打开"教师"窗体的设计视图,在"设计"选项卡的"控件"组中,单击"组合框"控件按钮,在窗体页眉节的合适位置单击鼠标,打开"请确定组合框获取其数值的方式"对话框,选择"使用组合框获取其他表或查询中的值",单击"下一步"按钮,如图 5-36 所示。

② 在"请选择为组合框提供数值的表或查询"对话框中,选择"表:院系",单击"下一步"按钮,如图 5-37 所示。

③ 在"院系的哪些字段中含有要包含到组合框中的数值"对话框中,单击 按钮,依次把"可用字段"窗格中的"系编号"和"系名称"字段移至"选定字段"窗格,然后单击"下一步"按钮,如图 5-38 所示。

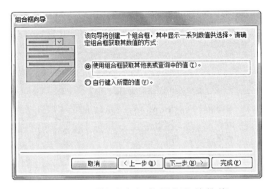

图 5-36　"请确定组合框获取其数值
的方式"对话框

图 5-37　"请选择为组合框提供数值的表
或查询"对话框

④ 在打开的"请确定要为列表框中的项使用的排序次序"对话框中,选择"系名称"字段,排序方式默认为"升序",单击"下一步"按钮,如图 5-39 所示。

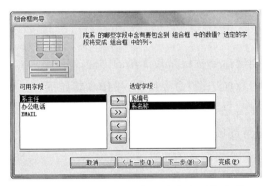

图 5-38　"院系的哪些字段中含有要包含到
组合框中的数值"对话框

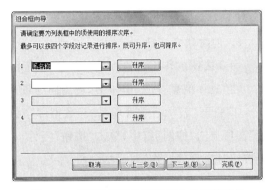

图 5-39　"请确定要为列表框中的项使用的
排序次序"对话框

⑤ 在打开的"请指定组合框中列的宽度"对话框中,选择默认列的宽度和默认隐藏键列,单击"下一步"按钮,如图 5-40 所示。

⑥ 在"请确定在组合框中选择数值后 Microsoft Access 的动作"对话框中,默认选择"记忆该数值供以后使用",单击"下一步"按钮,如图 5-41 所示。

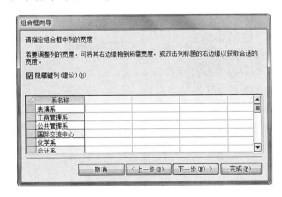

图 5-40　"请指定组合框中列的宽度"对话框

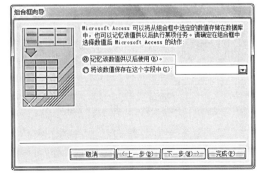

图 5-41　"请确定在组合框中选择数值后
Microsoft Access 的动作"对话框

⑦ 在打开的"请为组合框指定标签"对话框中,默认组合框标签名称为"系名称",单击"完成"按钮,如图 5-42 所示。

⑧ 单击"视图"按钮,切换到"窗体视图",可以看到组合框的结果,如图 5-43 所示。

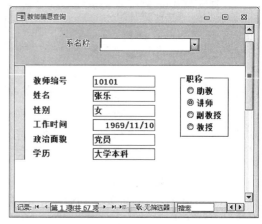

图 5-42 "请为组合框指定标签"对话框　　　图 5-43 添加组合框后的窗体

5. 创建命令按钮

命令按钮的作用是执行某种操作。使用向导创建命令按钮是最简单的方法。

在"教师信息查询"窗体中,使用向导创建一个"添加记录"命令按钮,操作步骤如下。

① 打开"教学信息管理系统"数据库中的"教师信息查询"窗体,切换到设计视图。在"设计"选项卡的"控制"组中,单击"按钮"控件,在窗体页脚的适当位置单击鼠标,打开"请选择按下按钮时执行的操作"对话框。

② 在打开的对话框中,在"类别"列表中选择"记录操作",在"操作"列表中选择"添加新记录",单击"下一步"按钮,如图 5-44 所示。

③ 在"请确定在按钮上显示文本还是显示图片"对话框中,选择"文本",使用文本默认内容"添加记录",单击"下一步"按钮,如图 5-45 所示。

图 5-44 "请选择按下按钮时执行的操作"对话框　　图 5-45 "请确定在按钮上显示文本还是显示图片"对话框

④ 在"请指定按钮的名称"对话框中,为命令按钮指定名称"添加记录",单击"完成"按钮,如图 5-46 所示。

⑤ 在窗体视图查看创建命令按钮的结果,如图 5-47 所示。

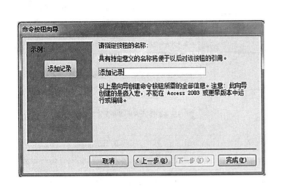

图 5-46　"请指定按钮的名称"对话框　　　　图 5-47　添加命令按钮后的窗体

6. 创建主/子窗体

下面介绍使用子窗体控件创建主/子窗体。需要注意的是,在创建主/子窗体之前,首先要在创建表时,设置好主窗体数据源的表和子窗体数据源的表之间的关系。

创建院系-教师主/子窗体,其中主窗体的数据源是"院系"表,子窗体的数据源是"教师"表,在窗体上浏览不同院系信息同时可获得各系教师信息,具体操作步骤如下。

① 打开"教学信息管理系统"数据库,选中"院系"表,在"创建"选项卡的"窗体"组中,单击"窗体"按钮,快速创建院系窗体。

② 把院系窗体切换到设计视图,把光标放在窗体页脚节上,当光标变为上下箭头时,向下拖动鼠标,使主体节的高度增大,如图 5-48 所示。

③ 在"窗体设计工具/设计"选项卡的"控件"组中,单击"子窗体/子报表"控件按钮,在主体节的适当位置画一个矩形框,这时打开"子窗体向导"对话框,选择默认"使用现有的表和查询"设置,单击"下一步"按钮,如图 5-49 所示。

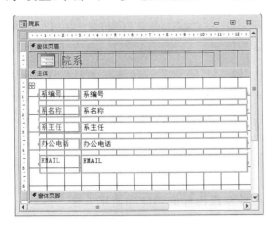

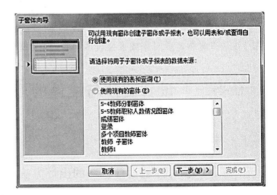

图 5-48　"院系"窗体设计视图　　　　图 5-49　"子窗体向导"对话框

④ 在打开的"请确定在子窗体或子报表中包含哪些字段"对话框中,在"表/查询"列表中,选择"表:教师",在"可用字段"窗格中,把"姓名""性别""工作时间""学历"和"职称"字段移到"选定字段"窗格中,如图 5-50 所示。

⑤ 在打开的"请确定是自行定义将主窗体链接到该子窗体的字段,还是从下面的列表中进行选择"对话框中,选择默认设置,单击"下一步"按钮,如图 5-51 所示。

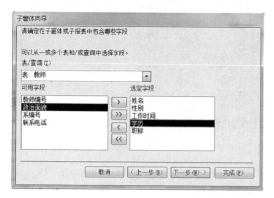

图 5-50 "请确定在子窗体或子报表中包含哪些字段"对话框

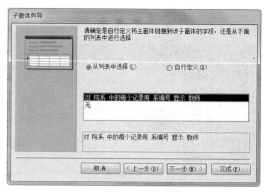

图 5-51 "请确定是自行定义将主窗体链接到该子窗体的字段,还是从下面的列表中进行选择"对话框

⑥ 在打开的"请指定子窗体或子报表的名称"对话框中,默认子窗体的名称为"教师子窗体",单击"完成"按钮,窗体创建完成,如图 5-52 所示。创建好的院系-教师主/子窗体如图 5-53 所示。

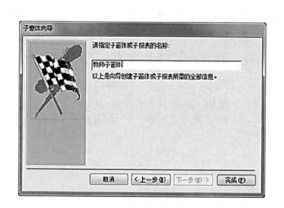

图 5-52 "请指定子窗体或子报表的名称"对话框

图 5-53 创建完成后的院系-教师主/子窗体

任务三　设置窗体与控件的属性

📖 任务描述

了解和掌握窗体的设计视图的设计方法以及各种常用控件的功能和使用方法之后,为了使设计的窗体更加符合用户和应用的需求,在窗体设计和控件操作的过程中,应该熟练掌握窗体和控件的属性设置,这样才能使设计更加精细到位。

📖 任务分析

窗体和控件的属性设置主要是通过属性表的各个属性项的设置来实现的,熟悉各种常用属性的设置,有利于设计者高效正确地完成窗体的设计。

📖 知识链接

1. 窗体和控件的属性表

窗体及其窗体上的各种控件都有着丰富的属性,这些属性反映了控件对象的状态和各个方面的特性,设置对象的属性是在对象的属性表中进行的。要对窗体或窗体上的某个对象设置属性,先要选中这个对象,然后在"设计"选项卡的"工具"组中,单击🔲按钮,或者双击所选中的对象。双击窗体左上角的"窗体选择器"可快速打开窗体的属性表。

窗体和控件的属性表分为格式、数据、事件、其他和全部 5 个类别,其中常用的属性类别是格式、数据和事件。全部类别把前面 4 个属性类别的所有属性项目集中在一起。

2. 格式属性

格式属性用来设置对象的外观,如高度、宽度和位置等。通常格式属性都设置了初始值,而其他属性通常没有,用户可以修改已有的属性值或添加属性值来改变所选对象的状态和行为。表 5-3 是窗体的常用格式属性及其取值含义。

表 5-3　窗体的常用格式属性及其取值含义

属性名称	属性值	作　用
标题	字符串	设置窗体标题所显示的文本
默认视图	连续窗体、单一窗体、数据表、数据透视表、数据透视图、分割窗体	决定窗体的显示形式
滚动条	两者均无、水平、垂直、水平和垂直	决定窗体是否具有滚动条或滚动条的形式
记录选定器	是/否	决定窗体是否具有记录选定器
浏览按钮	是/否	决定窗体是否具有记录浏览按钮
分割线	是/否	决定窗体是否显示窗体各个节间的分割线
自动居中	是/否	决定窗体显示时是否在 Windows 窗口中居中
控制框	是/否	决定窗体显示时是否显示控制框

3. 数据属性

窗体的数据属性组共有 14 个属性,主要用来指定窗体的数据源以及可对数据进行的操作。在记录源属性中可指定窗体所绑定的表或查询,另外还可指定筛选和排序的字段,详见表 5-4。

表 5-4　窗体常用的数据属性及其取值含义

属性名称	属性值	作　用
记录源	表或查询名	指明窗体的数据源
筛选	字符串表达式	表示从数据源筛选数据的规则
排序依据	字符串表达式	指定记录的排序规则
允许编辑	是/否	决定窗体运行时是否允许对数据进行编辑修改
允许添加	是/否	决定窗体运行时是否允许对数据进行添加
允许删除	是/否	决定窗体运行时是否允许对数据进行删除

4. 事件属性

允许为一个对象发生的事件指定宏命令和编写事件过程代码。例如，一个命令按钮的"单击"事件发生，将执行与之关联的宏或事件过程，来完成特定的任务。控件事件属性的设置将在宏的有关部分与其结合起来介绍。

5. 其他属性

常用的其他属性有："名称"属性，用来设置控件的名称，使其可以在其他地方被引用，但是在窗体中没有"名称"属性；"Tab 键索引"属性，用来设定控件的〈Tab〉键次序。

📖 **任务设计**

打开"教学信息管理系统"数据库中已经创建好的窗体对象"学生窗体"，在窗体的窗体页眉添加一个标签控件，名称为"Title"，标题显示"学生基本信息"，在主体节添加一个绑定文本框控件，用来显示学生的专业。该控件放置在距离窗体左边 0.7 cm，距离窗体上边 5.7 cm 的位置，文本框标签显示内容为"专业"。操作步骤如下。

① 打开"教学信息管理系统"数据库中的窗体对象"学生窗体"，切换到设计视图。

② 在打开的设计视图中，右键单击窗体主体节任意位置，在弹出的快捷菜单中选择"窗体页眉/页脚"命令，把窗体页眉/页脚节显示出来，然后在"窗体设计工具/设计"选项卡的"控件"组中，单击"标签"按钮，再把光标移到窗体页眉的合适位置，拖动鼠标画出一个矩形框，接着在矩形框中输入"学生基本信息"，如图 5-54 所示。

③ 双击这个标签控件，在打开的属性表中，选择"其他"选项卡，设置"名称"属性值为"Title"，如图 5-55 所示。

图 5-54 "学生窗体"设计视图

图 5-55 标签控件属性表

④ 在右侧的"字段列表"窗格中，选择"学生"表的"专业代码"字段，按住鼠标左键，同时拖动鼠标移至主体节的合适位置，这时将自动生成和"专业代码"字段绑定的文本框控件，其标签标题为"专业代码"，且文本框内容为专业代码，如图 5-56 所示。

⑤ 双击这个文本框的标签，打开其属性表，把"格式"选项卡中的"上边距"属性设为"4.889 cm"，"左"属性设为"6 cm"（具体值根据实际情况设置），如图 5-57 所示，至此窗体的设计完成。

图 5-56 "字段列表"窗格　　　　图 5-57 文本框控件属性表

⑥ 将此窗体另存为"学生基本信息"窗体。

任务四　窗体上控件的操作和修饰美化窗体

📖 任务描述

要创建一个既美观又实用的用户界面(即窗体),不仅在功能上要完善,并且还需在窗体布局和外观上下功夫,下面就如何在窗体上操作控件和修饰美化窗体做介绍。

📖 任务分析

控件的操作主要是通过移动控件、调整控件大小和对齐控件等,使得窗体界面布局更整齐,组织更合理。而外观设置,主要是设置窗体中文字的字体、字号和颜色以及添加图片或背景,使窗体更好看,更具个性。

📖 知识链接

1. 选择控件

要对控件进行各种操作,首先要选定控件。在用鼠标左键单击所选控件之后,在控件的四周出现 6 个黑色方块,称为控制柄。使用控制柄可以调整控件的大小和移动控件。选定控件的操作如下。

① 选择一个控件:左键单击该控件。

② 选择多个(不相邻)控件:按住〈Shift〉键,分别单击每个控件。

③ 选择多个(相邻)控件:在空白处按住鼠标左键拖动鼠标拉出一个虚线框,其所包围的控件全部被选中。

④ 选择所有控件:按〈Ctrl＋A〉键。

⑤ 选择一组控件:在垂直或水平标尺上,按住鼠标左键,这时出现一条垂直或水平的直线,拖动鼠标,直线所经过的控件全部被选中,然后松开鼠标左键。

2. 移动控件

可以使用鼠标或键盘来移动控件。

（1）使用鼠标

首先选中一个或一组（几个）控件，当光标放在控件左上角之外的其他地方时，会出现垂直的十字箭头，这时拖动鼠标，可以移动一个或一组控件。

（2）使用键盘

使用键盘移动选中的控件时，与它相关的附加标签会一起移动。选中需要移动的一个或一组控件，按住〈Ctrl＋←/→〉键左右移动，按住〈Ctrl＋↑/↓〉键上下移动。使用键盘可以精确地调整控件的位置。

3. 调整控件大小

控件大小的调整可以采用多种方法。

（1）使用鼠标

将光标置于对象的控制柄上，当光标变成双箭头时拖动鼠标，可以改变对象的大小。当选中多个对象时，拖动鼠标则可同时改变多个对象的大小。

（2）使用控件的属性

打开控件的属性表窗口，在格式选项卡的"宽度""高度""左"和"上边距"中，输入具体的属性数值。

（3）使用键盘

按住〈Shift＋←/→〉键，横向缩小或放大；按住〈Shift＋↑/↓〉键，纵向缩小或放大。

4. 对齐设置

通常使用鼠标拖动或键盘移动来调整控件的对齐，但是此方法的效率低，而且达不到理想的效果。对齐控件的最便捷方法是使用系统提供的对齐功能。具体操作步骤如下。

首先选中需要对齐的一组控件，然后在"窗体设计工具/排列"选项卡的"调整大小和排列"组中，单击"对齐"按钮，在打开的列表中选择一种符合具体情况的对齐方式。

5. 调整间距

调整多个控件的水平或垂直间距的具体操作步骤如下。

在"窗体设计工具/排列"选项卡的"调整大小和排列"组中，单击"大小/空格"命令，在打开的列表中，根据实际情况选择"水平相等""水平增加""水平减少"以及"垂直相等"等命令。

6. 外观设置

控件的外观包括控件的前景，背景的颜色，文字内容的字体、字形、字号和颜色，以及控件的边框、特殊效果等多个格式属性，外观的设置通常在控件的属性表中，通过设置格式属性来实现。

7. 在布局视图中微调窗体

布局视图是 Access 2010 中新增加的窗体的一种视图，是用于修改窗体的最直观的视图。在布局视图中，窗体处于运行状态，在修改窗体的同时看到运行的结果。布局视图可用于设置控件大小或完成其他几乎所有影响窗体外观的工作。

📖 **任务设计**

根据"教学信息管理系统"数据库，创建院系窗体，在窗体页眉中添加标题"院系信息浏览"，字体为黑体，字号为 22，颜色为蓝色，设置窗体主体部分的背景色为浅灰 3，调整主体部分中文本框控件的宽度，使其适合所显示文本内容的大小。具体操作步骤如下。

① 打开"教学信息管理系统"数据库，在"导航窗格"中选择"院系"表，然后在"创建"选项卡的"窗体"组中，单击"窗体"按钮，这时就完成了院系窗体的创建，并显示其布局视图，如

图 5-58 所示。

②　在窗体的布局视图中,系统自动在窗体页眉中添加了以窗体名称为标题内容的标题,在这里只要对其稍作修改,打开标题控件的属性表,选择"格式"选项卡,在"标题"属性中输入"院系信息浏览",在"字体名称"属性中选择"黑体",在"字号"属性中选择"22",在"前景色"(即文字颜色)属性中选择"蓝色",如图 5-59 所示。

图 5-58　"院系"窗体的布局视图　　　　图 5-59　在布局视图中修改"标题控件"属性表

③　接下来鼠标单击窗体主体节的空白处,这时在窗体的右侧属性表中出现主体节的所有属性,在"格式"选项卡中的"背景色"属性中选择"浅灰 3",如图 5-60 所示。

④　在布局视图的功能区出现"窗体布局工具"选项卡,该选项卡和设计视图中的"窗体设计工具"选项卡一样,都包含有"设计""排列"和"格式"3 个子选项卡,只是在前者的"排列"子选项卡中少了"调整大小和顺序"组。这就表示在布局视图中不允许对单个控件进行大小调整和排序。另外,在布局视图中和设计视图中一样,都可以对控件的属性进行设置。选中"系编号"字段,该字段文本框变成黄色框线,然后把光标放在垂直框线上,这时光标变成水平双箭头,按住左键向左拖动鼠标使所有字段的文本框整体缩小,当拖至适当的地方时,松开鼠标左键,至此完成控件宽度的调整,如图 5-61 所示。

图 5-60　设置主体节属性　　　　　　　图 5-61　调整控件的位置和大小

项目三　使用窗体操作数据

窗体作为用户和数据库系统进行信息交互的接口,必然涉及对数据库中的数据进行各种各样的操作。窗体提供给用户一个数据操作平台,通过窗体用户可以浏览数据库表或查询中的记录,这些信息呈现出来的样式可以有多种多样,如纵栏式的、表格式的以及分割窗体式的等;通过窗体用户可以用添加记录的方式添加新的数据到已有的表中;通过窗体用户可以修改或删除表中原有的数据;通过窗体可以查找用户所需要的特定数据;通过窗体使用排序和筛选等方法重新组织窗体上的数据。

任务一　查看、添加、修改与删除记录

📖 任务描述

通过使用记录导航工具条,在窗体中查看记录信息,添加新的记录。如果窗体数据是允许编辑和删除的,可以直接在与字段绑定的文本框中修改已有数据,还可以通过记录选择器选定一条或多条记录,然后删除。

📖 任务分析

使用窗体操作数据,可以避免用户对数据库进行直接操作,并且可以限定用户所进行的操作本身和操作的数据范围。

📖 知识链接

查看记录:使用记录导航工具条在不同记录之间切换。

添加记录:右键单击记录选择器,在快捷菜单中选择"新记录"命令。当输入完一条记录后,新添加的记录内容自动保存。

修改记录:直接修改选中的记录中的某个字段的内容,当光标移开时,修改内容自动保存。

删除记录:单击"记录选择器"选中某条记录,然后在键盘上按〈Del〉键,系统将给出提示信息,若单击"是"按钮,则系统删除该行,且删除操作无法撤销。

📖 任务设计

在"教学信息管理系统"数据库中的"学生"窗体中,添加一条新记录,其中"政治面貌"字段设为"团员",然后将"团员"修改为"党员",最后将添加好的这条记录删除。操作步骤如下。

① 打开"教学信息管理系统"数据库中的"学生"窗体,在窗体下方单击记录导航工具条的"新(空白)记录"按钮,即在原有最后一条记录的下方增加一行输入新记录,如图5-62所示。

② 输入完一条记录后,按回车键,记录自动保存,然后将光标定位到这条记录的"政治面貌"字段,将"团员"修改为"党员",再将鼠标单击其他位置,修改生效。

③ 光标移到要删除行的最前方,单击鼠标右键,在弹出的快捷菜单中选择"删除记录"命令,如图5-63所示。

图 5-62　在窗体中添加新记录 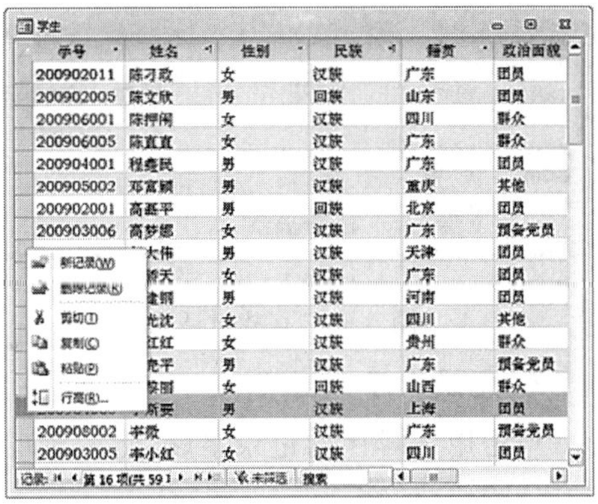　　　　　　　图 5-63　在窗体中删除记录

④ 在弹出的警告提示对话框中,单击"是"按钮,将删除选定记录,并不可撤销,如图 5-64所示。

图 5-64　提示对话框

任务二　查找、排序与筛选记录

📖 任务描述

当窗体上显示的记录有成千上万条时,要从中快速找到用户指定的内容,如果使用系统提供的查找功能,会既快又准;当要对显示的记录进行分组时,可以先对其进行排序;当只要显示符合用户要求的信息时,可以使用筛选功能,把不符合要求的记录隐藏起来。

📖 任务分析

通过查找、排序和筛选操作,可以提高用户获取所需数据的能力,进一步细化对数据的操作。

📖 知识链接

1. 查找和替换数据

在功能区的"开始"选项卡的"查找"组中,单击"查找"或"替换"按钮,然后打开"查找和替换"对话框,在"查找"选项卡的"查找内容"框中,输入要查找的内容,再分别设置"查找范围""匹配"和"搜索"等项目,最后单击"查找下一个"按钮进行查找,如图 5-65 所示。如果要把查找到的内容替换成别的内容,只需在"替换"选项卡中的"替换为"框中输入替换后的内容,然后单击"替换"或"全部替换"按钮,如图 5-66 所示。

图 5-65　查找对话框　　　　　　　图 5-66　替换对话框

2. 记录排序

单击用于排序的记录字段,然后在功能区的"开始"选项卡的"排序和筛选"组中,单击"升序"或"降序"按钮。

3. 数据筛选

在功能区的"开始"选项卡的"排序和筛选"组中,有与筛选相关的 4 个按钮,分别是"筛选器""选择""高级"和"切换筛选"。其中"筛选器"和"选择"按钮只在对单个字段内容进行筛选时才有效。当选择一条记录时,可以同时对多个字段设置筛选条件,单击"高级"按钮,在下拉列表中选择"按窗体筛选"或"高级筛选/排序"命令进行筛选。"切换筛选"按钮用来在筛选前和筛选后的窗体之间进行切换。

📖 **任务设计**

在"教学信息管理系统"数据库中的"学生"窗体中筛选出不是团员,并且籍贯为广东的学生,操作步骤如下。

① 打开"教学信息管理系统"数据库中的"学生"窗体,将视图切换到数据表视图,在功能区的"开始"选项卡的"排序和筛选"组中,单击"高级"按钮,在下拉列表中选择"按窗体筛选"命令。

② 在打开的按窗体筛选设置窗口中,在"政治面貌"字段下输入"团员",在"籍贯"字段下输入"广东",如图 5-67 所示。

③ 然后单击"切换筛选"按钮,完成筛选,筛选后的结果如图 5-68 所示。

图 5-67　在按窗体筛选窗口中设置筛选条件　　　图 5-68　筛选完成后的结果

习题与实训五

一、选择题

1. 不属于 Access 窗体视图的是（　　）。

(A) 设计视图　　　　(B) 布局视图　　　　(C) 页面视图　　　　(D) 数据表视图

2. 用于创建窗体或修改窗体的是（　　）。

(A) 窗体视图　　　　(B) 透视图视图　　　　(C) 透视表视图　　　　(D) 设计视图

3. 控件的显示效果可以通过其"特殊效果"属性来设置,下列不属于"特殊效果"属性值的是（　　）。

(A) 蚀刻　　　　(B) 平面　　　　(C) 凹陷　　　　(D) 倾斜

4. 下面关于组合框和列表框叙述正确的是（　　）。

(A) 列表框和组合框都可以显示一行或多行数据

(B) 可以在列表框中输入新值,而组合框不能

(C) 可以在组合框中输入新值,而列表框不能

(D) 在列表框和组合框均能输入新值

5. 不是文本框控件的类型有（　　）。

(A) 绑定型　　　　(B) 未绑定型　　　　(C) 计算型　　　　(D) 非计算型

6. 为窗体上的控件设置 Tab 键的顺序应选择的属性表中的选项卡是（　　）。

(A) 格式　　　　(B) 其他　　　　(C) 事件　　　　(D) 数据

7. 在窗体中,用来输入和编辑字段数据的交互性控件是（　　）。

(A) 列表框　　　　(B) 标签　　　　(C) 复选框　　　　(D) 文本框

8. 要改变窗体中文本框控件的数据源,应设置的属性是（　　）。

(A) 记录源　　　　(B) 控件来源　　　　(C) 筛选查询　　　　(D) 默认值

9. 不是窗体组成部分的是（　　）。

(A) 窗体页眉　　　　(B) 窗体页脚　　　　(C) 主体　　　　(D) 窗体设计器

10. 下列不属于控件格式属性的是（　　）。

(A) 标题　　　　(B) 数据来源　　　　(C) 字号　　　　(D) 背景色

11. 若在文本框中输入文本时达到密码显示"＊"的效果,应设置的属性是（　　）。

(A) 默认值　　　　(B) 输入掩码　　　　(C) 密码　　　　(D) 标题

12. 窗体中可以包含一列或多列数据,用户只能从列表中选择值,而不能输入新值的控件是（　　）。

(A) 列表框　　　　　　　　　　　(B) 组合框

(C) 列表框和组合框　　　　　　　(D) 以上都不可以

13. 创建窗体的数据源不能是（　　）。

(A) 单个表　　　　　　　　　　　(B) 多个表

(C) 单表创建的查询　　　　　　　(D) 多表创建的查询

14. 创建带子窗体的窗体时,主窗体和子窗体对应表之间的关系是（　　）。

(A) 一对一　　　　(B) 一对多　　　　(C) 多对多　　　　(D) 任意

15. 窗体中所包含的窗体称为(　　　)。

(A) 子窗体　　　　　(B) 主窗体　　　　　(C) 父窗体　　　　　(D) 控件

二、填空题

1. 窗体中的数据主要来源于_____和_____。

2. 窗体由多个部分组成,每个部分称为一个_____,大部分的窗体只有_____。

3. 对象的_____描述了对象的状态和特性。

4. 在创建主/子窗体之前,必须设置_____。

5. 在选择多个(不相邻)控件时,按住_____,分别单击每个控件。

6. 文本框可分为 3 种类型,分别是_____、_____和_____。

7. 当窗体的筛选条件有多个时,可以使用_____和_____进行筛选。

8. 窗体可以用于查看数据,同时可以输入数据、编辑数据和_____。

9. 窗体的数据源可以是_____,也可以是_____。

10. 在窗体的布局视图中,和设计视图一样,可以对控件的_____进行设置。

三、上机实训

根据"超市管理系统"数据库,完成下列实训任务。

任务一　创建窗体

📖 实训目的

1. 熟练掌握快速创建窗体的方法。
2. 熟练掌握使用"多个项目"创建窗体的方法。
3. 熟练掌握创建"分割窗体"的方法。
4. 熟练掌握创建数据透视图窗体的方法。
5. 熟练掌握使用窗体向导创建窗体的方法。
6. 熟练掌握使用"空白窗体"按钮创建窗体的方法。

📖 实训内容

1. 利用"超市管理系统"数据库的"雇员"表,使用快速创建窗体的方法,创建一个名为"M5sx1-1 雇员"的窗体。

2. 利用"超市管理系统"数据库的"订单明细"表,使用"多个项目"创建窗体的方法,创建一个名为"M5sx1-2 订单明细"的窗体。

3. 利用"超市管理系统"数据库的"商品"表,使用"分割窗体"创建窗体的方法,创建一个名为"M5sx1-3 商品"的分割窗体。然后,使用数据透视图窗体,统计出不同类别商品的数量,如图 5-69 所示。

4. 利用"超市管理系统"数据库的"订单"表,使用窗体向导创建窗体的方法,创建一个名为"M5sx1-4 订单"的窗体(包含所有信息,使用数据表布局)。

5. 利用"超市管理系统"数据库的"商品类别"表,使用"空白窗体"按钮创建窗体的方法,创建一个名为"M5sx1-5 商品类别"的窗体。

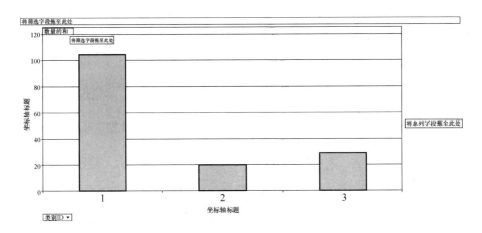

图 5-69　不同类别商品数量统计的柱状图

任务二　设计窗体

📖 实训目的

1. 熟练掌握常用控件的使用方法。
2. 熟练掌握属性对话框的使用方法。
3. 熟练掌握标题、日期时间、页码在窗体中的添加。
4. 掌握窗体中各个节的操作。
5. 掌握使用"子窗体/子报表"控件创建"主/子窗体"。

📖 实训内容

（1）在"超市管理系统"数据库中，打开窗体设计视图新建一个窗体，命名为"M5sx2-1 商品销售信息查询"，要求如下。

① 在窗体页眉节中添加标题，显示内容为"商品销售信息查询"。

② 在主体节中添加一个选项组控件，选项组标签显示为"请选择商品类别"，选项内容为"日用品""小食品""婴儿用品""蔬菜"。

③ 在主体节中分别添加一个"查询"和"退出"命令按钮，名称分别为"ok"和"quit"，要求单击"退出"按钮后，可关闭当前窗体。

④ 在窗体页脚节中插入当前系统日期。

⑤ 将窗体边框改为"对话框边框"样式，并关闭窗体中的记录选择器和取消窗体中的水平和垂直滚动条。

（2）在"超市管理系统"数据库中，打开窗体设计视图，新建一个名为"M5sx2-2 订单信息管理"的窗体，要求如下。

① 在窗体的窗体页眉节中添加一个标签控件，名称为"title"，标签内容为"订单信息浏览"，字体为黑体，字号为 20，字体颜色为红色，文本对齐为居中。

② 在主体节中添加"订单 ID""客户 ID""雇员 ID""订购日期""发货日期""到货日期"，然

后将"客户 ID"文本框删除,在原来位置添加一个组合框控件(使用向导创建),组合框标签显示为"客户名称",组合框中内容显示为"客户"表中具体客户名称。

③ 在窗体页脚节中添加两个命令按钮,分别命名为"ok"和"quit",按钮标题分别为"确定"和"退出"。两按钮的高度和宽度分别为 0.7 cm 和 1.5 cm,"确定"按钮上边距为 0.5 cm,左边距为 2 cm,"退出"按钮上边距为 0.5 cm,左边距为 5 cm。

④ 将窗体标题设置为"M5sx2-2 订单信息管理",设置"订购日期"文本框控件的格式为"短日期"。

(3) 利用上一题创建的窗体,在此基础上按照以下要求补充窗体的设计,窗体保存为"M5sx2-3 订单信息管理"。

① 在窗体主体节中合适位置添加两个计算型的文本框控件。一个文本框标签的内容为"总价",文本框中要求显示当前订单中此商品的总价格,计算公式为:[价格]*[数量]。另一个文本框标签的内容为"折后价",文本框中要求显示当前订单中此商品打折后的总价格,计算公式为:[价格]*[数量]*[折扣]。

② 设置"总价"和"折后价"文本框的格式为"货币",小数位数为两位。

③ 统计所有订单中各类商品的总金额(折后价),使用文本框控件将此信息显示在窗体页眉中的合适位置。标签显示为"订单商品总金额",文本框显示内容为"×××元",如"540元",小数位数为两位。

④ 将窗体的背景设置为某张图片,图片平铺设置为"是"。

(4) 在"超市管理系统"数据库中,首先使用窗体向导新建一个名为"M5sx2-4 商品管理"的窗体,其主体节包含类别 ID、类别名称等信息,然后在主体节合适位置使用"子窗体/子报表"控件创建一个名为"商品信息"的子窗体。

任务三　窗体的综合应用

实训目的

1. 熟练掌握格式化窗体的方法。
2. 熟练掌握对窗体中数据的操作。
3. 综合运用窗体的各种知识,创建满足用户需要的窗体。

实训内容

在"超市管理系统"数据库中创建两个窗体:"选择商品类别"窗体和"商品信息浏览"窗体。并有如下要求。

① 使用窗体设计视图创建"M5sx3-1 商品信息浏览"窗体,在窗体页眉节中显示标题为"商品信息浏览",格式为宋体、红色、加粗、20 号字,在此标题下画一条直线,格式为蓝色、3 磅、稀疏点线。在窗体页脚节显示系统当前的日期和时间,如图 5-70 所示。

② 利用设计视图创建"M5sx3-1 选择商品类别"窗体,里面添加一个组合框控件和两个命令按钮,如图 5-71 所示。

图 5-70 "M5sx3-1 商品信息浏览"窗体效果图

图 5-71 "M5sx3-1 选择商品类别"窗体效果图

③ 要求单击"M5sx3-1 选择商品类别"窗体中的"确定"按钮后,按照组合框中所选定的值打开对应的"M5sx3-1 商品信息浏览"窗体。

④ 将两个窗体的窗体边框都设置为"对话框边框"样式,并取消窗体中的记录选择器、水平和垂直滚动条。将"M5sx3-1 选择商品类别"窗体中的记录导航按钮取消。

模块六 报表的设计与创建

【学习目标】

- 了解报表的作用。
- 熟悉报表的结构和类型。
- 熟悉报表的几种视图模式。
- 掌握报表的设计和编辑方法。
- 掌握报表的分组和排序方法。
- 掌握子报表的设计方法。

报表是 Access 数据库的第四大数据库对象。尽管数据表和查询都可用于打印,但是,报表才是打印数据库管理信息的最佳方式,报表可以帮助用户以更好的方式表示数据,它既可以输出到屏幕上,也可以传送到打印设备。

在创建和设计报表之前,首先来了解报表的作用、结构、类型和视图等基本知识。

1. 报表的作用

报表最主要的功能是将表或查询的数据按照设计的方式打印出来。因为用户可以控制报表上每个对象的大小和外观,所以报表能按照用户所需的方式显示信息,以方便查看。报表的主要作用是显示和汇总数据。报表的数据来自表、查询和 SQL 语句。

2. 报表的结构

在报表的"设计"视图中,区段被表示成带状形式,称为"节"。报表中的信息可以安排在多个节中,每个节在页面上和报表中具有特定的目的,并按照预期顺序输出打印。如图 6-1 所示,在报表的设计视图中可以看到报表的 7 个节:报表页眉、页面页眉、组页眉、主体、组页脚、页面页脚和报表页脚。

图 6-1 报表设计视图的 7 个节区

（1）报表页眉

在报表的开始处（即报表的第一页）打印一次。报表页眉用来显示报表的标题、图形和说明性文字，每份报表只有一个报表页眉。一般来说，报表页眉主要用在封面。

（2）页面页眉

页面页眉中的文字或控件一般输出显示在每页的顶端。通常它用来显示数据的列标题。可以给每个控件文本标题加上特殊的效果，如颜色、字体种类和字体大小等。一般来说，把报表的标题放在报表页眉中，该标题打印时在第一页的开始位置出现。如果将标题移动到页面页眉中，则该标题在每一页上都显示。

（3）组页眉

根据需要，在报表设计 5 个基本的"节"区域的基础上，还可以使用"排序与分组"属性来设置"组页眉/组页脚"区域，以实现报表的分组输出和分组统计。组页眉节主要安排文本框和其他类型控件显示分组字段等数据信息。可以建立多层次的组页眉及组页脚，但不可分出太多的层（一般为 3～6 层）。

（4）主体

打印表或查询中的记录数据，是报表显示数据的主要区域。根据主体节内字段数据的显示位置，报表又划分为多种类型。

（5）组页脚

组页脚节内主要安排文本框或其他类型控件显示分组统计数据。打印输出时，其数据显示在每组的结束位置。在实际操作中，组页眉和组页脚可以根据需要单独设置使用。可以从"视图"菜单中选择"排序与分组"选项。

（6）页面页脚

一般包含页码和控制项的合计内容，数据显示安排在文本框和其他的一些类型控件中。在报表每页底部打印页码信息。

（7）报表页脚

该节区一般是在所有的主体和组页脚输出完成后才会打印在报表的最后面。通过在报表页脚区域安排文本框或其他一些类型控件，可以显示整个报表的计算汇总或其他的统计数字信息。

3. 报表的类型

在 Access 中，报表的主要类型分为 4 种：纵栏式报表、表格式报表、图表报表、标签报表。

（1）纵栏式报表

如图 6-2 所示，纵栏式报表以纵列方式显示同一记录的多个字段，可以包括汇总数据和图形，在纵栏式报表中可以用多行显示一条记录，也可以一行同时显示多条记录。

（2）表格式报表

如图 6-3 所示，表格式报表以表格形式打印输出数据，可以对数据进行分组汇总，是报表中较常用的类型。

（3）图表报表

如图 6-4 所示，图表报表是指包含图表显示的报表类型。图表报表的优点是可以直观地描述数据。

图 6-2　纵栏式报表

图 6-3　表格式报表

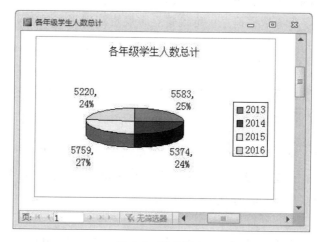

图 6-4　图表报表

（4）标签报表

如图 6-5 所示,标签可以在一页中建立多个大小、样式一致的卡片,大多用于表示员工基本信息、产品价格、个人地址、邮件等简短信息。Access 将其归入报表对象中,并提供了用向导快速创建标签和手工设计标签两种方式。

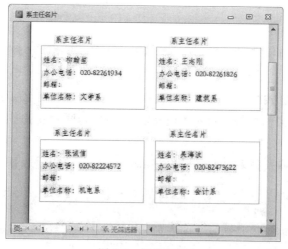

图 6-5　标签报表

4．报表的视图

报表有 4 种视图：设计视图、布局视图、打印预览视图和报表视图。每一种视图的功能各不相同。

（1）设计视图

设计视图用来设计报表内容。如图 6-1 所示，在"设计视图"中可以自定义设计报表，添加控件和表达式，设置控件的各种属性，也可以修改报表的布局。

（2）布局视图

如图 6-6 所示，在布局视图窗口中，用户可以选择"排列"工具栏按钮，调整各个控件的位置，重新布局各个控件，设置报表及其控件的属性。

图 6-6　报表的布局视图

（3）打印预览视图

打印预览视图用来在打印报表前查看报表的整体外观。如图 6-7 所示，在"打印预览"中，可以看到报表的打印外观。使用"打印预览"工具栏按钮可以以不同的缩放比例对报表进行预览。

图 6-7　报表的打印预览视图

（4）报表视图

如图 6-8 所示，报表视图用来查看报表的最终设计运行效果。

图 6-8　报表视图

5. 进入报表 4 种视图的方式

在导航窗格中选中要查看的报表，选择以下操作可以进入视图窗口。

① 鼠标右键双击要查看的报表，会直接进入报表视图窗口。

② 鼠标右击，在弹出的快捷菜单中，选择如图 6-9 所示的"布局视图"或"设计视图"命令。

③ 单击"开始/设计"选项卡上"视图"组中的"布局视图"按钮，可以打开如图 6-10 所示的菜单，选择菜单中任意一种视图模式。

图 6-9　快捷菜单打开报表视图

图 6-10　报表 4 种视图

项目一　创 建 报 表

在 Access 中，创建报表的方法和创建窗体类似，有利用向导创建报表、在设计视图中创建报表和自动创建报表 3 种方法。一般情况下，都先用"自动创建报表"和"报表向导"创建报表，然后切换到设计视图，对由向导生成的报表进行修改。

本项目通过 5 个任务中的实例来介绍使用各种方法创建报表的过程。

任务一　自动创建报表

📖 任务描述

使用数据库表作为报表数据源,用自动创建报表方式来快速创建一个报表。

📖 任务分析

在任务实施前,先选定报表的数据源,然后找到自动创建报表的菜单。

📖 知识链接

自动创建报表可以选择数据来源和纵栏式版面或表格式版面,可以使用来自于数据来源中的所有字段,并自动应用用户最近使用报表的自动格式。这是构造报表最方便快捷的方法。但这种方法只能基于单表/查询来创建报表,并且创建好的报表一般要进入设计视图,进一步进行修改完善。

📖 任务设计

创建一个名称为"项目 1-1-1 专业信息"的报表,用于输出"专业"表中所有字段信息。其操作步骤如下。

① 打开"教学信息管理系统"数据库,在导航窗格下拉列表中选择"表"对象。

② 在"表"对象列表中选择"专业"表。

③ 单击"创建"选项卡上"报表"组中的"报表"按钮▇,即完成报表的创建。

④ 单击快速访问工具栏上的"保存"按钮,在弹出的"另存为"对话框中输入报表名称"项目 1-1-1 专业信息"。创建好的报表如图 6-11 所示。

图 6-11　"项目 1-1-1 专业信息"报表

任务二 使用"报表向导"创建报表

📖 **任务描述**

使用"报表向导"创建一个基于单表数据源的报表和一个基于多表数据源的报表。

📖 **任务分析**

首先选择"报表向导"打开向导窗口,然后一步步按照向导提示来完成报表的创建操作。可以选择数据源,选择分组或统计字段,选择排序依据和报表布局。

📖 **知识链接**

虽然使用"报表"按钮可以自动创建报表,但其只能基于单表/单查询创建报表,并且它有一定的局限性,如输出数据源的全部字段,无法设置分组和排序。在数据量较多、布局要求较高的情况下,使用"报表向导"可以非常简单地创建常用的报表,从而节省了在设计视图中繁复枯燥的手工设定工作。

📖 **任务设计**

1. 基于单表/查询创建报表

创建一个名称为"项目 1-2-1 学生信息"的报表,用于显示"学生"表中学生基本信息。其操作步骤如下。

① 单击"创建"选项卡上"报表"组中的"报表向导"按钮 🔍 报表向导,打开"报表向导"对话框。

② 在对话框的"表/查询"下拉列表框中选择数据源"表:学生",如图 6-12 所示。

③ 分别将"可用字段"列表框中的"学号""姓名""性别""民族""籍贯"和"班级代码"6 个字段拖放到"选定字段"列表框,如图 6-13 所示。

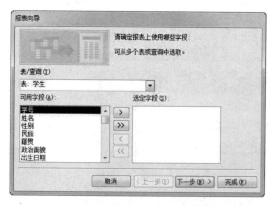

图 6-12 选择报表数据源

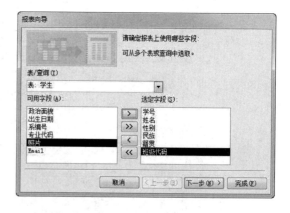

图 6-13 设置报表输出字段

④ 单击"下一步"按钮,进入询问"是否添加分组级别?"的报表向导对话框,如图 6-14 所示,选择先按照"班级代码"字段分组,再按照"籍贯"字段分组。

⑤ 单击"下一步"按钮,进入设置报表排序的报表向导对话框,如图 6-15 所示,此处设置按照"学号"升序排序。默认情况下按报表输出的第一个字段升序排列。

⑥ 单击"下一步"按钮,进入设置报表布局方式的报表向导对话框,此处选择布局方式为"递阶",如图 6-16 所示。

⑦ 单击"下一步"按钮,进入设置报表标题的报表向导对话框,在文本框中输入报表标题"项目 1-2-1 学生信息",如图 6-17 所示。

图 6-14　设置报表分组对话框

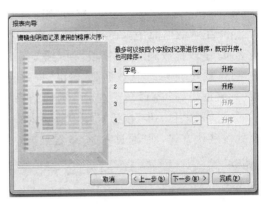

图 6-15　设置报表排序对话框

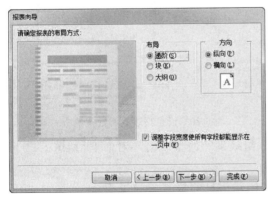

图 6-16　设置报表布局对话框

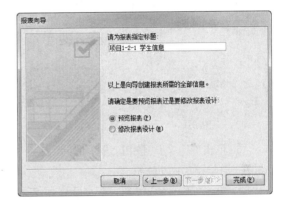

图 6-17　设置报表标题对话框

⑧ 选中"预览报表"单选按钮,单击"完成"按钮,即可出现如图 6-18 所示的"项目 1-2-1 学生信息"报表。

图 6-18　项目 1-2-1 学生信息报表

2．基于多表/查询创建报表

创建一个名称为“项目 1-2-2 年级人数分类统计”的报表，按照不同年级和专业分别统计显示班级人数信息。报表结果输出年级、专业名称、班级名称和人数 4 个字段。其操作步骤如下。

① 单击“创建”选项卡上“报表”组的“报表向导”按钮，打开“报表向导”对话框。

② 在对话框的“表/查询”下拉列表框中选择“表：专业”，并将“可用字段”列表框中的“专业名称”字段拖放到“选定字段”列表框。

③ 重复步骤②，将数据源“班级”表中的“年级”“班级名称”和“人数”字段拖放到“选定字段”列表框。4 个字段全部选定完后的结果如图 6-19 所示。

④ 单击“下一步”按钮，进入“请确定查看数据的方式”报表向导对话框，如图 6-20 所示，此处按默认方式，即“通过专业”查看数据。

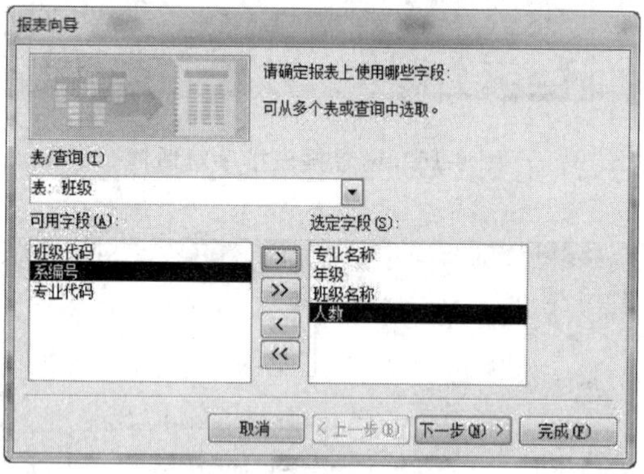

图 6-19　设置报表输出字段

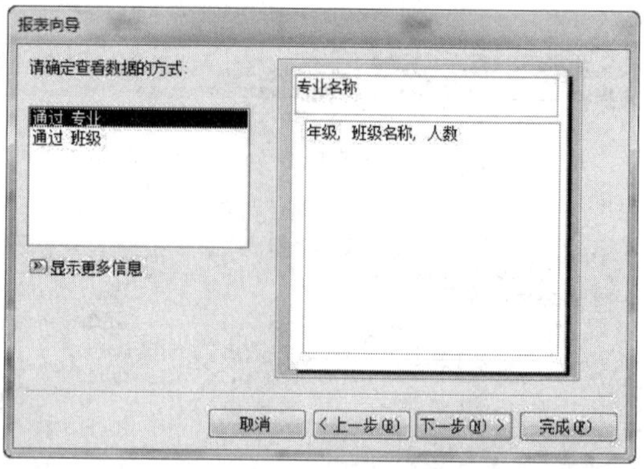

图 6-20　设置报表查看数据的方式

⑤ 单击“下一步”按钮，进入询问“是否添加分组级别？”的报表向导对话框，如图 6-21 所示，按照“年级”字段分组。

⑥ 单击“下一步”按钮，进入设置报表排序和汇总信息的报表向导对话框，如图 6-22 所示，按照“班级名称”排序。

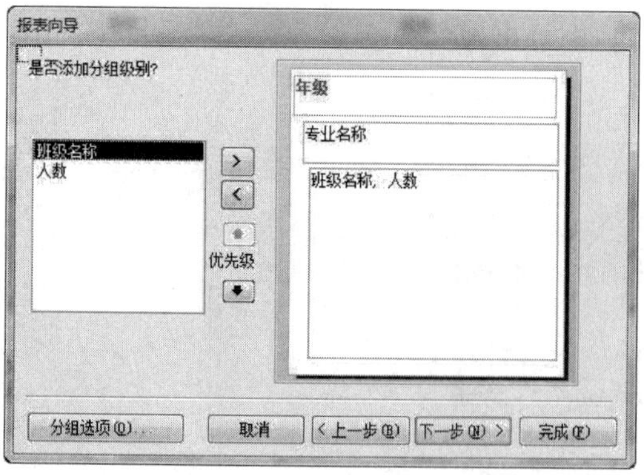

图 6-21　设置分组字段

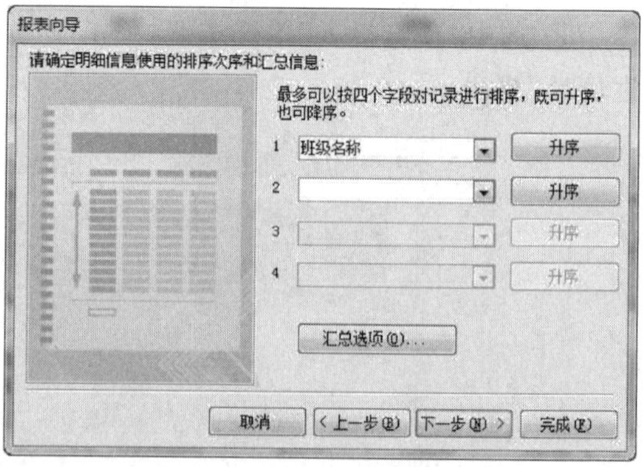

图 6-22　设置排序字段

⑦ 单击“汇总选项”按钮，弹出如图 6-23 所示的“汇总选项”对话框，在该对话框中可以设置字段的汇总值以及显示方式，此处按默认方式设置，单击“确定”按钮。

⑧ 单击“下一步”按钮，设置报表布局方式为“块”，如图 6-24 所示。

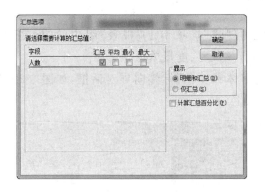

图 6-23 设置汇总信息对话框　　　　　　图 6-24 设置布局方式对话框

⑨ 单击"下一步"按钮，进入设置报表标题的报表向导对话框，在文本框中输入报表标题"项目 1-2-2 年级人数分类统计"，如图 6-25 所示。

⑩ 单击"完成"按钮，创建好的报表如图 6-26 所示。

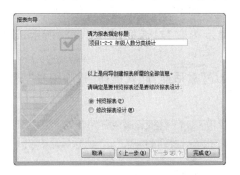

图 6-25 设置报表标题对话框　　　　　　图 6-26 报表预览结果

任务三　使用"标签向导"创建标签报表

📖 任务描述

使用"标签向导"设计一个教师工作证。

📖 任务分析

首先选择"标签向导"打开向导窗口，然后一步步按照向导提示来完成标签的创建操作。可以选择数据源，选择标签的尺寸、标签中字体格式，可以调整控制标签内容的布局。

📖 知识链接

标签在商务活动中是一件常见的事物，是一种特殊的格式比较简单、紧凑的报表。如果要创建标签式的报表，可以通过标签向导来创建，也可以自定义设计标签。

📖 任务设计

创建一个名称为"项目 1-3-1 教师工作证"的报表，用于输出每位教师的基本信息，报表结果输出教师编号、姓名字段信息。其操作步骤如下。

① 选中"表"对象列表中的"教师"表。单击"创建"选项卡上"报表"组中的"标签"按钮 [标签]，打开"标签向导"对话框，按图 6-27 设置标签尺寸、度量单位等选项。

② 单击"下一步"按钮，进入"请选择文本的字体和颜色"标签向导对话框，如图 6-28 所示，设置字体为华文仿宋，字号为 18，文本颜色为黑色。

图 6-27　标签向导对话框

图 6-28　设置文本的字体和颜色

③ 单击"下一步"按钮，进入"请确定邮件标签的显示内容"对话框，如图 6-29 所示，设置原型标签。

④ 单击"下一步"按钮，进入"请确定按哪些字段排序"对话框，此处选择"教师编号"字段，设置结果如图 6-30 所示。

图 6-29　设置标签的显示内容

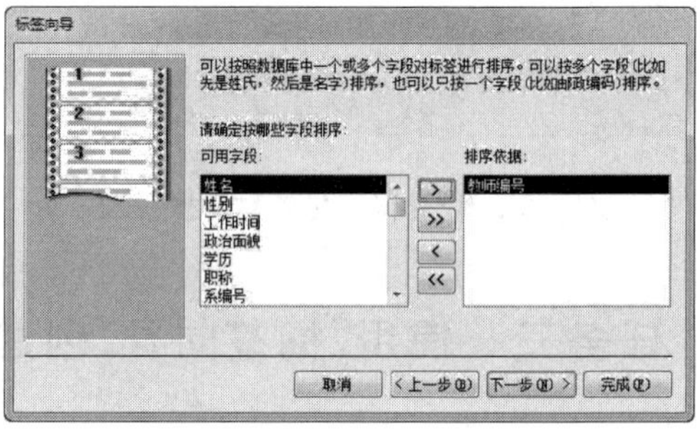

图 6-30　设置标签的排序字段

⑤ 单击"下一步"按钮，进入"请指定报表的名称"对话框，在文本框中输入报表标题"项目1-3-1 教师工作证"，如图 6-31 所示。

⑥ 选择"查看标签的打印预览"单选按钮，单击"完成"按钮，创建好的标签报表如图 6-32 所示。

图 6-31　设置标签的名称

图 6-32　标签报表的预览效果

任务四　使用设计视图创建报表

📖 任务描述

虽然使用自动报表和报表向导可以快速创建报表，但是这两种方法创建出来的报表结构单一，功能不完善，大多数情况下都需要在报表"设计视图"模式下进一步完善：调整内容的布局格式，增加分组、统计和条件筛选等功能。

📖 任务分析

当用户打开报表的"设计视图"窗口时，在 Access 应用程序窗口的功能区上出现"报表设计工具"选项卡及"设计""排列""格式"和"页面设置"子选项卡，如图 6-33 所示。在着手使用"设计视图"创建报表之前，先让我们熟悉这些选项卡上各个组中的按钮功能。

图 6-33　"报表设计工具"选项卡

📖 知识链接

1. "设计"选项卡

在"设计"选项卡中，除了"分组和汇总"组外，其他组都与窗体的"设计"选项卡相同，此处不再重复介绍。"分组和汇总"组上的按钮可用于对报表中的数据进行分组、排序和合计等操作，其使用方法将在本模块的项目二中作介绍。

2. "排列"选项卡

"排列"选项卡上各组的功能完全与窗体的"排列"选项卡相同，且组中各按钮的功能也完全相同，主要用于设置报表上各控件的属性。

3. "格式"选项卡

"格式"选项卡上各组的功能也完全与窗体的"格式"选项卡相同，用于设置报表及其上各控件的字体、数字、背景和控件格式等属性。

4. "页面设置"选项卡

"页面设置"选项卡是报表独有的选项卡，该选项卡包含"页面大小"和"页面布局"两个组，可用于对报表页面的纸张大小、边距、方向和列等选项进行设置，如图 6-34 所示。

图 6-34　页面设置选项卡

页面设置的操作步骤如下。

① 在数据库窗口中，单击"页面设置"选项卡，见图 6-34。

② 在"页面大小"组，单击"纸张大小"按钮的下拉箭头，打开"纸张大小"列表框，列表中共列出 21 种纸张，如图 6-35 所示。用户可以从列表中选择合适的纸张。

③ 单击"页边距"按钮的下拉箭头，打开"页边距"列表框，如图 6-36 所示。用户根据需要选择一种页边距，即完成页边距的设置。

④ 在"页面布局"组中，单击"纵向"和"横向"按钮可以设置打印纸的方向；单击"列"按钮，打开如图 6-37 所示的"页面设置"对话框，在"列"选项卡中，可以设置在打印纸上输入的列数。

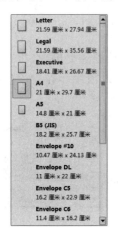

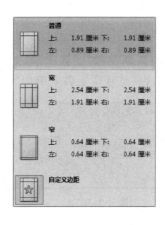

图 6-35　"纸张大小"列表框　　　图 6-36　"页边距"列表框　　　图 6-37　"页面设置"对话框

任务设计

创建一个名称为"项目 1-4-1 学生课程成绩"的报表，用于输出学生的课程成绩信息，报表结果输出学号、姓名、课程名称和成绩信息。其操作步骤如下。

① 在导航窗格中，单击"创建"选项卡上"报表"组中的"报表设计"按钮，打开如图 6-38 所示的报表"设计视图"窗口。

② 在"设计视图"窗口中右击，在弹出的快捷菜单中选择"报表页眉/页脚"命令，此时增加了"报表页眉/页脚"工作区，如图 6-39 所示。

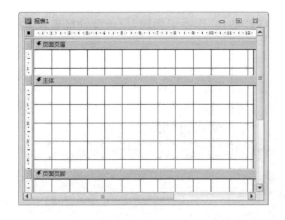

图 6-38　报表"设计视图"窗口　　　图 6-39　添加"报表页眉/页脚"工作区

③ 在"报表页眉"工作区中添加一个标签控件，输入"学生课程成绩报表"，并设置标签的字体为：宋体、20 号、加粗、蓝色、居中。

④ 在"页面页眉"工作区中添加报表所要输出的各字段标签控件，添加方法与步骤③相同。各标签控件的字体设为：宋体、14 号、加粗、深红色、居中。

⑤ 在"主体"工作区中添加报表所要输出的各字段记录。添加方法是：单击"设计"选项卡上"工具"组中的"添加现有字段"按钮，则在右侧出现"字段列表"框，将"学生"表中的学号、姓名字段，"课程"表中的课程名称字段和"成绩"表中的成绩字段，拖放到"主体"工作区中，并调整该工作区中的字段与"页面页眉"工作区中的标签控件对应。

⑥ 选择"页面页脚"区域，单击"设计"工具栏中的 ▦ 工具，插入报表页码。

⑦ 选择"报表页脚"区域，单击"设计"工具栏中的 🔢日期和时间 工具，插入时间。

⑧ 完成以上步骤后，报表设计视图窗口效果如图 6-40 所示。单击"保存"按钮，在"另存为"对话框中输入报表名称"项目 1-4-1 学生课程成绩"。单击"确定"按钮，创建好的报表预览效果如图 6-41 所示。

图 6-40　报表设计结果

图 6-41　报表打印预览效果

任务五　创建图表报表

📖 任务描述

学习创建图表报表的基本操作步骤。

📖 任务分析

创建图表报表之前，用户需要熟悉报表设计视图和控件类型，以及如何向报表设计视图中添加控件。

📖 知识链接

报表中的控件与窗体中的控件类似，控件的添加方法、大小和格式的调整也一样。

📖 任务设计

创建一个名称为"项目 1-5-1 教师职称统计图表"的图表报表，用于统计并输出不同职称的教师的人数,报表结果显示教师职称和人数信息。其操作步骤如下。

① 单击"创建"选项卡上"报表"组中的"报表设计"按钮,进入该报表的"设计视图"窗口,如图 6-42 所示。

② 选择"设计"选项卡上"控件"组中的"图表"控件,按住鼠标左键并在报表的"主体"节上拖动鼠标画一个矩形框,弹出如图 6-43 所示的"图表向导"对话框。

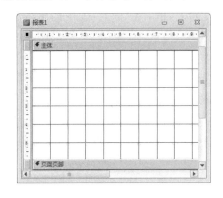

图 6-42　报表的"设计视图"

图 6-43　"图表向导"对话框

③ 在对话框的"请选择用于创建图表的表或查询"列表框中选择用于创建报表的数据源"表:教师"。单击"下一步"按钮,在弹出的对话框中选择用于图表的字段,选择"姓名"和"职称"字段,如图 6-44 所示。

④ 单击"下一步"按钮,弹出图表类型选择对话框,选择"柱形图",如图 6-45 所示。

图 6-44　选择图表中显示的字段

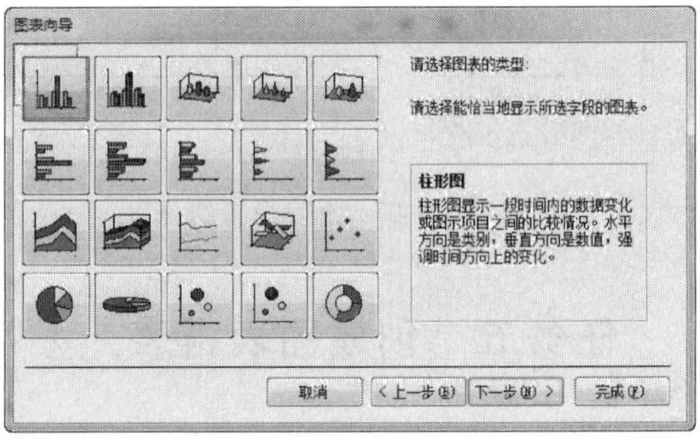

图 6-45　选择图表类型

⑤ 单击"下一步"按钮,弹出设置图表布局方式对话框,如图 6-46 所示。

⑥ 单击"下一步"按钮,指定图表的标题为"项目 1-5-1 教师职称人数统计图表",如图 6-47 所示。

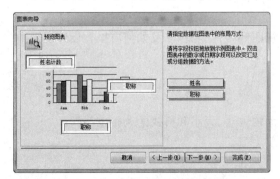

图 6-46　设置图表的布局方式

图 6-47　图表选项对话框

⑦ 完成报表设计,选择"报表视图"命令,运行查看图表报表效果如图 6-48 所示。

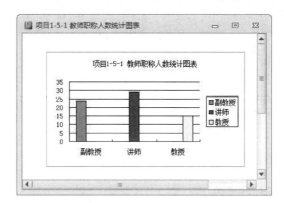

图 6-48 创建好的报表效果

项目二 高级报表设计

前面学习的各种报表功能相对比较简单,实际上,使用报表的一些自定义功能,可以设计出更加复杂的、符合实际需求的报表。

这些自定义功能包括排序和分组功能、函数计算功能、设计主/子报表和参数报表等。本项目通过 4 个任务来分别了解这些功能。

任务一 使用报表向导设计排序和分组统计报表

📖 任务描述

使用报表向导设计一个涉及数据排序、分组和统计功能的报表,使报表数据显示更加清晰直观。

📖 任务分析

本任务的重点是在报表向导窗口正确选择排序依据、分组字段和统计方式。

📖 知识链接

所谓排序,就是对数据表中的记录按照一定特征或者某个字段的升序/降序进行排列。所谓分组,就是把相同字段的记录排列在一起。统计操作可以使用库函数或自定义公式完成数据的计算。

📖 任务设计

创建一个名称为"项目 2-1-1 学生课程成绩排序分组统计"的报表,按照学号和姓名分组输出每个学生的所有考试课程成绩情况,报表结果显示学号、姓名、课程名称和成绩 4 个字段信息,同一个学生的成绩信息按照成绩降序排列。其操作步骤如下。

① 单击"报表向导"按钮,打开"报表向导"对话框。

② 在"表/查询"下拉列表框中分别选择"表:学生""表:课程"和"表:成绩",选择学号、姓名、课程名称和成绩字段拖放到"选定字段"列表框中,如图 6-49 所示。

③ 单击"下一步"按钮,选择报表数据查看方式,如图 6-50 所示。

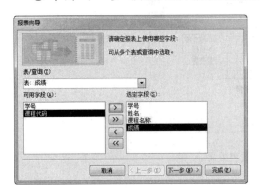

图 6-49　设置报表输出字段　　　　　　　图 6-50　设置报表数据查看方式

④ 单击"下一步"按钮,选择"学号"字段作为分组字段,如图 6-51 所示。

⑤ 单击"下一步"按钮,选择"成绩"字段降序排序,如图 6-52 所示。

图 6-51　设置报表分组字段　　　　　　　图 6-52　设置排序字段

⑥ 单击"汇总选项"按钮,选择对"成绩"字段进行统计,如图 6-53 所示,单击"确定"按钮。

⑦ 单击"下一步"按钮,进入报表向导的"请确定报表的布局方式"对话框,此处按默认值设置,如图 6-54 所示。

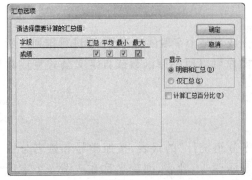
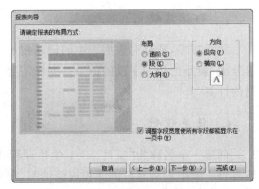

图 6-53　设置报表统计字段　　　　　　　图 6-54　设置报表布局方式

⑧ 单击"下一步"按钮,进入报表向导的"请为报表指定标题"对话框,此处输入报表的标题为"项目 2-1-1 学生课程成绩排序分组统计",如图 6-55 所示。

⑨ 选择"预览报表"单选按钮,单击"完成"按钮,创建好的报表预览效果如图 6-56 所示。

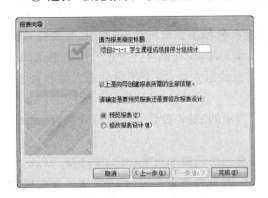

图 6-55　设置报表标题

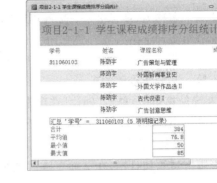

图 6-56　报表视图运行效果

任务二　使用报表设计视图设计排序和分组统计报表

📖 任务描述

使用报表设计视图设计一个涉及数据排序、分组和统计功能的报表,使报表数据显示得更加清晰直观。

📖 任务分析

本任务的重点是学会使用报表设计数据计算控件和分组菜单。特别是数据计算控件的使用方法。在 Access 中利用文本框作为计算控件,计算并输出结果的操作主要有 3 种形式,即分别在报表页眉/页脚节、组页眉/页脚节和主体节中添加计算控件,添加计算控件的位置不同,计算的数据范围不同。

📖 知识链接

1. 在报表页眉/页脚节中添加计算控件

在报表页眉/页脚节中添加计算控件,只针对报表中的所有记录进行计算,如对报表中全部的数据求累加和、最大值、最小值等。

2. 在组页眉/页脚节中添加计算控件

在组页眉/页脚节中添加计算控件,只针对分组记录进行统计,如求出每个专业的学生人数、不同课程的选修人数等。

3. 在主体节中添加计算控件

在主体节中添加计算控件,可以对报表中每条记录的若干字段值进行计算,如求成绩总分、平均分、年龄等。只需设置该计算控件源为记录中对应的字段的计算表达式。

4. 常用的 SQL 聚合函数

在统计报表数据时常用一些 SQL 聚合函数来实现,这些函数也称为内置函数,主要包括 Avg(平均值)、Count(计数)、Max(最大值)、Min(最小值)和 Sum(求和)等,以及"日期/时间"

类中的 Date(日期)、Now(日期与时间)、Time(时间)和 Year(年份)等。有关这些函数的功能及其使用已经在模块四中详细介绍过。

📖 **任务设计**

创建一个名称为"项目 2-1-2 院系年级专业学生人数排序分组统计"的报表,按照院系、年级和专业分组统计学生人数。要求同一个院系的学生记录,先按照年级字段升序排序,年级相同时再按照专业名称降序排列。分别统计出每个院系的总人数、每个年级的总人数和每个专业的总人数。其操作步骤如下。

① 在导航窗格中,单击"创建"选项卡上"报表"组中的"报表设计"按钮,打开报表"设计视图"窗口,并调出"报表页眉/页脚"工作区。

② 选择"设计"工具栏中的控件工具 Aa,在报表页眉区域添加报表标题,字体格式自定义,在报表页脚区域添加日期,在页面页脚区域添加页码,并选择整个报表,打开报表属性面板,如图 6-57 所示。

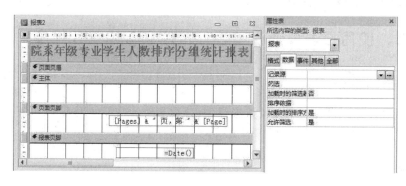

图 6-57　报表设计视图窗口和报表属性设置面板

③ 在图 6-57 所示的报表属性面板中,选择设置数据记录源,打开如图 6-58 所示的查询生成器窗口。

④ 在查询生成器窗口添加"院系""专业"和"班级"数据表,并从 3 张数据表中选择"系名称""年级""专业名称""班级名称"和"人数"5 个字段,如图 6-59 所示。关闭查询生成器窗口,并按照提示进行保存。

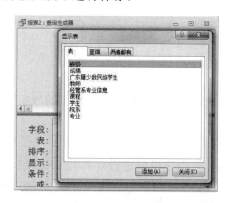

图 6-58　查询生成器窗口

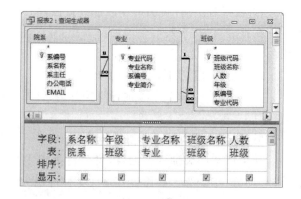

图 6-59　选择查询字段

⑤ 在"主体"工作区中添加报表所要输出的各字段记录。添加方法是:单击"设计"选项卡

上"工具"组中的"添加现有字段"按钮,则在右侧出现"字段列表"框,选择将"班级名称"和"人数"字段添加到报表主体工作区,如图 6-60 所示。

图 6-60　添加主体工作区字段

⑥ 单击"设计"选项卡上"分组和汇总"组中的"分组和排序"按钮 ,打开"分组、排序和汇总"窗口,在"分组形式 选择字段"下拉列表中依次选择"系名称""年级"和"专业名称"3个字段作为分组字段,并设置"系名称"字段的排序汇总方式,如图 6-61 所示。

图 6-61　添加分组字段

⑦ 如图 6-61 所示,继续设置"年级"和"专业名称"字段的排序汇总方式,如图 6-62 和图 6-63 所示。

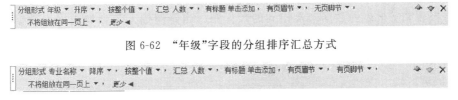

图 6-62　"年级"字段的分组排序汇总方式

图 6-63　"专业名称"字段的分组排序汇总方式

⑧ 进行分组设置后,报表的"设计视图"增加了"系名称页眉""年级页眉""专业名称页眉"和"专业名称页脚"4 个节区,并在每个节区对学生人数进行了 Sum 求和计算。报表设计视图窗口变化如图 6-64 所示。

⑨ 分别将"字段列表"框中的"系名称""年级"和"专业名称"3 个字段,拖放到新增加的"系名称页眉""年级页眉"和"专业名称页眉"3 个节区。

⑩ 选择"设计"工具栏中的控件工具 ,为"系名称页眉""年级页眉"和"专业名称页眉"3个节区的学生人数求和结果添加标签进行说明。

⑪ 保存报表并打印预览报表,效果如图 6-65 所示。

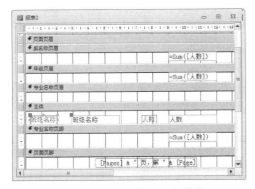

图 6-64　报表"设计视图"新增节区

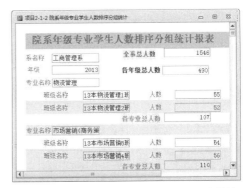

图 6-65　分组和排序统计后的报表预览效果

任务三 设计主/子报表

📖 任务描述

通过两个实例学习创建主/子报表的方法。

📖 任务分析

在任务实施前,首先要了解主/子报表的定义和创建方法,以及创建过程中用到的"子窗体/子报表"控件的用法。

📖 知识链接

子报表是出现在另一个报表内部的报表,包含子报表的报表称为主报表。主报表中包含的是一对多关系中的"一",而子报表显示"多"的相关记录。一个主报表可以基于查询或 SQL 语句,也可以不基于它们。通常主报表与子报表的数据来源有以下几种联系。

① 一个主报表内的多个子报表的数据来自不相关的记录源。在此情况下,主报表只是作为合并的不相关的子报表的"容器"使用。

② 主报表和子报表的数据来自相同的数据源。当希望插入包含与主报表数据相关信息的子报表时,应该把查询或 SQL 语句作为主报表的数据源。

③ 主报表和多个子报表的数据来自相关的记录源。在此情况下,子报表包含与主报表相关的详细记录。

📖 任务设计

1. 在已有报表中创建子报表

复制"项目 1-1-1 专业信息"报表,粘贴后重新命名为"项目 2-3-1 专业学生信息主子报表",并打开该报表,在其中创建子报表。子报表的数据源是"学生"表,要求能够在报表中显示对应专业的学生信息,包括"专业代码""学号""姓名""性别""民族"和"籍贯"6 个字段。创建的主/子报表名称为"项目 2-3-1 专业学生信息主子报表"。其操作步骤如下。

① 打开已经复制好的"项目 2-3-1 专业学生信息主子报表",进入报表设计视图。

② 单击"设计"选项卡上的"控件",选择图 6-66 所示的"子窗体/子报表"控件,并在报表主体区拖动。

图 6-66 "设计"选项卡上的"子窗体/子报表"控件

③ 拖动释放"子窗体/子报表"控件时，弹出如图 6-67 所示的"子报表向导"对话框，此处选择子报表的数据来源为"使用现有的表和查询"。

④ 单击"下一步"按钮，进入子报表向导的"请确定在子窗体或子报表中包含哪些字段"对话框，按图 6-68 所示设置。

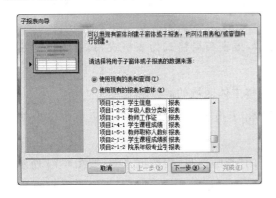

图 6-67　"子报表向导"对话框

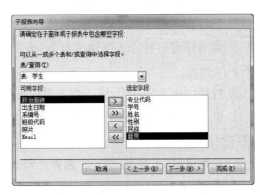

图 6-68　设置子报表输出字段

⑤ 单击"下一步"按钮，在弹出的如图 6-69 所示的对话框中自定义主子报表之间的关联字段。

⑥ 单击"下一步"按钮，设置报表标题为"项目 2-3-1 专业学生信息主子报表"，如图 6-70 所示。

⑦ 单击"完成"按钮，返回到报表的"设计视图"窗口，选择打印预览效果，如图 6-71 所示。

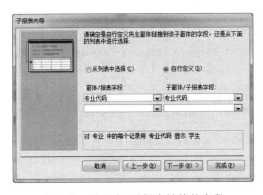

图 6-69　设置主/子报表链接的字段

图 6-70　设置子报表的名称

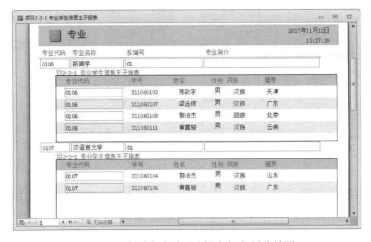

图 6-71　创建好的主/子报表打印预览效果

2. 将已有报表添加到主报表中建立子报表

首先创建主报表"院系"和子报表"教师信息",然后将"教师信息"子报表添加到主报表中,新创建的主/子报表名称为"项目 2-3-2 院系教师主子报表"。其操作步骤如下。

① 使用任意一种方法创建主报表"院系",报表布局格式为表格式,其打印预览效果如图 6-72 所示。

② 使用任意一种方法创建子报表"教师信息",报表布局格式为表格式,其打印预览效果如图 6-73 所示。

③ 打开主报表"院系",进入报表设计视图,调整主体区域的高度和宽度。

④ 单击"设计"选项卡上"控件"组中的"子窗体/子报表"控件,在主报表主节中单击并拖动控件到合适大小。

⑤ 在弹出的"子报表向导"中选择已经创建好的"教师信息"为数据来源,如图 6-74 所示。

⑥ 单击"下一步"按钮,在弹出的如图 6-75 所示的对话框中自定义主子报表之间的关联字段。

图 6-72　主报表"院系"

图 6-73　子报表"教师信息"

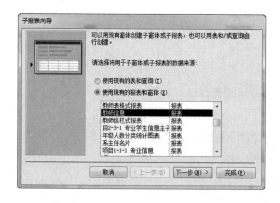

图 6-74　选择"教师信息"报表为数据源

图 6-75　设置主/子报表链接的字段

⑦ 设置报表标题,并将报表另存为"项目 2-3-2 院系教师主子报表",如图 6-76 所示。

⑧ 创建好的主/子报表的打印预览效果如图 6-77 所示。

图 6-76 设置子报表标题

图 6-77 创建好的主/子报表的打印预览效果

任务四 设计参数报表

📖 任务描述

在模块四中介绍过参数查询，使用参数查询可以更加灵活地根据用户及时输入的查询条件，查询出符合条件的数据。在报表设计中，同样引入了参数查询的知识点。

本任务通过一个实例介绍如何创建参数报表。

📖 任务分析

在设计参数报表的过程中，最关键的是为报表提供参数查询数据源。需要注意的是，当源数据表中的数据发生变化时，则需重新运行查询，否则报表中的数据将不能反映源数据的变化。

📖 知识链接

参数报表的设计需要为报表提供参数查询数据源。

📖 任务设计

创建名称为"项目 2-4-1 院系教师参数报表"的报表，以实现按照不同院系名称，及时查看报表中相应的教师信息。其操作步骤如下。

① 单击"创建"选项卡上"报表"组中的"报表设计"按钮，打开报表的"设计视图"窗口。

② 在报表右边的蓝色空白区右击，在弹出的快捷菜单中选择"属性"命令，弹出报表的"属性表"任务窗格，如图 6-78 所示。

③ 在"属性表"任务窗格中切换到"数据"选项卡，单击"记录源"属性边上的省略号按钮，打开"查询生成器"窗口。

④ 接着在"查询生成器"窗口中设置查询的数据源和查询字段，如图 6-79 所示，然后关闭，按照提示保存查询生成器设置结果。

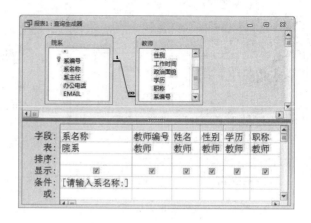

图 6-78 "属性表"任务窗格   图 6-79 "查询生成器"窗口

⑤ 返回到报表的"设计视图"。单击"设计"选项卡上"工具"组中的"添加现有字段"按钮，"字段列表"中的全部字段拖放到报表的"主体"节中，如图 6-80 所示。

图 6-80 "设计视图"窗口

⑥ 保存报表名称为"项目 2-4-1 院系教师参数报表"，并在报表视图下运行，弹出"输入参数值"对话框，此处输入"信息工程系"，如图 6-81 所示。

⑦ 单击"确定"按钮，返回的参数报表结果如图 6-82 所示。

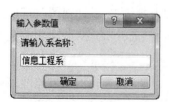

图 6-81 "输入参数值"对话框   图 6-82 参数报表的输出结果

项目三 报表样式设计和预览打印设置

任务一 报表样式设计

📖 任务描述

创建和设计报表之后,为了使其更加个性化与美观,用户可以使用 Access 2010 中的相关工具进一步修饰报表外观样式。

本任务要求在已经创建的报表中进行格式设置、添加背景图片、添加日期和时间、添加页码、绘制线条和矩形等。

📖 任务分析

要完成本任务,用户需要先熟悉设置报表主题、添加背景图片、添加日期和时间、添加分页符和页码、绘制线条和矩形框等相关知识。

📖 知识链接

1. 设置报表主题

当用户打开报表的"设计视图"窗口,单击"设计"选项卡上的"主题"组中的"主题"下拉列表框时,可以看到系统提供了 44 种主题,通过使用这些主题可以一次性更改报表中所有文本的字体、字号、线条粗细及颜色等外观属性。

2. 添加背景图片

报表默认的背景是白色的,如果要想修改背景颜色,或者美化报表背景,可以为报表添加背景图片。要给报表添加背景图片,其方法如下。

① 打开报表的"设计视图"窗口,右击鼠标,在弹出的快捷菜单中选择"属性"命令,打开"属性表"任务窗格。单击"格式"选项卡,选择"图片"属性进行背景图片设置。

② 打开报表的"设计视图"窗口,单击"格式"选项卡上的"背景"组中的"背景图像"按钮,在下拉列表中选择"浏览"选项,在弹出的"插入图片"对话框中选择要插入的图片,并对插入的图片,通过"属性"窗口设置对齐方式、是否平铺背景图片等属性。

3. 添加日期和时间

Access 提供下列两种方法用于添加日期和时间。

① 打开报表的"设计视图"窗口,单击"设计"选项卡上的"页眉/页脚"组中的"日期和时间"按钮 🖼日期和时间。在弹出的"日期与时间"对话框中,选择日期和时间格式,单击"确定"按钮。

② 使用时间函数方法。首先打开报表的"设计视图"窗口,在报表上添加"文本框"控件,然后设置其"控件来源"的值为"=NOW()""=DATE()"或者"=TIME()",以此来显示日期与时间。用这种方法可以在报表的任意节中添加日期和时间控件,因此其更方便用户的排版。

4. 添加分页符和页码

(1)在报表中添加分页符

在报表设计中,可以在某一节中使用分页控制符来标志数据输出需要另起一页的位置。

在报表中添加分页符的方法:打开报表的"设计视图"窗口,单击"设计"选项卡上"控件"组中的"分页符"控件—;在报表中需要设置分页符的位置上单击,将分页符设置在某个控件之上或之下,以免拆分了控件中的数据。Access将分页符以短虚线标志在报表的左边界上。

(2)在报表中添加页码

如果需要在报表中显示报表的页数,可以通过添加页码来实现。使用"自动创建报表"或"报表向导"方法创建的报表,都会自动为报表添加页码。而用户想要手动添加页码,其方法为:打开报表"设计视图"窗口,单击"设计"选项卡上"页眉/页脚"组中的"页码"按钮;在弹出的"页码"对话框中,设置格式、位置和对齐等选项。

5. 绘制线条和矩形

在报表设计中,为了使报表有更好的显示效果,经常会通过添加线条或矩形控件来修饰版面。

① 绘制线条。单击"设计"选项卡上"控件"组中的直线控件\,在报表中需要绘制线条的位置上单击并拖动,然后通过直线的"属性表"任务窗格设置直线的属性,如设置边框样式、边框宽度、边框颜色和特殊效果等。

② 绘制矩形。绘制矩形控件与绘制线条类似,单击"设计"选项卡上"控件"组中的矩形控件□,在报表中需要绘制矩形的位置上单击并拖动,然后通过矩形的"属性表"任务窗格设置矩形的属性,如设置边框样式、边框宽度、边框颜色和特殊效果等。

📖 **任务设计**

复制前面任务所创建的"项目1-3-1教师工作证"报表,将报表重命名为"项目3-1-1教师工作证完善",给报表添加背景图片、矩形框、日期、页码,并设置图片对齐方式为居中。其操作步骤如下。

① 打开已经复制好的"项目3-1-1教师工作证完善"报表,进入"设计视图"窗口。

② 给报表添加背景图片,设置图片中心对齐、平铺、拉伸,如图6-83所示。

③ 选择"设计"工具栏中的"图像"控件,在报表主体区域插入图像学院标识(logo)图像,并设置"教师工作证"的字体格式为:深红、20号、仿宋、加粗。在"联系电话"下方插入系统当前年月日时间,设置字体大小为12号宋体,效果如图6-84所示。

④ 选择主体区域的所有文本对象,在属性表窗口设置文本对象的背景样式为"透明",效果如图6-85所示。

⑤ 选择"设计"工具栏中的"矩形"控件,在报表主体区域拖动一个矩形框,框住主体区已经添加的图像及文本内容,并在属性表中将矩形框的背景样式设置为透明,边框样式为点划线,宽度为3 pt,效果如图6-86所示。

图6-83　添加背景图片

图6-84　插入图像、时间并设置字体格式

图 6-85　设置背景样式对话框　　　　　　图 6-86　绘制矩形并设置样式

⑥ 打印预览报表,效果如图 6-87 所示。

图 6-87　完善后的报表效果

任务二　预览与打印设置

📖 **任 务 描 述**

本任务通过一个实例介绍如何对报表进行预览和打印之前的设置。

📖 **任 务 分 析**

对报表进行打印之前,一般先对需要打印的报表进行预览,如果发现页面格式不符合要求,可以选择设置报表的"页面设置"选项,重新设置页面后再打印。

📖 **知 识 链 接**

1. 预览报表

首先选择需要预览的报表,进入打印预览模式,可以通过打印预览工具对报表选择单页或多页预览,也可以选择预览比例。打印预览与打印真实结果一致。如果报表记录很多,一页容纳不下,在每页的下面有一个滚动条和页数指示框,可进行翻页操作。

2．页面设置

如果在"打印预览"视图中查看报表的页面不符合要求，可以使用"页面设置"选项卡对报表的页边距、打印方向、列的布局等进行操作。有关"页面设置"选项卡上各组功能已经在前面项目中作过介绍，此处不再重复。

3．报表打印

打印报表的最简单方法是直接单击工具栏上的"打印"按钮，直接将报表发送到打印机上。但在打印之前，有时需要对页面和打印机进行设置。

📖 **任务设计**

进行打印预览和打印上一任务所创建的"项目 3-1-1 教师工作证完善"报表的操作步骤如下。

① 在导航窗格中选中"项目 3-1-1 教师工作证完善"报表，双击打开"报表视图"。

② 打开报表的"打印预览"视图，选择双页预览，如图 6-88 所示。

图 6-88　双页预览报表效果

③ 单击"页面设置"按钮，在弹出的对话框中，设置纸张方向为横向，每页列数为 3 列，如图 6-89 所示，设置后的预览效果如图 6-90 所示。

④ 单击"确定"按钮，在打印机连接正常的情况下，即可打印报表。

图 6-89　"页面设置"对话框

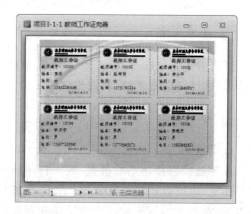

图 6-90　设置后的预览效果

习题与实训六

一、选择题

1. 下面关于报表对数据的处理叙述正确的是（　　　）。

(A) 报表只能输入数据　　　　　　　　(B) 报表只能输出数据

(C) 报表可以输入和输出数据　　　　　(D) 报表不能输入和输出数据

2. 用于实现报表的分组统计数据的操作区间的是（　　　）。

(A) 报表的主体区域　　　　　　　　　(B) 页面页眉或页面页脚区域

(C) 报表页眉或报表页脚区域　　　　　(D) 组页眉或组页脚区域

3. 为了在报表的每一页底部显示页码号，那么应该设置（　　　）。

(A) 报表页眉　　　(B) 页面页眉　　　(C) 页面页脚　　　(D) 报表页脚

4. 要在报表上显示格式为"7/总 10 页"的页码，则计算控件的控件源应设置为（　　　）。

(A) [Page]/总[Pages]　　　　　　　　(B) ＝[Page]/总[Pages]

(C) [Page]＆"/总"＆[Pages]　　　　　(D) ＝[Page]＆"/总"＆[Pages]

5. 在报表中，要计算"数学"字段的最高分，应将控件的"控制来源"属性设置为（　　　）。

(A) ＝Max([数学])　　　　　　　　　(B) Max(数学)

(C) ＝Max[数学]　　　　　　　　　　(D) ＝Max(数学)

6. 使用（　　　）创建报表时会提示用户输入相关的数据源、字段和报表版面格式等信息。

(A) 自动报表　　　(B) 报表向导　　　(C) 图标向导　　　(D) 标签向导

7. 报表中的报表页眉用来（　　　）。

(A) 显示报表中的字段名称和对记录的分组名称

(B) 显示报表的标题、图形和说明性文字

(C) 显示本页的汇总说明

(D) 显示整份报表的汇总说明

8. 关于报表功能的叙述正确的是（　　　）。

(A) 可以对数据库中的数据进行输入、分组、汇总和打印输出

(B) 可以对数据库中的数据进行输入、计算、汇总和打印输出

(C) 可以对数据库中的数据进行输入、分组、计算和打印输出

(D) 可以对数据库中的数据进行分组、计算、汇总和打印输出

9. 下面不属于 Access 报表操作视图的是（　　　）。

(A) "设计"视图　　　　　　　　　　　(B) "打印预览"视图

(C) "报表运行"视图　　　　　　　　　(D) "布局"视图

10. （　　　）选项不是报表的组成部分。

(A) 报表页眉　　　(B) 报表主体　　　(C) 报表设计器　　　(D) 报表页脚

二、填空题

1. 报表设计中页码的输出、分组统计数据的输出等均是通过设置绑定控件的控件源为计算表达式形式而实现的，这些控件称为＿＿＿＿＿＿＿＿。

2. Access 提供了 3 种创建报表的方式：使用自动功能、使用向导功能和使用＿＿＿＿＿创建。

3. 一个主报表最多只能包含＿＿＿＿＿＿级子窗体或子报表。

4. 要设计出带表格线的报表,需要向报表中添加＿＿＿＿＿＿控件完成表格线显示。

5. 插在其他报表中的报表称为＿＿＿＿＿＿。

三、上机实训

根据"超市管理系统"数据库,完成下列实训任务。

📖 **实训目的**

1. 熟练掌握创建报表的各种方法。

2. 掌握报表的编辑。

3. 掌握报表的分组和排序。

4. 掌握设计统计报表。

5. 熟悉报表的美化。

📖 **实训内容**

① 以"商品"表为数据源,使用自动创建报表的方法,创建一个名称为"任务 1-1 商品自动报表"的报表,创建的报表效果如图 6-91 所示。

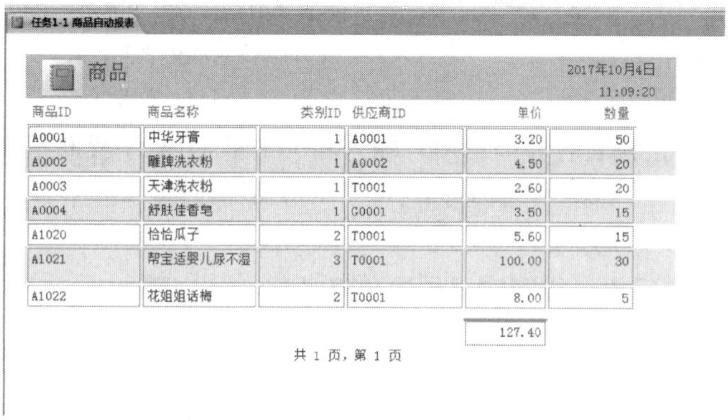

图 6-91 "任务 1-1 商品自动报表"报表

② 以"雇员"表为数据源,使用报表向导创建一个名称为"任务 1-2 雇员信息"的报表,按照性别分组输出雇员全部信息,布局采用纵向递阶式,创建好的报表效果如图 6-92 所示。

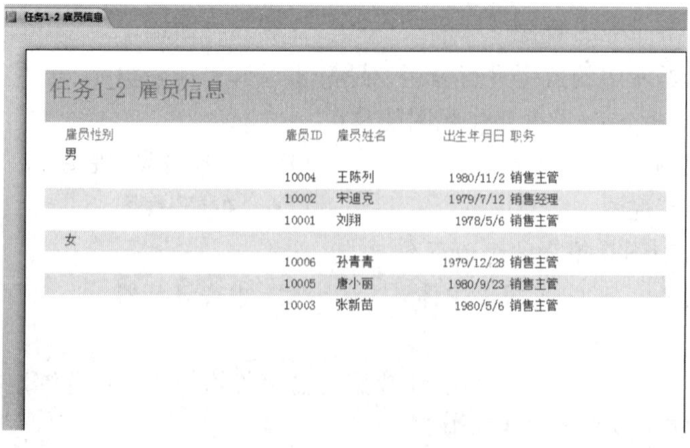

图 6-92 "任务 1-2 雇员信息"报表

③ 使用“空报表”创建一个名称为“任务 1-3 商品订单信息”的报表，内容包括商品 ID、商品名称、类别名称、数量、单价和折扣字段，创建好的报表效果如图 6-93 所示。

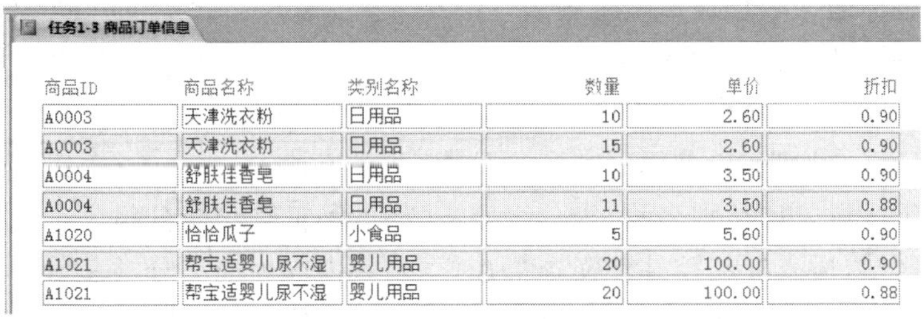
任务1-3 商品订单信息

商品ID	商品名称	类别名称	数量	单价	折扣
A0003	天津洗衣粉	日用品	10	2.60	0.90
A0003	天津洗衣粉	日用品	15	2.60	0.90
A0004	舒肤佳香皂	日用品	10	3.50	0.90
A0004	舒肤佳香皂	日用品	11	3.50	0.88
A1020	恰恰瓜子	小食品	5	5.60	0.90
A1021	帮宝适婴儿尿不湿	婴儿用品	20	100.00	0.90
A1021	帮宝适婴儿尿不湿	婴儿用品	20	100.00	0.88

图 6-93　“任务 1-3 商品订单信息”报表

④ 复制“任务 1-3 商品订单信息”报表，重命名为“任务 1-4 商品订单信息报表美化”，编辑和美化报表，具体要求如下。

- 在报表页眉处添加标题，字体格式为华文彩云、28 号、加粗、红色、居中，页面页眉处的标签字体格式为黑体、12 号、加粗、黑色，主体节的字体格式为宋体、12 号、黑色，报表页眉节背景色为浅蓝色，页面页眉节背景色为浅黄色，主体节背景色为鲜绿色。美化后的报表效果如图 6-94 所示。

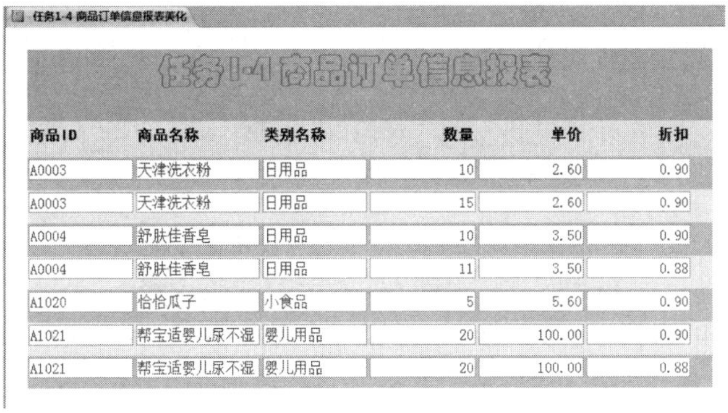
任务1-4 商品订单信息报表美化

任务1-4商品订单信息报表

商品ID	商品名称	类别名称	数量	单价	折扣
A0003	天津洗衣粉	日用品	10	2.60	0.90
A0003	天津洗衣粉	日用品	15	2.60	0.90
A0004	舒肤佳香皂	日用品	10	3.50	0.90
A0004	舒肤佳香皂	日用品	11	3.50	0.88
A1020	恰恰瓜子	小食品	5	5.60	0.90
A1021	帮宝适婴儿尿不湿	婴儿用品	20	100.00	0.90
A1021	帮宝适婴儿尿不湿	婴儿用品	20	100.00	0.88

图 6-94　“任务 1-4 商品订单信息报表美化”报表

- 将“背景.jpg”图片以“平铺”方式添加到该报表中作为背景，图片的缩放模式为“拉伸”。插入背景后的报表效果如图 6-95 所示。

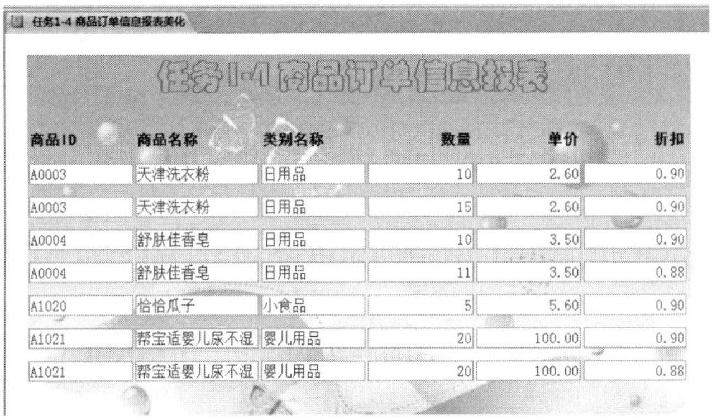
任务1-4 商品订单信息报表美化

任务1-4商品订单信息报表

商品ID	商品名称	类别名称	数量	单价	折扣
A0003	天津洗衣粉	日用品	10	2.60	0.90
A0003	天津洗衣粉	日用品	15	2.60	0.90
A0004	舒肤佳香皂	日用品	10	3.50	0.90
A0004	舒肤佳香皂	日用品	11	3.50	0.88
A1020	恰恰瓜子	小食品	5	5.60	0.90
A1021	帮宝适婴儿尿不湿	婴儿用品	20	100.00	0.90
A1021	帮宝适婴儿尿不湿	婴儿用品	20	100.00	0.88

图 6-95　“任务 1-4 商品订单信息报表美化”报表插入背景图片后的效果

⑤ 复制"任务 1-4 商品订单信息报表美化"报表,重命名为"任务 1-5 客户订单信息"报表,按要求完成以下操作。

- 修改报表标题为客户订单信息报表。
- 在报表页眉处插入日期和时间。
- 在页面页脚插入页码。
- 在主体区域增加"客户名称"和"到货日期"两个字段。
- 添加分组区域,以"类别名称"为分组字段,将商品订购记录分组。
- 在分组区域,插入标签控件和文本框控件,标签内容为商品分类总价,文本框中显示计算的商品分类总价,计算公式为:Sum([单价]*[数量]*[折扣])。

最终设计完成的报表效果如图 6-96 所示。

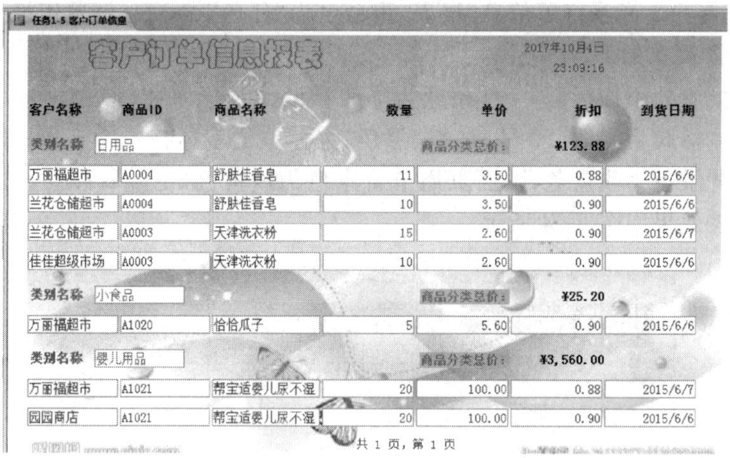

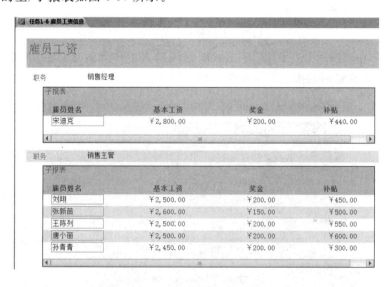

图 6-96 "任务 1-5 客户订单信息"报表

⑥ 以"雇员"表和"工资"表为数据源,创建一个名称为"任务 1-6 雇员工资信息"的主/子报表,创建好的主/子报表如图 6-97 所示。

图 6-97 "任务 1-6 雇员工资信息"主/子报表

⑦ 以"雇员"表为数据源,创建一个名称为"任务 1-7 雇员人数统计图表报表"的报表,用以统计不同职务的雇员人数。图表类型为"柱形图",创建好的图表报表如图 6-98 所示。

⑧ 以"雇员"表为数据源,创建一个名称为"任务 1-8 雇员工作卡"的标签,用以显示员工编号、员工姓名和员工职务,创建好的标签效果如图 6-99 所示。

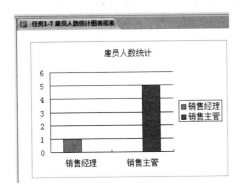

图 6-98 "任务 1-7 雇员人数统计图表报表"报表

图 6-99 "任务 1-8 雇员工作卡"标签

模块七　宏的设计与创建

【学习目标】

- 掌握宏的概念和类型。
- 掌握创建宏的基本方法。
- 了解事件的概念和常用事件。
- 掌握宏的运行和调试方法。
- 结合窗体中的事件,掌握宏的应用。

在前面的项目中已经介绍了 Access 2010 数据库的表、查询、窗体和报表 4 个对象,它们各自具有强大的数据处理能力,能独立地完成数据库中的特定任务,但是这些对象各自独立工作,无法相互协调地结合在一起使用。要想将这些对象有序地组合起来,成为一个功能完善的系统,需要使用宏和模块两种对象来实现。与模块相比,宏的操作更简单易学。

1. 宏的作用

在 Access 中,宏的作用主要表现在以下几个方面。

(1) 连接多个窗体和报表

在比较复杂的数据库应用系统中,操作的窗体或报表有很多,需要在不同窗体或报表之间进行调用。例如,在"教学信息管理系统"数据库中,已经分别建立"专业"和"学生"窗体,然后使用宏,在"专业"窗体中,通过命令按钮关联独立宏或嵌入宏,打开"学生"窗体,从而获知各专业的学生信息。

(2) 自动查找和筛选记录

宏可以提高查找记录的速度。例如,在窗体中,通过组合框设置要查询的数据内容,然后建立一个"查找"命令按钮,在其对应的宏操作参数中以组合框中数据内容作为筛选条件,就可以快速查到指定记录。

(3) 自动进行数据校验

在窗体中对特殊数据进行处理或校验时,可以使用宏方便地设置检验数据的条件,并给出相应的提示信息。

(4) 设置窗体和报表属性

使用宏可以设置窗体和报表的大部分属性。例如,在某些情况下,使用宏可以将窗体或控件隐藏起来。

(5) 自定义工作环境

使用宏可以在打开数据库时自动运行宏,并将几个对象联系在一起,执行一组特定的操作。使用宏还可以自定义窗体中的菜单栏。

2. 宏的类型

(1) 独立宏

它是一个独立的对象,可以不依赖其他对象独立运行。它是一种全局宏。独立宏在导航窗格中可见。

（2）嵌入宏

与独立宏不同，嵌入宏要嵌入到窗体、报表或控件对象的事件中。可以直接在窗体、报表或控件的事件属性选项卡中的某个事件属性中，通过宏生成器来设计嵌入宏，这时嵌入宏为它所嵌入的对象的一部分。嵌入宏在导航窗格中是不可见的。

（3）数据宏

数据宏是 Access 2010 中新增的一种宏，它允许在表事件（如添加记录、修改记录和删除记录等）中被自动调用运行。数据宏不会出现在导航窗格中。

数据宏分为两种：一种是由表事件触发的数据宏（也称"事件驱动的"数据宏）；另一种是为响应按名称调用而运行的数据宏（也称"已命名的"数据宏）。

（4）子宏

子宏通常作为宏结构的一部分，它本身也是一个宏，是共同存储在一个宏名下的一组宏的集合，该集合通常只作为一个宏使用。在一个宏中包含一个或多个子宏，每个子宏又可以包含多个操作。子宏有单独的名称并可独立运行，如果要引用宏中的子宏，它的语法是：宏名称.子宏名。

使用子宏使得数据库的操作和管理更方便。例如，在窗体中添加一个菜单，可以用宏定义一个菜单，再创建几个子宏，每个子宏对应菜单中的一个菜单项。

（5）带条件的宏

所谓带条件的宏就是在其他宏当中加入一个或多个计算结果等于 True/False 或"是/否"或"0/−1"的任何表达式。当表达式的计算结果为 False、"否"或"0"时，其后面的操作将不执行，反之则否。

3. 宏的结构

宏是由宏操作、注释、参数、组、条件和子宏等几部分组成的。

（1）宏操作

宏操作是构成宏的最基本、最核心的内容，没有宏操作，就没有宏。Access 2010 提供了60 多种宏操作，如"打开表（OpenTable）""关闭窗口（CloseWindows）"等。表 7-1 列出了 Access 2010 的主要宏操作。

表 7-1 Access 2010 的主要宏操作

操作名称	参 数	说 明
窗口管理		
CloseWindows	对象类型、对象名称、保存	关闭指定的 Access 窗口。如果没有指定窗口，则关闭活动窗口
MaximizeWindows		最大化活动窗口
MinimizeWindows		最小化活动窗口
MoveAndSizeWindows	右、向下、宽度、高度	移动活动窗口或调整其大小
RestoreWindows		将窗口恢复为原来的大小
宏命令		
CancelEvent		取消一个事件

续　表

操作名称	参　数	说　明
ClearMacroError		清除宏对象上的一个错误
OnError	下一个、宏名、失败	指定宏出现错误时如何处理
SetLocalVar	名称、表达式	将本地变量设置为给定值
SetTempVar	名称、表达式	将临时变量设置为给定值
RunCode	函数名称	调用 VBA 函数过程
RunMacro	宏名、重复次数、重复表达式	运行宏
StopAllMacros		停止当前正在运行的所有宏
筛选/排序/搜索		
ApplyFilter	筛选名称、Where 条件	对表、窗体或报表应用筛选、查询或 SQL WHERE 子句
FindNext		查找下一条记录,该记录符合由前一个 FindRecord 操作或"字段中查找"对话框所指定的准则
FindRecord	查找内容、匹配、区分大小写、搜索、查询名称、视图、数据模式	查找符合该操作参数指定的准则的第一个数据实例
OpenQuery	控件名称	在数据表视图、设计视图或"打印预览"中打开选择查询或交叉表查询
Requery		通过重新查询控件的数据源来刷新活动对象指定控件中的数据
ShowAllRecords		显示所有记录
数据导入/导出		
ExportWithFormating		将指定数据库对象的数据输出为某种格式文件
WordMailMerge		执行邮件合并操作
数据库对象	控件名称	
GoToControl	页码、右、下	把焦点移到打开的窗体、窗体数据表、表数据表、查询数据表中的当前记录的特定字段或控件上
GoToPage	对象类型、对象名称、记录、偏移量	在活动窗体中将焦点移到某一特定页的第一个控件上
GoToRecord	窗体名称、视图、筛选名称、Where 条件	使指定记录成为打开的表、窗体或查询结果集中的当前记录
OpenForm	数据模式、窗体模式、报表名称、视图、筛选名称、Where 条件	在窗体视图、设计视图中打开窗体
OpenReport	表名、视图、数据模式、对象类型、对象名称	在设计视图或打印预览中打开报表或立即打印报表
OpenTable	控件名称、属性、值	在数据表视图、设计视图或打印预览中打开表
RepaintObject		完成指定的数据库对象的任何未完成的屏幕更新
SetProperty		设置控件属性
系统命令	选项	
Beep	菜单名称、菜单宏名称、状态栏文字	可表示错误情况或重要的事件发生,通过计算机发出嘟嘟声
CloseDatabase	消息、发嘟嘟声、类型、标题	关闭当前数据库

续　表

操作名称	参　数	说　明
QuitAccess		退出 Access
AddMenu		创建全局菜单栏
MessageBox		显示包含警告信息或其他信息的消息框
SetMenuItem		设置"加载项"选项卡上的自定义或全局菜单上的菜单项的状态

（2）注释

它对宏的全部或一部分进行说明或解释，主要目的是增加宏的可读性。添加注释是设计者的一个好习惯，方便其他人理解宏，有助于以后对宏的维护。

（3）参数

参数是一些值，它向宏操作提供具体信息。有些宏操作没有参数，但大部分的宏操作都有参数，带参数的宏操作，有些参数是必须的，有些参数是可选的。例如，打开窗体宏操作，要指定打开的窗体名称，这个参数是必须的。宏操作"StopMacro"终止当前运行的宏，它是没有参数的。

（4）组

组是 Access 2010 引入的一个新概念，主要目的是为了更加有效地管理宏。使用组可以根据它们操作目的的相关性把宏的若干操作进行分块，一个块就是一个组。这样宏的结构显得十分清晰，阅读起来更方便。需要特别注意的是，此处的组和以前版本中的宏组是两个完全不同的概念。

（5）条件

条件就是计算结果等于 True/False 或"是/否"或"－1/0"的任何表达式，如果没有条件，宏操作将按顺序执行。但是，在实际应用中，往往完成一个任务会有很多不同的情况出现，从而导致不同的结果，这时就需要针对不同情况设定一些条件，当条件成立时，就执行某些操作，当条件不成立时，就执行另外的操作。这样就使得宏的处理能力更强。

项目一　宏的创建

要创建宏，首先要了解"宏"选项卡和宏设计器。在 Access 数据库中，创建一个宏对象，如同创建其他对象一样，系统都提供了一个相同的方法，使用设计器来设计和创建。在系统功能区的"创建"选项卡的"宏与代码"组中，有一个宏按钮，单击此按钮，即可打开"宏工具设计"选项卡，在此可进行宏的设计。

任务一　创建独立宏

📖 任务描述

独立宏是不依赖于任何窗体、报表等对象而存在的，可不需要事件触发执行。独立宏在

"宏工具设计"选项卡中,使用宏设计器来设计,并且每个独立宏都有一个宏名。当独立宏创建完成后,可以直接按 ! 按钮来运行。

📖 **知识链接**

1. "宏工具设计"选项卡

在打开的"宏工具设计"选项卡中,共有 3 个组,分别是"工具""折叠/展开"和"显示/隐藏",如图 7-1 所示。

图 7-1 "宏工具设计"选项卡

"工具"组包括"运行""单步"以及"将宏转换为 Visual Basic 代码"3 个按钮。

"折叠/展开"组提供浏览宏代码的几种方式:展开操作、折叠操作、全部展开、全部折叠。展开操作可以详细地阅读每个操作的细节,包括参数的设置。折叠操作可以把宏操作收缩起来,只显示操作名称,不显示操作的参数。

"显示/隐藏"组用来显示和隐藏操作目录。

2. 操作目录

在打开"宏工具设计"选项卡后,在 Access 窗口的下方,有 3 个窗格:左侧为导航栏,用来显示宏对象,中间是宏设计器,右侧是操作目录,如图 7-2 所示。

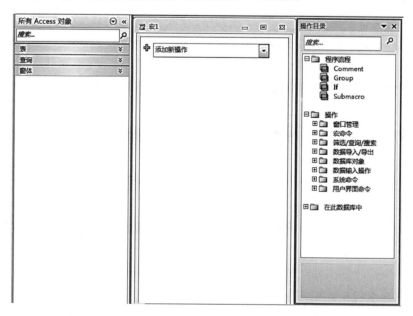

图 7-2 宏设计器窗格

操作目录窗格由三部分组成,上面是程序流程部分,中间是操作部分,下面是此数据库中的所有宏。

（1）程序流程

程序流程包括注释、组、条件和子宏。

（2）操作

操作部分把宏操作按操作性质分为8组，分别是"窗口管理""宏命令""筛选/查询/搜索""数据导入/导出""数据库对象""数据输入操作""系统命令"和"用户界面命令"，一共66个操作。当展开每个组时，可以显示出该组中的所有宏。

（3）在此数据库中

这个部分列出了当前数据库中的所有宏，以便于用户重复使用所创建的宏和事件过程代码。展开"在此数据库中"，一般还会显示下一级列表"窗体""报表"和"宏"，进一步展开窗体、报表和宏后，可显示出在报表、窗体和宏中的嵌入的事件过程或宏。如果表中包含数据宏，则显示中还会包含表对象。

3. 宏设计器

Access 2010重新设计了宏设计器，与以前的版本相比，宏设计器十分类似于VBA事件过程的开发界面，使得设计开发宏更加方便。

当创建宏后，在宏设计器中，出现一个组合框，组合框中显示添加新操作的占位符，组合框前面有个绿色十字，这是展开/折叠按钮，如图7-3所示。

图7-3　宏设计器的"添加新操作"组合框

有3种方式添加新操作：

① 直接在组合框中输入宏操作名称；

② 单击组合框右侧的下拉箭头，在打开的下拉列表中，选择宏操作，如图7-4所示；

③ 从"操作目录"窗格的"操作"组中，把某个操作拖拽到组合框中。

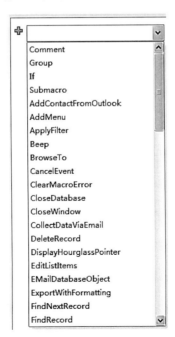

图7-4　"添加新操作"组合框的下拉列表

📖 **任务分析**

创建独立宏很简单,通过熟练使用宏设计器,可以快速地创建独立宏。当独立宏创建完成后,它可以被任意窗体或报表调用。

📖 **任务设计**

创建一个系统自动运行的独立宏,宏名为 AutoExec。它在启动数据库后将自动运行,用来打开一个登录窗体。操作步骤如下。

① 首先用窗体设计视图,创建一个登录窗体。窗体上包括两个文本框控件,一个用来输入用户名,另一个用来输入密码,另外添加两个命令按钮,一个为"登录"命令按钮,另一个为"退出"命令按钮。该登录窗体创建后,如图 7-5 所示。

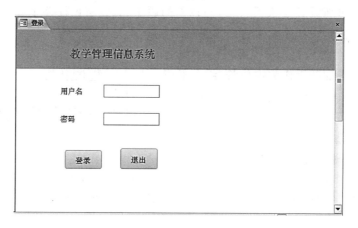

图 7-5 登录窗体

② 在"创建"选项卡的"宏与代码"组中,单击"宏"按钮,打开"宏设计器"。

③ 在"操作目录"窗格的"操作"组中,展开"数据库对象",把"OpenForm"操作拖到组合框中。接下来设置参数,单击"窗体名称"组合框右侧的下拉箭头,在列表中选择"登录"窗体,其他参数为默认设置,如图 7-6 所示。

图 7-6 操作参数的设置

④ 在"快速访问工具栏"中单击"保存"按钮,以"AutoExec"名称保存独立宏。这样以后启动"教学信息管理系统"数据库时,宏 AutoExec 自动运行,打开登录窗体。

任务二 创建子宏

📖 任务描述

在一个宏中可以包含多个子宏,每个子宏都必须定义自己的宏名,以便分别引用。

📖 任务分析

创建含有子宏的宏的方法与创建宏的方法基本相同,在创建过程中要对每个子宏命名。

📖 知识链接

在"创建"选项卡的"宏与代码"组中,单击"宏"按钮,打开"宏工具设计"选项卡,在左侧的"操作目录"窗格中,把"程序流程"组的"子宏"用鼠标拖到中间的"宏设计器"窗格中的"添加新操作"组合框,或者单击"添加新操作"组合框右侧的下拉按钮,在下拉列表中选择"子宏(Submacro)",这时可以对子宏进行设置,如图 7-7 所示。

图 7-7 子宏的设置

系统默认第一个子宏的名称为"Sub1",用户可以将其改为自己设定的名称。注意在子宏中,添加新操作时,不能再添加子宏。如果要继续为宏添加子宏,在子宏外面另外添加,可重复以上操作。

📖 任务设计

在"教学信息管理系统"数据库中创建一个宏,它包括 3 个子宏:全部、男生和女生。操作步骤如下。

① 打开"教学信息管理系统"数据库,在功能区"创建"选项卡的"宏与代码"组中,单击"宏"按钮,然后打开"宏工具设计"选项卡。

② 在打开"宏工具设计"选项卡的"宏设计器"窗格中,用鼠标单击"新添加操作"组合框右侧的下拉按钮,在下拉列表中选择"子宏(Submacro)",然后在子宏的设置区块中,设定子宏的名称,将默认名称"Sub1"改为"全部",接下来在子宏的"新添加操作"组合框中,添加宏操作"ShowAllRecords",至此,第一个名称为"全部"的子宏被创建完成。

③ 再创建第二个名称为"男生"的子宏,在第一个子宏外下方的"新添加操作"组合框中,用鼠标单击其右侧的下拉按钮,在下拉列表中选择"子宏(Submacro)",然后在子宏的设置区块中,设定子宏的名称,将默认名称"Sub2"改为"男生",接下来在子宏的"新添加操作"组合框中,添加宏操作"ApplyFilter",设置参数"当条件"的值为"[学生]![性别]="男"",至此,第二个名称为"男生"的子宏被创建完成。

④ 创建"女生"子宏的操作过程与"男生"子宏类似,只是子宏名称改为"女生",在宏操作"ApplyFilter"中,设置参数"当条件"的值为"[学生]![性别]="女""。最后,单击"保存"按

钮,在"另存为"对话框中输入名称"学生查询宏",创建后的宏如图 7-8 所示。

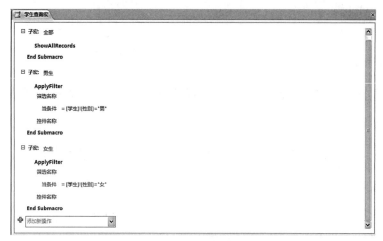

图 7-8 "学生查询宏"的设计视图

任务三 创建带条件的宏

📖 任务描述

通常宏是按照顺序从第一个宏操作依次往下执行的。但在某些情况下,要求宏能按照给定的条件进行判断,以此来决定是否执行某些操作。在实际应用当中,经常在宏里面设置条件,来控制宏运行的流程。

📖 任务分析

如果宏带了条件,就会出现条件成立和不成立的情况,从而使得宏沿着不同的分支执行,这正好反映了对实际问题进行处理的逻辑。

📖 知识链接

条件通常用一个表达式来描述,在表达式中常常要引用窗体或报表中的控件对象,具体引用的方法如下。

① 引用窗体中控件的语法格式为:Forms!［窗体名］!［控件名]或[Forms]!［窗体名］!［控件名]。

② 引用报表中控件的语法格式为:Reports!［报表名］!［控件名]或[Reports]!［报表名］!［控件名]。

在宏里面加入条件以后,宏会变得复杂一些。当 If 后的条件成立时,则执行一个逻辑块,逻辑块由一个或多个宏操作组成;当条件不成立时,如果没有 Else 分支,则执行 End If 后的宏操作,如果有 Else 分支,就执行它包含的逻辑块。

📖 任务设计

在"教学信息管理系统"数据库中,创建一个登录验证宏。在"创建独立宏"任务中创建的登录窗体中,当单击"登录"命令按钮来运行该宏时,对用户输入的用户名和密码进行验证,只有当用户名和密码都输入正确时,才能进入系统,否则,弹出消息框,显示提示信息。具体操作步骤如下。

① 打开"教学信息管理系统"数据库,在功能区"创建"选项卡的"宏与代码"组中,单击"宏"按钮,然后打开"宏工具设计"选项卡。

② 在"添加新操作"组合框中,输入"If",然后按回车键。在条件表达式文本框中输入"Forms!［登录］!［User］="admin" and Forms!［登录］!［Password］="123456"",如果输入的用户名和密码都正确,则执行"OpenForm"打开系统的主界面窗体。在"Then"后面添加一个逻辑块,只有一个宏操作"OpenForm",设置窗体名称参数为"系统主界面",其他参数为默认值。

③ 如果输入的用户名或密码不正确,则转入另一个分支执行,此分支是在"Else"后面的一个逻辑块,它由5个宏操作组成:发出嘟嘟警报声,弹出消息框,然后将两个文本框中的内容清空,焦点回到第1个文本框。宏操作的具体参数设置见表7-2。整个宏的设计视图如图7-9所示。

表 7-2　宏操作参数设置

宏操作	操作参数
Beep	无参数
MessageBox	消息:"用户名或密码错,请重新输入"。标题:"出错"其他默认
SetProperty	控件名称:User。属性:值。值:空格
SetProperty	控件名称:Password。属性:值。值:空格
GoToControl	控件名称:User

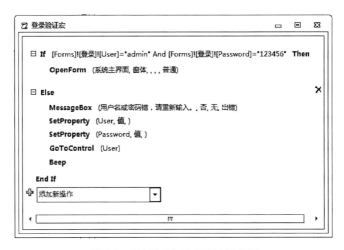

图 7-9　"登录验证宏"的设计视图

④ 单击"保存"按钮,在打开的"另存为"对话框中输入宏名称"登录验证宏",单击"确定"按钮,至此一个带条件的宏创建完成。

任务四　创建嵌入宏

📖 任务描述

嵌入宏不会出现在导航窗格的宏对象列表中,它被嵌入到窗体或报表中,当窗体或报表的某个事件发生时,就激活嵌入在其中的宏,执行相应的操作。

📖 **任务分析**

宏的条件、操作和参数对于初学者来说还是有一定难度的,要想掌握宏应该注重嵌入宏的学习。嵌入宏的引入使得 Access 的开发工作变得更加灵活,把原来事件过程中需要编写事件过程代码的工作,都用嵌入宏代替了。

📖 **知识链接**

通常通过事件触发宏运行,都是先建立一个宏,然后将该宏插入到窗体等对象中。现在可以直接在窗体或报表的设计视图中,用宏生成器来嵌入一个宏,这个宏只能在该窗体或报表中运行,而无法被其他的窗体或报表调用。

📖 **任务设计**

在"教学信息管理系统"数据库中,打开在模块五项目一任务二中创建的"多个项目教师窗体"窗体,当在窗体中选择一条记录要删除时,弹出一个消息框,提醒用户注意。具体操作步骤如下。

① 在导航窗格中,选择窗体对象中的"多个项目教师窗体"窗体,单击右键,在弹出的快捷菜单中选择"设计视图"命令。

② 在打开的窗体设计视图中,如果属性表已经出现,则用鼠标单击窗体设计视图左上角的"窗体选择器"(一个小矩形),如果属性表没打开,则用鼠标双击"窗体选择器"来打开属性表。这时在属性表中显示的是窗体的属性,如图 7-10 所示。

③ 将窗体属性表的选项卡切换到"事件"选项卡,找到"确认删除前"属性,单击文本框,在右侧出现一个█按钮,单击该按钮,然后弹出"选择生成器"对话框,选择"宏生成器",单击"确定"按钮,如图 7-11 所示。

图 7-10　窗体的属性表

图 7-11　"选择生成器"对话框

④ 在打开的宏设计器中，添加"MessageBox"宏操作，设置"消息"参数为"删除数据之后无法恢复数据"，设置"标题"参数为"警告"，如图 7-12 所示。

⑤ 单击"保存"按钮，关闭宏设计器，返回到窗体的设计视图，这时在属性表中的"确认删除前"属性文本框中出现一个"［嵌入的宏］"，如图 7-13 所示，然后单击"保存"按钮，将窗体保存。

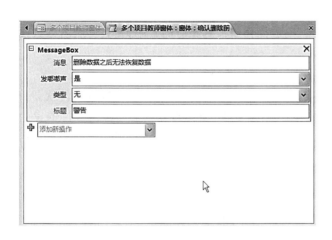

图 7-12　嵌入宏的设计器

图 7-13　添加"嵌入宏"之后的窗体属性表

项目二　宏的运行与调试

任务一　宏的运行

📖 任务描述

宏设计好之后需要运行才会产生结果。运行宏的方法有很多种，具体使用哪一种，要结合实际需要来决定。

📖 任务分析

不管宏的类型是哪一种，宏都是由一个或多个宏操作组成的。设计宏的主要目的就是可以重复调用，并且自动执行其所包含的宏操作，从而完成用户提交的任务。

📖 知识链接

宏的运行方法主要有以下几种。

（1）自动运行宏

在 Access 中，系统定义了指定宏名为"AutoExec"的宏为"自动运行宏"，在启动数据库的同时会自动运行宏名为"AutoExec"的宏中包含的宏操作。如果要绕过宏的自动运行,可在打开数据库时按住〈Shift〉键。

（2）直接运行宏

可以使用以下方式之一来直接运行宏。

① 在导航窗格中,双击宏的名字。

② 在导航窗格中,右键单击宏的名字,在弹出的快捷菜单中选择"运行"命令。

③ 在宏设计器中,单击"工具"组中的运行按钮 。

（3）从其他宏中运行宏

如果要从其他宏中运行宏,将 RunMacro 宏操作添加到相应的宏中,并且将宏名参数设置为要运行的宏名。

（4）通过事件触发宏

事件是指对象能识别或检测的动作,当动作发生于某一对象上时,其对应的事件就会被触发。Access 可以响应多种类型的事件,如单击、数据更改、窗体打开和关闭等。事件的发生通常是用户操作的结果。通过在窗体、报表或控件上发生的事件,用户可以添加宏作为事件的触发响应。

📖 **任务设计**

创建一个宏,根据条件判定是否执行其后的操作,如果条件满足,则调用另一个宏运行。操作步骤如下。

① 打开"教学信息管理系统"数据库,在创建好的学生窗体中,添加一个选项组控件,其中包括 3 个选项:"全部""男生"和"女生"。选项组的标题为"性别",名称为"sex"。再添加一个命令按钮,标题为"查询",如图 7-14 所示。

图 7-14　学生窗体

② 新建一个宏,在功能区"创建"选项卡的"宏与代码"组中,单击"宏"按钮。

③ 在打开的宏设计器中,单击"添加新操作"组合框右侧的下拉按钮,在下拉列表中选择"If"宏操作,然后在"If"后设置条件表达式"[Forms]![学生窗体]![sex]=1",在"Then"后添加新操作"RunMacro",操作参数设置:宏名称为"学生查询宏.全部",其他参数不做设置。

然后再添加另外两个条件逻辑块,操作同上,最后,单击"保存"按钮,将宏保存为"按性别查询学生宏",设置结果如图 7-15 所示。

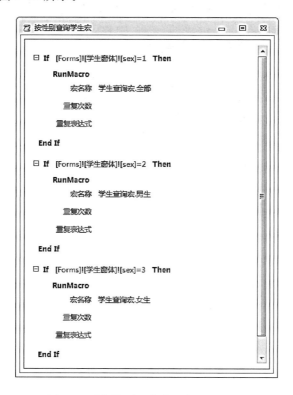

图 7-15　"按性别查询学生宏"设计视图

④ 打开"学生窗体"设计视图,双击"查询"命令按钮,打开其属性表,在属性表中选择"事件"选项卡,设置"单击"属性值为"按性别查询学生宏",如图 7-16 所示。

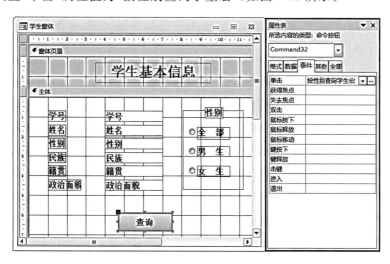

图 7-16　"学生窗体"设计视图

⑤ 将设计视图切换到窗体视图,在"性别"选项组中单击"男生"选项,然后单击"查询"按钮,查询结果如图 7-17 所示。

图 7-17　窗体设计完成后的操作结果

任务二　宏的调试

📖 任务描述

宏的调试是创建宏后必须进行的一项工作,尤其是对于由多个操作组成的复杂的宏,更是需要反复地调试,以观察宏的执行流程和每一个操作的结果。这样可以保证在数据库运行时,不会因为宏的问题造成错误。

📖 任务分析

宏是由宏操作组成的,调试宏就是让宏操作一个一个地执行,每执行完一个宏操作就暂停,然后显示执行结果的详细信息。

📖 知识链接

Access 为调试宏提供了单步执行的测试工具,所谓单步执行就是从组成宏的第一个宏操作开始,按照宏的执行流程,一步一步地执行,每执行一个宏操作后暂停,用户可以通过查看"单步执行宏"对话框了解正在执行的宏的一些信息,包括宏名称,如果是带条件的宏,则显示条件表达式的判断结果和正在执行的操作名称和参数。如果宏操作运行无错误,则在对话框中单击"继续"按钮,否则,弹出一个消息框,告知用户相关错误信息,然后对发生错误的操作进行修改,并多次进行修改和调试,直至整个宏都运行正确。

📖 任务设计

打开"教学信息管理系统"数据库,调试独立宏。操作步骤如下。

① 在"导航窗格"中,选择"AutoExec"宏,单击右键,在弹出的快捷菜单中选择"设计视图"命令。

② 在打开的设计视图中,单击左上角"工具"组中的单步按钮 ，再单击运行按钮 ，打开

"单步执行宏"对话框,如图 7-18 所示。

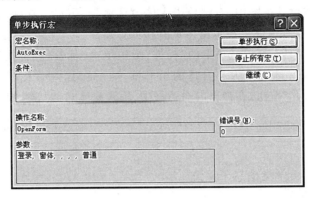

图 7-18 "单步执行宏"对话框

③ 在打开的"单步执行宏"对话框中,可以看到当前运行的宏的宏名称、条件、操作名称和参数等一系列信息,然后单击"单步执行"或"继续"按钮。如果执行没有出错,将打开"登录"窗体,再执行后面的宏操作;如果执行出错,将弹出警告消息框,告知相关的错误信息,然后单击"停止所有宏"按钮,停止宏的执行,返回"AutoExec"宏的设计视图,修改宏的设计。

项目三 宏的应用

📖 任务描述

先创建一个"学生信息子系统"窗体,然后在窗体上添加一个学生信息浏览菜单,菜单包括 3 个菜单项,分别是学生基本信息浏览、学生选课信息浏览、学生成绩信息浏览。

📖 任务分析

此任务要用到子宏,每个子宏对应菜单的一个菜单项,添加菜单的操作由"AddMenu"宏操作完成。

📖 知识链接

在宏的综合应用中,宏的使用通常要和表、窗体和报表等其他 Access 对象结合在一起。一般分为 3 步来完成:首先,创建窗体或报表等 Access 对象;其次,根据实际需要,选择设计独立宏、嵌入宏等不同类型的宏;最后,将创建完成的宏与窗体或报表等对象的事件相关联,然后进行调试运行。

📖 任务设计

首先创建"学生信息子系统"窗体。然后设计两个宏:一个用来添加菜单;另一个宏包含 3 个子宏,对应每个菜单项。最后,设置"学生信息子系统"窗体属性表的其他选项卡的菜单栏属性项。具体操作步骤如下。

① 打开"教学信息管理系统"数据库,在功能区的"创建"选项卡的"窗体"组中,单击"窗体

设计"按钮。

② 在打开的窗体设计视图中，右键单击主体节区域任意位置，在弹出的快捷菜单中选择"窗体页眉/页脚"命令，在窗体上显示窗体页眉和页脚部分。

③ 在"窗体设计工具/设计"选项卡的"控件"组中单击"标签"控件按钮，光标移到窗体页眉的合适位置，拖动鼠标画一个大小合适的矩形框，然后在其中输入"学生信息子系统"，如图 7-19 所示，单击"保存"按钮，在弹出的对话框中，输入窗体名称"学生信息子系统"。

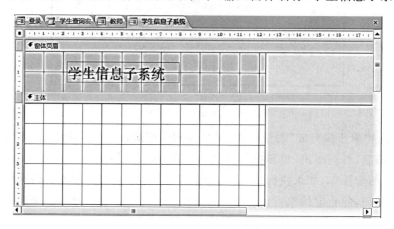

图 7-19 "学生信息子系统"窗体

④ 回到功能区，在"创建"选项卡的"宏与代码"组中，单击"宏"按钮。

⑤ 在打开的"宏工具/设计"选项卡的宏设计器中，单击"添加新操作"组合框右侧的下拉按钮，在打开的下拉列表中选择"Submacro"，然后修改子宏的名称为"学生基本信息浏览"，再设置"添加新操作"为"OpenForm"，"窗体名称"为"学生基本信息"，接下来的操作如上，依次添加"学生选课信息浏览"和"学生成绩信息浏览"子宏，"窗体名称"分别为"学生选课信息"和"学生成绩信息"，然后单击"保存"按钮，在弹出的对话框中输入宏的名称为"学生信息浏览"，如图 7-20 所示。

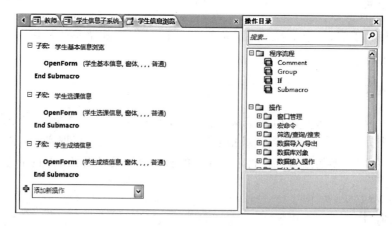

图 7-20 "学生信息浏览"宏设计视图

⑥ 再回到功能区，在"创建"选项卡的"宏与代码"组中，单击"宏"按钮。

⑦ 在打开的"宏工具/设计"选项卡的宏设计器中，单击"添加新操作"组合框右侧的下拉按钮，在打开的下拉列表中选择"AddMenu"，然后设置操作参数，添加"菜单名称"为"学生信

息浏览",添加"菜单宏名称"为"学生信息浏览",单击"保存"按钮,将宏命名为"学生信息浏览菜单",如图 7-21 所示。

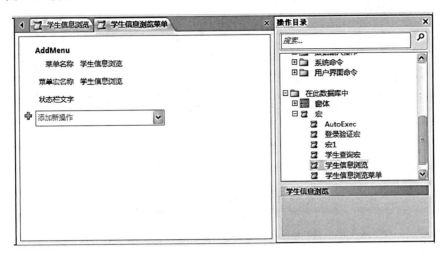

图 7-21　"学生信息浏览菜单"宏设计视图

⑧ 再打开"学生信息子系统"窗体的设计视图,在窗体的属性表中,选择"其他"选项卡,在"菜单栏"属性中输入"学生信息浏览菜单"宏名称,如图 7-22 所示。

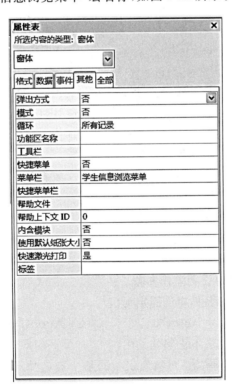

图 7-22　"学生信息子系统"窗体的属性表

⑨ 把"学生信息子系统"窗体的设计视图切换到窗体视图,在 Access 2010 中,窗体的菜单栏和工具栏放置在"加载项"选项卡中,如图 7-23 所示。

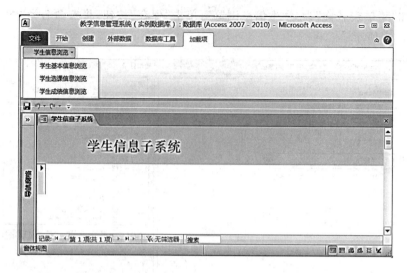

图 7-23 添加了菜单栏的"学生信息子系统"窗体

习题与实训七

一、选择题

1．OpenQuery 操作的功能是打开（   ）。

（A）报表   （B）表   （C）窗体   （D）查询

2．在宏的表达式中引用报表 BR 上的控件 name 的值，下面正确的引用是（   ）。

（A）name   （B）BR！name

（C）Reports.name   （D）［Reports］！［BR］！name

3．创建宏时，（   ）是必须要创建的。

（A）宏名   （B）条件   （C）宏操作   （D）注释

4．有关宏操作的叙述中，错误的是（   ）。

（A）宏操作可以转化为相应的模块代码

（B）包含子宏的宏用来管理相关的一系列宏

（C）使用宏可以启动其他应用程序

（D）所有宏操作都一定要设置操作参数

5．要建立自动运行宏，宏名称应当固定为（   ）。

（A）AutoExe   （B）AutoExec   （C）AutoKeys   （D）Auto

6．关于宏的执行，以下说法不正确的是（   ）。

（A）在"导航窗格"中，选择"宏"对象列表中的某个宏名并双击，可以直接运行该宏中的第一个子宏的所有宏操作

（B）在"导航窗格"中，选择"宏"对象列表中的某个宏名并双击，可以直接运行该宏中的第二个子宏的所有宏操作

（C）可以在一个宏中运行另一个宏

（D）在一个宏中可以含有 If 逻辑块

7. 在宏中,用于显示所有记录的宏命令是(　　)。

（A）MsgboxAllRecords

（B）ShowAllRecords

（C）SetProperty

（D）SaveRecords

8. 表达式 If(23/5.5 <= 3 OR 5 >= 6,68,176)的结果是(　　)。

（A）5　　　　　　　（B）6　　　　　　　（C）68　　　　　　　（D）176

9. 在"导航窗格"的"宏"对象列表中不显示(　　)。

（A）嵌入宏　　　　　（B）独立宏　　　　　（C）子宏　　　　　　（D）带条件的宏

10. 能制作菜单的宏操作是(　　)。

（A）AddMenu　　　　（B）Menu　　　　　（C）ApplyFilter　　　（D）Filter

11. 为控件设置属性值的宏操作是(　　)。

（A）SetValue　　　　（B）SetProperty　　　（C）Value　　　　　（D）SetLocalVar

12. 在 Access 系统中提供了(　　)执行的宏调试工具。

（A）同步　　　　　　（B）异步　　　　　　（C）单步　　　　　　（D）走步

13. 下列说法错误的是(　　)。

（A）嵌入宏只能被定义它的窗体或报表调用

（B）独立宏可以被不同的窗体或报表重复调用

（C）带条件的宏必须要加入 If 逻辑块

（D）嵌入宏可以出现在"导航窗格"中

14. 如果要在一个宏中调用另一个宏,需使用的宏操作是(　　)。

（A）RunCode　　　　（B）RunMacro　　　（C）Redo　　　　　　（D）StopMacro

15. 能打开警告和消息框的宏操作是(　　)。

（A）MsgBox　　　　（B）Echo　　　　　（C）MessageBox　　　（D）Beep

二、填空题

1. 宏是由一个或多个_____组成的集合,其中每个_____都实现特定的功能。

2. 使用_____可以确定在某些情况下运行宏时,是否执行某个操作。

3. 宏的使用一般是通过窗体或报表中的_____实现的。

4. 如果要建立一个宏,希望执行该宏后,首先打开一个表,然后打开一个窗体,那么在该宏中应该使用_____和_____两个宏操作。

5. 定义_____有利于数据库中宏对象的管理。

6. 实际上所有宏操作都可以转换为相应的模块代码。它可以通过_____来完成。

7. 如果要引用宏组中的宏,采用的语法是_____。

8. 可以直接在窗体或报表的设计视图中,用_____来嵌入一个宏。

9. 带参数的宏操作,有些参数是必须的,有些参数是_____。

10. 操作目录窗格由三部分组成,上部是_____部分,中间是_____部分,下部是_____的所有宏。

三、上机实训

根据"超市管理系统"数据库,完成下列实训任务。

任务一　创建独立宏

📖 实训目的

1. 熟练使用宏设计器创建独立宏。
2. 掌握宏操作参数的设置。
3. 掌握宏的各种常用操作,如删除、重命名和运行等。

📖 实训内容

1. 在"超市管理系统"数据库中创建 3 个宏,然后再建立一个窗体,名称为"命令按钮"窗体,窗体包含 3 个命令按钮,要求单击"命令"按钮(使用单击事件触发宏执行)打开已经创建的对象(包括查询、窗体、报表各一个)。按钮上显示的文字为要打开的对象名(如打开×××查询)。

2. 在"超市管理系统"数据库中建立一个名称为 AutoExec 的宏,实现自动打开上题中创建的"命令按钮"窗体。

3. 在"超市管理系统"数据库中创建一个宏,宏名称为"M7sx1-3 筛选订单信息",其操作功能为打开一个窗体,此窗体显示的内容是指定客户的订单信息,要求在窗体中只显示万丽福超市的订单信息,并且信息记录只能查看,不能更改。

任务二　创建嵌入宏

📖 实训目的

1. 理解嵌入宏的概念。
2. 掌握嵌入宏的特点。
3. 掌握创建和使用嵌入宏的方法。

📖 实训内容

1. 在"超市管理系统"数据库中,根据"雇员"表,创建一个名为"M7sx2-1 雇员信息"的窗体,打开此窗体的属性表,在"确认删除前"事件中嵌入宏操作,完成在删除数据操作之前,进行警告提示,提示信息为"请确认是否进行此删除操作"。

2. 在"超市管理系统"数据库中,创建一个名为"M7sx2-2 信息查询"的窗体,其中包含 3 个命令按钮:"打开 M5sx1-1 雇员窗体"按钮、"打开 M5sx1-2 订单明细窗体"按钮、"打开 M5sx1-3 商品窗体"按钮。要求使用嵌入宏实现以下功能:当单击任意一个命令按钮时,都可以打开相应的窗体。

任务三　创建子宏

📖 **实训目的**

1　掌握在宏设计器中创建子宏的方法。

2．掌握宏中的条件设置。

3．掌握使用对象事件触发宏执行的方法。

📖 **实训内容**

1．在"超市管理系统"数据库中，创建一个窗体"M7sx3-1 雇员工资"，要求显示工资总额在 3 200 元以上的雇员信息（使用带条件的宏来筛选），内容包括雇员 ID、雇员姓名、职务、性别、基本工资、奖金和补贴（提示：可以基于一个查询来建立窗体）。

2．在"超市管理系统"数据库中，打开模块五实训中的"M5sx2-1 商品销售信息查询"窗体，里面包括一个选项组，标签为"请选择商品类别"，选项为"日用品""婴儿用品""蔬菜"和"小食品"。另外还包括两个命令按钮，一个按钮的标题为"查询"，另一个按钮的标题为"退出"。请设计合适的宏实现如下功能：当选择某一个选项，并且单击"查询"按钮后，将打开显示此类商品销售信息的窗体，如果单击"退出"按钮，将关闭当前窗体。

3．在"超市管理系统"数据库中创建两个子宏：一个子宏的名称为"发货日期检查"，设置条件为当发货日期小于订购日期时，弹出警告提示框，提示信息"发货日期应晚于订购日期"；另一个子宏的名称为"商品数量检查"，当订购商品数量大于库存商品数量时，弹出警告提示框，提示信息"很抱歉，商品数量不足，请查询当前商品数量后，修改订购数量"。保存包含此两个子宏的宏为"M7sx3-3 生成订单判断"。

任务四　宏的综合应用

📖 **实训目的**

1．掌握使用宏创建菜单的方法。

2．掌握调试和运行宏的方法。

3．熟练运用各种宏实现程序各项功能。

📖 **实训内容**

1．在"超市管理系统"数据库中，创建"超市管理信息系统"窗体，利用子宏创建一个菜单"商品信息查询"，其包括的菜单项有库存商品信息查询、订单信息查询、打折商品信息查询。

2．在"超市管理系统"数据库中，创建"系统登录"窗体，要求如下。

① 在此窗体中包括两个文本框，两个命令按钮，一个文本框用来输入超市的雇员 ID，另一个文本框用来输入密码，一个命令按钮的标题为"登录"，另一个命令按钮的标题为"退出"。

② 当输入了正确的雇员 ID（保存在数据库的"雇员"表中）和密码"1234"，并单击"登录"按钮时，打开"超市管理信息系统"窗体（此窗体上题已创建）。

③ 接收雇员 ID 和密码的文本框都不能为空,否则提示警告信息"雇员 ID 和密码不能为空"。

④ 如果输入的雇员 ID 和密码不正确,使用消息框提示"雇员 ID 和密码不正确",然后将雇员 ID 和密码两个文本框的内容都清空,并将焦点移回到"雇员 ID"文本框。

模块八　模块和 VBA 编程应用

【学习目标】

- 掌握类模块和标准模块的创建方法。
- 掌握 VBA 程序设计常用数据类型和数据库对象。
- 掌握 VBA 流程控制语句的使用。
- 了解 VBA 数据访问对象 DAO，掌握 VBA 数据访问对象 ADO。

在 Access 系统中，借助宏对象可完成一些事件的响应处理，如打开窗口、报表和输出消息等，将宏、窗体和报表结合起来，不用编写程序就可以建立功能完善的数据库管理系统。虽然宏很好用，但其功能是有限的，只能处理一些简单的操作，运行速度较慢，也不能直接运行很多 Windows 的程序，尤其是不能自定义一些函数，当需要对某些数据进行一些特殊的分析时，它就无能为力了。由于这些局限性，所以在给数据库设计一些特殊的功能时，需要用到"模块"对象来实现，而这些"模块"都是由一种称为"VBA"的语言来实现的。使用它编写程序，然后将这些程序编译成拥有特定功能的"模块"，以便在 Access 中调用。

本模块的主要内容包括模块的概念、VBA 程序设计基础、常用函数、VBA 的程序结构、VBA 编程环境、VBA 的数据库编程。

项目一　模块与过程的创建

模块是书写和存放程序代码的地方。可以将一段具备特殊功能的代码放入模块中，当指定的事件激活模块时，其中包含的代码对应的操作就会被执行，而程序则是由过程组成的。

任务一　将宏转换为模块

📖 任务描述

虽然宏有很多功能，但其运行速度比较慢，也不能直接运行 Windows 程序，不能自定义函数，如果要对数据进行特殊的分析或操作，宏的能力就有限了。因此，微软公司设计了"模块"这个代码容器。其中包含执行相关操作的语句，它可以使 Access 自动化，可以创建自定义的解决方案。在模块中，程序代码的具体实现却是在过程中实现的。在 VBA 中可以将宏转换为模块。

📖 任务分析

在 Access 系统中，可以将创建好的宏转换为等价的模块的形式。根据要转换的宏的类型不同，转换操作有两种情况，一种是转换窗体或报表中的宏，另一种是转换不属于任何窗体和报表的全局宏。

📖 知识链接

1. 模块概述

模块是 Access 中一个重要的数据库对象，模块中可包含一个或多个过程，过程是由一系列 VBA 代码组成的。它包含许多 VBA 语句和方法，以执行特定的操作或计算数值。模块和宏的使用很相似，Access 中的宏也可以保存为模块，这样运行起来速度会加快。宏的每一个操作在 VBA 中都有相应的等效语句。使用这些语句可以实现所有的单个宏命令。

2. 模块的分类

模块分为以下两种类型。

（1）标准模块

标准模块中含有常用的子过程和函数过程，以便在数据库中让其他模块调用。标准模块中通常包含一些通用过程和常用过程，并不与任何对象有关。

（2）类模块

类模块是一种包含对象的模块，当在程序中创建一个新的对象时，窗体和报表模块都属于类模块，而且它们各自与某一个窗体和报表关联。窗体和报表模块通常都含有事件过程，用于响应窗体和报表中的事件，也可以在窗体和报表模块中创建新过程。

3. 模块的组成

无论是类模块还是标准模块都由三部分组成：声明部分、事件过程部分和通用过程部分。过程分为两种类型：子（Sub）过程和函数（Function）过程。

（1）声明部分

用户可以在声明中定义变量、常量、用户自定义类型和外部过程。在模块中声明部分和过程部分是分开的，用户在声明部分中设定的常量和变量都是全局的，声明部分中的内容可以被模块中的所有过程调用。

（2）事件过程部分

事件过程是附加在窗体和控件上的，当发生某个事件的时候，通过执行相应的过程对该事件做出响应。

（3）通用过程部分

有时多个不同的事件可能使用相同的代码，为此，可以将这段代码独立出来，编写一个过程，这种过程称为通用过程。它独立于事件过程之外，可供其他过程调用。通用过程只有被其他过程调用时才执行。

📖 任务设计

1. 转换窗体和报表中的宏

根据"教学信息管理系统"数据库，将"登录"窗体转换为模块。其操作步骤如下。

① 打开"教学信息管理系统"数据库，在导航窗格中展开已创建的窗体，右击"登录"窗体，

选择"设计视图"。

②　在"窗体设计工具"中的"设计"选项卡中,单击"工具"组中的"将窗体的宏转换为 Visual Basic 代码"按钮,弹出如图 8-1 所示的对话框。

③　用户根据需要,勾选对话框中的两项复选框内容,单击"转换"按钮。

④　弹出"转换完毕"提示对话框,如图 8-2 所示,单击"确定"按钮完成窗体宏转换。

图 8-1　"转换窗体宏"对话框　　　　　　　图 8-2　"转换完毕"对话框

转换报表宏与转换窗体宏的方法类似,就不再叙述了。

2. 转换全局宏

转换全局宏的操作步骤如下。

①　打开"教学信息管理系统"数据库,在导航窗格中展开已创建的宏,右击"stu_info_find"宏,选择"设计视图"。

②　在"宏工具"功能面板中的"设计"选项卡中,单击"工具"组中的"将窗体的宏转换为 Visual Basic 代码"按钮,如图 8-3 所示。

图 8-3　转换全局宏

③　用户根据需要,勾选对话框中的两项复选框内容,单击"转换"按钮。

④　弹出"转换完毕"提示对话框,单击"确定"按钮完成窗体宏转换。

任务二　创建模块

📖 任 务 描 述

使用模块可以自定义过程和函数,使得用户在处理相关操作时更加灵活和自由,同时有了模块,用户能实现更多的数据库操作功能。例如,建立一个模块以实现用户输入圆的半径,则可以计算出该圆的面积。

📖 **任务分析**

要计算圆的面积,首先要知道圆的面积公式,其次要知道通过什么样的方式编写代码。在 Access 系统中,可以通过创建模块来实现用户自定义的用户代码。过程是模块的组成单元。过程分为两类:子过程和函数过程。用户代码可以用子过程和函数两种方式实现。

📖 **知识链接**

1. 子过程

子过程又称为 Sub 过程,可以执行一系列操作,无返回值,定义格式如下:

Sub 过程名
［程序代码］
End Sub

2. 函数过程

函数过程又称为 Function 过程,可以执行一系列操作,有返回值,定义格式如下:

Function 过程名
［程序代码］
End Function

📖 **任务设计**

在 Access 中,可以创建类模块、标准模块。创建模块的操作步骤如下。

① 打开数据库,单击"创建"功能面板中的"宏与代码"组中的"模块"按钮,如图 8-4 所示。

图 8-4　创建模块功能面板

② 出现如图 8-5 所示的"Microsoft Visual Basic for Applications"窗口。

图 8-5　"Microsoft Visual Basic for Applications"窗口

③ 在右窗格中编写如下代码：

```
Sub mymessage()
    Dim strmsg As String, strinput As String
    strmsg = "请输入一个数"
    strinput = InputBox(strmsg)
    MsgBox("你输入数的平方是:" & strinput * strinput & "。")
End Sub
```

④ 单击工具栏中的按钮 🔲，以"计算一个数的平方"为名称保存模块，最终效果如图 8-6 所示。到此一个模块就创建好了。

图 8-6　模块代码窗口

同理通过"插入"菜单中的"过程""模块""类模块"和"文件"命令，可添加相应组件的模块。

项目二　VBA 编程及应用

VBA 是 Microsoft Office 系列软件的内置语言，与 Visual Basic 具有相同的语言功能。在进行 VBA 程序设计之前，首先应该掌握程序设计的基础知识，掌握 VBA 中使用的数据类型，VBA 中的变量、常量和数组，VBA 中常用的运算符及运算符运算的优先顺序和函数的知识。

任务一　初识 VBA 编程环境 VBE

📖 **任务描述**

在 VBE 窗口中编写一个已给定的示例代码，通过此实例来认识 VBE 窗口的基本操作，以掌握 VBE 中的常用功能。

📖 **任务分析**

VBE 窗口包括很多子窗口，如代码窗口、本地窗口、立即窗口、监视窗口、对象浏览器、工程资源管理器和属性窗口等。这些窗口在不同层面上帮助用户分析程序代码。

📖 知识链接

1. 面向对象程序设计的基本概念

所谓面向对象的程序设计,就是将面向对象的思想应用到软件工程中,并指导开发维护软件。面向对象就是基于对象的概念,以对象为中心,以类和继承为构造机制,认识、了解、描述客观世界以及开发出相应的软件的系统。对象是由数据和容许的操作组成的封装体。

Access 内嵌的 VBA 是面向对象的编程机制和可视化的编程环境,同时也提供了访问数据库和操作表中数据的基本方法。

(1)对象和类

在 Access 中,表查询、窗体、报表、页、宏和模块都是数据库的对象,控件是窗体和报表的对象。不同的对象通过不同的属性相互区别。

类是具有相同属性和方法的集合。在窗体或报表设计视图窗口中,工具箱中的每一个控件都是一个类,而在窗体和报表中创建的具体控件则是类的对象。属于同一个类的两个对象是通过属性值来区分的。对象是通过属性、方法和事件进行描述的,对象的执行行为称为方法,事件是可以被对象识别的动作。

(2)属性、方法和事件

属性、方法和事件是构成对象的三要素。

属性描述了对象的性质,如命令按钮控件的标题、名称、图片等属性。对象属性的引用方式为:对象名.属性。

方法描述了对象的行为,即在某个对象上执行的一个过程,如打开和关闭窗体等。对象方法的引用方式为:对象名.方法。

事件是由 Access 定义好的,即可以被窗体、报表以及窗体和报表上的控件等对象所识别的动作,如对象的单击、双击等操作。可以利用宏对象或者编写代码过程(称为事件过程或事件响应)来处理窗体、报表和控件的事件。

2. Visual Basic 编辑环境

在用 VBA 编写程序时,需要进入编程环境,然后才能进行程序的代码设计,VBA 的编程环境称为 Microsoft Visual Basic Edit(VBE),实际上就是 Visual Basic 编辑环境。

(1)VBE 窗口的组成

VBE 窗口的组成和 Windows 环境下的其他窗口相似,由菜单栏、工具栏、VBE 窗口等部分组成。

① 菜单栏

VBE 菜单栏包括文件、编辑、视图、插入、调试、运行、工具、外接程序、窗口和帮助,如图 8-7 所示。

图 8-7　VBE 窗口的菜单栏

② 工具栏

VBE 工具栏包括标准工具栏、编辑工具栏、调试工具栏和用户窗体工具栏等。

a. 标准工具栏

标准工具栏是 Windows 中常用的工具栏，包含保存、新建、撤销、复制、粘贴、查找等常用工具，如图 8-8 所示。

图 8-8　标准工具栏

b. 编辑工具栏

编辑工具栏包含几个编辑代码时经常使用的工具，包括属性/方法列表、常数列表、快速信息、参数信息、自动完成关键字、缩进、凸出、切换断点等工具，如图 8-9 所示。

c. 调试工具栏

调试工具栏主要用于程序的调试，主要包括设计模式、运行子过程/用户窗体、中断、逐语句、逐过程、跳出、本地窗口、立即窗口、监视窗口、快速窗口和调用堆栈等，如图 8-10 所示。

图 8-9　编辑工具栏　　　　　　　　　　　图 8-10　调试工具栏

d. 用户窗体工具栏

用户窗体工具栏主要用于窗体中对象的位置和对齐方式的设置，主要包括移至顶层、移至底层、组、取消组、对齐、居中、相同尺寸、缩放等，如图 8-11 所示。

图 8-11　用户窗体工具栏

（2）VBE 窗口

VBE 使用一组窗口来显示不同对象或者完全不同的任务。VBE 窗口包括代码窗口、本地窗口、立即窗口、监视窗口、对象浏览器、工程资源管理器和属性窗口。

① 代码窗口

代码窗口用来编写、显示以及编辑 VBA 代码。打开模块的代码窗口可以查看不同窗体或模块中的代码，并且可以在它们之间进行编辑操作。图 8-12 所示为"求两个数的和"代码窗口。

图 8-12　"求两个数的和"代码窗口

在窗口中,包括对象框、过程/事件框、全模块视图、过程视图和代码编辑区。

a. 对象框:是一个列表框,用于显示所选对象的名称,单击列表框中右边的箭头显示窗口中的所有对象。在对象框中,如果列出的是"通用",则过程框会列出所有的声明、对应程序代码以及为此窗体所创建的常规过程。

b. 过程/事件框:也是一个列表框,可以列出所有 VBA 的事件。如果选择了一个事件,则与事件名称相关的过程会显示在代码窗口。

c. 全模块视图:显示模块的全部代码。

d. 过程视图:显示模块的过程代码。

e. 代码编辑区:用来编辑代码的区域。

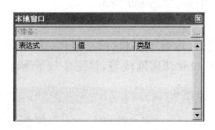

图 8-13　本地窗口

② 本地窗口

本地窗口自动显示当前的变量声明及变量值,若本地窗口是可见的,则每当执行方式切换到中断模式或者操作栈中的变量时,它就会自动重新显示。如图 8-13 所示,本地窗口的部件有调用堆栈按钮、表达式、值和类型。单击调用堆栈按钮,可以打开调用堆栈对话框,显示调用堆栈的过程。表达式列出变量的名称。值列出所有变量的值。类型列出变量的类型,在此不能编辑。

③ 立即窗口

立即窗口在中断模式下,用来显示过程框中的内容。在立即窗口中,键入或粘贴一行代码按回车键可以直接执行。图 8-14 所示为立即窗口。

④ 监视窗口

监视窗口用来显示当前工程中定义的监视表达式的值。当工程中定义有监视表达式时,监视窗口就会自动打开。图 8-15 所示为监视窗口。监视窗口的部件有表达式、值、类型和上下文。表达式列出监视表达式,并且在最左边列出监视视图。值列出在切换成中断模式时表达式的值,可以利用编辑键对值进行编辑。类型列出表达式的类型。上下文列出监视表达式的内容。

如果进入中断模式,监视表达式的内容不在范围内,则当前的值不显示。

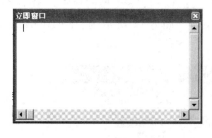

图 8-14　立即窗口

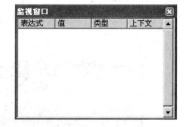

图 8-15　监视窗口

⑤ 对象浏览器

对象浏览器用于显示对象库及工程中过程的可用类、属性、方法、事件及常数变量,可以用来搜索或使用已有的对象,或是来源于其他应用程序的对象。图 8-16 所示为对象浏览器窗口。对象浏览器窗口的部件有工程/库框、搜索文本框、搜索结果列表、类列表、成员列表等。

工程/库框：显示活动工程当前所引用的库，可以在引用对话框中添加库。搜索文本框：包括用来搜索的字符串。搜索结果列表：显示搜索字符中所包含工程的对应库、类及成员。类列表：显示工程/库框中选定的库和工程中所有可能的类，成员列表：按组显示出在"类"框中所选类的成员，在每个组中按字母排序。

图 8-16　对象浏览器窗口

⑥ 工程资源管理器

工程资源管理器显示工程层次结构的列表及每个工程所包含与引用的项目。在工程资源列表窗口中列出了所有已经装入的工程及工程中的模块。图 8-17 所示为工程资源管理器窗口。工程资源管理器包括查看代码、查看对象和切换文件夹按钮。查看代码：显示代码窗口，以编写或编辑所选工程目标代码。查看对象：显示选取的工程，可以是文档或者用户应用窗体的对象窗口。切换文件夹：可以显示或隐藏正在显示对象的文件或文件夹。

⑦ 属性窗口

属性窗口列出了选定对象的属性，可以改变或查看这些属性。当选取多个控件时，属性窗口会列出所有控件的共同属性。图 8-18 所示为属性窗口。

图 8-17　工程资源管理器窗口

图 8-18　属性窗口

📖 任务设计

1. 进入 VBE 编写示例程序代码

示例代码：

```
Sub Sum()
    Dim a As Integer, b As Integer
    a = 12：b = 20
    Debug.Print "计算两个数的和"
    Debug.Print "a = ", a, "b = ", b
    Debug.Print "a + b = ", a + b
End Sub
```

当要编写代码时，需要用 VBA 编程，这时需要进入 VBE 环境，Access 提供了以下启动

VBE 环境的方法。

① 在数据库中,单击"创建"→"Visual Basic"命令,进入 VBE 窗口。

② 在 VBE 窗口中,单击"插入"→"模块"命令,在右窗格的代码窗口中输入上述"示例代码"中所示的代码。

③ 单击工具栏上的"保存"按钮,输入模块名"求两个数的和",单击"确定"。最终效果如图 8-19 所示。

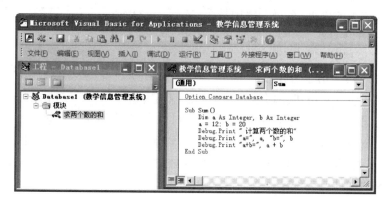

图 8-19　VBE 窗口

2. 运行模块代码并查看结果

① 在 VBE 窗口中,单击"运行"→"运行过程/用户窗体"命令。

② 在 VBE 窗口中,单击"视图"→"立即窗口"命令,即可查看运行后的结果,如图 8-20 所示。

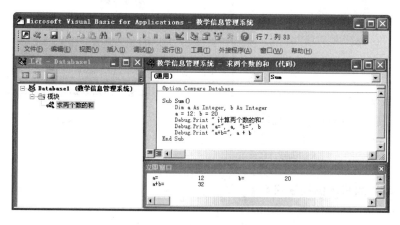

图 8-20　在立即窗口中查看运行结果

任务二　VBA 编程之数据语法表达

📖 **任务描述**

在 VBA 中,编写一个子过程以实现圆面积的计算。要求设计代码含有变量、常量及运算表达式的程序,其中圆的半径由用户输入。通过此实例来学习 VBA 程序设计基础。

📖 任务分析

在 VBA 中,程序是由过程组成的,过程由根据 VBA 规则书写的指令组成。一个程序包括语句、变量、运算符、函数、数据库对象、事件等基本要素。在 Access 程序设计中,当某些操作不能用其他 Access 对象实现或实现起来比较困难时,就可以利用 VBA 语言编写代码来完成这些复杂的任务。

📖 知识链接

1. 数据类型和数据库对象

(1) 标准数据类型

在编程环境下进行计算时,常常需要临时存储数据。与其他高级语言类似,Visual Basic 使用变量来存储值。变量有名字和数据类型,变量的数据类型决定了如何将这些值存储到计算机的内存中。

在数据库中的字段类型,在 VBA 编程中,除了 OLE 对象和备注型之外,均对应存在。常用的数据类型及其说明参见表 8-1。

表 8-1 常用数据类型及其说明

数据类型	类型表示	符 号	对应字段类型	长 度	范 围
整数	Integer	%	数字	2 字节	$-32\ 768 \sim 32\ 767$
长整数	Long	&	长整数/自动编号	4 字节	$-2\ 147\ 483\ 648 \sim 2\ 147\ 483\ 647$
单精度数	Single	!	单精度数	4 字节	负数:$-3.402\ 823E38 \sim -1.401\ 298E-45$ 正数:$1.401\ 298E-45 \sim 3.402\ 823E38$
双精度数	Double	#	双精度数	8 字节	负数:$-1.797\ 693\ 134\ 862\ 32E308 \sim -4.940\ 656\ 458\ 412\ 47E-324$ 正数:$4.940\ 656\ 458\ 412\ 47E-324 \sim 1.797\ 693\ 134\ 862\ 32E308$
字符串	String	$	文本型		$0 \sim 65\ 535$ 个字符
日期型	Date		日期/时间型	8 字节	100 年 1 月 1 日~9999 年 12 月 31 日
货币型	Currency		货币型	8 字节	$-922\ 337\ 203\ 685\ 477.580\ 8 \sim 922\ 337\ 203\ 685\ 477.580\ 7$
布尔型	Boolean		是/否	1 字节	True 为 1,False 为 0
实体型	Variant		任意		数字与单精度同,文本和字符串同

(2) 用户定义数据类型

应用过程中可以建立包含一个或多个 VBA 标准数据类型的数据类型,这就是用户定义数据类型。它不仅包含 VBA 的标准数据类型,还可以包含前面已经说明的其他用户定义数据类型。

用户定义数据类型可以在 Type…End Type 关键字之间定义,定义格式如下:

Type[数据类型名]

＜域名＞As＜数据类型＞

＜域名＞As＜数据类型＞

End Type

【实例 8-1】 定义一个学生信息数据类型。

```
Type NewStudent
StuNo As String * 7          ´学号,7位定长字符串
StuName As String            ´姓名,变长字符串
StuSex As String * 2         ´性别,2位定长字符串
StuAge As Integer            ´年龄,整型
End Type
```

上述例子定义由 StuNo(学号)、StuName(姓名)、StuSex(性别)和 StuAge(年龄)4 个分量组成的名为 NewStudent 的类型。

当需要建立一个变量来保存包含不同数据类型字段的数据表的一条或多条记录时,用户定义数据类型就特别有用。

一般使用用户定义数据类型时,首先要在模块区域中定义用户数据类型,然后以 Dim、Public 或 Static 关键字来显式定义此用户类型变量。

用户定义类型变量的取值,可以指明变量名及分量名,两者之间用英文句号"."分隔。例如,定义一个学生信息类型变量 NewStud 并赋值:

```
Dim NewStud as NewStudent
NewStud.StuNo ="20110306"
NewStud.StuName ="冯小芳"
NewStud.StuSex ="女"
NewStud.StuAge = 20
```

也可以用关键字 With 简化程序中重复的部分。例如,为上面的 NewStud 变量赋值可以用:

```
With NewStud
.StuNo = "20110306"
.StuName = "冯小芳"
.StuSex = "女"
.StuAge = 20
End With
```

(3) 数据库对象

数据库、表、查询、窗体和报表等也有对应的 VBA 对象数据类型,这些对象数据类型由引用的对象库所定义,常用的 VBA 对象数据类型和对象库中所包括的对象参见表 8-2 所示。

表 8-2　VBA 对象数据类型和对象库

对象数据类型	对象库	对应的数据库对象类型
数据计库,Database	DAO 3.6	使用 DAO 时用 Jet 数据库引擎打开的数据库
连接,Connection	ADO 2.1	ADO 取代了 DAO 的数据库连接对象
窗体,Form	Access 9.0	窗体,包括子窗体
报表,Report	Access 9.0	报表,包括子报表
控件,Control	Access 9.0	窗体和报表上的控件

对象数据类型	对象库	对应的数据库对象类型
查询,QueryDef	DAO 3.6	查询
表,TableDef	DAO 3.6	数据表
命令,Command	ADO 2.1	ADO 取代了 DAO、QueryDef 对象
结果集,DAO,Recordact	DAO 3.6	表的虚拟表示或 DAO 创建的查询结果
结果集,ADO,Recordset	ADO 2.1	ADO 取代了 DAO、Recordset 对象

2. 变量与常量

在编程环境中经常要用到一些变量和常量,什么是变量和常量呢? 简言之:变量是一个存储位置,用来存放程序运行期间可修改的数据;常量则是指其值不会变化的量。

(1) 变量

变量是指程序运行时值会发生变化的数据。系统会按照变量的数据类型在内存中为变量分配一定数量的存储单元,程序中用变量名调用存储的数据。所以,变量实际上是一个符号地址,代表了命名的存储位置。

① 变量声明

变量在使用时,必须先声明才能使用。变量在使用时都有一个唯一的标识符。变量的数据类型可以根据实际需要来指定。变量在用户使用期间,Visual Basic 就会在内存中建立一个区域,以便保存相应的信息。

变量声明用 Dim 语句,基本格式如下:

Dim 变量名 As 数据类型

变量名代表将要创建的变量名。在 Dim 语句中不必提供数据类型,如果没有数据类型,变量将被定义为 Variant。

【实例 8-2】 在子过程中使用变量。

```
Sub MyMessage( )      '是一个名为 MyMessage 的过程
    Dim Strmsg As String ,Strinput as String      '在过程中,声明了 Strmsg 、Strin-
put 为字符串变量
    Strmsg ="请输入一个数"      '提示用户输入数
    Strinput = Inputbox(Strmsg)      '将用户输入的值赋给 Strinput
    Msgbox("输入数的平方是" & Strinput * Strinput &"。")      '显示输入内容
End Sub
```

② 变量的命名原则

在 VBA 的代码中,变量的命名规则和过程的命名规则相同,规则如下。

• 变量名必须以字母开始,并且只能包含字母数字和特定的特殊字符,不能包含空格、句号、惊叹号,也不能包含字符"@""&"" $ ""♯"。

• 最大长度不超过 255 个字符。

• 不能是 VBA 的关键字(如 Dim)和保留字(如 Str)。关键字是在程序中具有语法作用的一部分词,包括预定义的语句、函数和运算符。

• 变量名不区分大小写。

变量的作用范围决定了能够使用该变量的那部分代码。一旦超出了作用范围,就不能引用它的内容。变量的作用范围要在模块中声明,变量有 Public、Private、Static 和 Dim 4 种作用范围。

a. 全局变量

全局变量也称公共变量,是在所有模块中都通用的变量,用 Public 声明。全局变量中的值用于应用程序的所有过程,与所有模块变量一样,要在程序的顶部声明段来声明全局变量。

【实例 8-3】 定义全局变量。

```
Public intvar As Integer
```

b. 模块变量

模块变量适用模块内部,对模块的所有过程都可用,但对其他模块的代码不可用。在模块的顶部声明段用 Private 关键字声明变量。

【实例 8-4】 定义模块变量。

```
Private intvar As Integer
```

c. 过程变量

过程变量适用于过程内部,只有在声明它的过程中才能被识别、使用,所以也称局部变量。过程变量用 Static 或 Dim 声明。

【实例 8-5】 定义过程变量。

```
Static intvar As Integer
```

或

```
Dim intvar Integer
```

值得注意的是:在程序运行期间,用 Static 声明的局部变量中的值一直存在,而用 Dim 声明的变量只在过程执行期间才存在。

(2) 常量

常量是在程序运行时其值不变的量。常量使用时要声明常量的值,需要使用 Const 语句。

【实例 8-6】 定义一个符号常量 PI,值为 3.141 59。

```
Const PI = 3.14159
```

如果在 Const 前加上 Global 或 Public 关键字,则会建立在所有模块都可以使用的全局符号常量。常量一旦声明就不能再进行赋值。常量具有文字常量、数字常量、符号常量、系统常量和内部常量 5 种。表 8-3 所示为常量分类及描述。

表 8-3　常量分类及描述

常量类型	描　　述
文字常量	字符串常量,如 X1、广州
数字常量	数值常量,其中包括整型数、长整型数、货币整数
符号常量	通过 Const 定义的常量,如 PI=3.1416
系统常量	如 True、False、Yes、No、On、Off、Null
内部常量	AC 开关的作为 Docmd 语句中的参数

（3）数组

数组是一组具有相同类型变量的有序集合,实际上数组变量是一组顺序排列的同名变量,如 X(1 To 10)表示一个包含 10 个数组元素的名为 X 的数组。

数组有一维数组和二维数组,数组使用之前要先定义。数组的定义格式如下。

一维数组的定义:

Dim 数组名([下标初值 To]下标终值)[As 数据类型]

二维数组的定义:

Dim 数组名([下标初值 To]下标终值,[下标初值 To]下标终值)[As 数据类型]

默认情况下,下标初值为 0,数组元素从"数组名(0)"到"数组名(下标终值)",如果使用 To 选项,则可以使用非零初值。如果数组元素变量的值个数不固定,可以使用动态数组,动态数组声明时,在括号中不写变量的范围。

【实例 8-7】　定义一个变量名为 ARR,包含 10 个元素的整型一维数组。

Dim ARR(9) As Integer

或

Dim ARR(1 to 10) As Integer

【实例 8-8】　定义一个变量名为 ARR,包含 4 行 5 列共 20 个元素的整型二维数组。

Dim ARR(3,4) As Integer

或

Dim ARR(1 to 4,1 to 5) As Integer

3. 常用标准函数

在 Visual Basic 中,有很多函数用来完成数值和字符串运算。常用的有数学函数、字符串函数、日期和时间函数、格式输出函数和类型转换函数。

（1）数学函数

在 Visual Basic 程序中,数学函数较多,常用的数学函数如表 8-4 所示。

表 8-4　常用的数学函数

函数名	功　能
Sin(Num)	正弦函数,Num 是弧度
Cos(Num)	余弦函数,Num 是弧度
Tan(Num)	正切函数,Num 是弧度
Atn(Num)	反正切函数,Num 是弧度,返回结果是弧度值
Sqrt(Num)	平方根函数
Log(Num)	对数函数
Exp(Num)	指数函数
Sgn(Num)	符号函数,Num>0 返回 1,Num<0 返回 -1,Num=0 返回 0
Abs(Num)	绝对值函数
Rnd(Num)	随机函数,产生一个在(0,1)之间的随机数,每次的值都不同,若 Num=0,则给出的是上一次本函数的随机数

（2）字符串函数

字符串函数用来完成字符串的处理，常用的字符串函数如表 8-5 所示。

（3）日期和时间函数

日期和时间函数用来处理系统的日期和时间，表 8-6 所示为常用的日期和时间函数。

（4）格式输出函数

格式输出函数 Format 用来指定数值型、日期和时间型和字符串表达式的输出格式。它的语法为：

Format（表达式，fmt）

表达式是所输出的内容，fmt 是所输出的格式。表 8-7 所示为 fmt 字符的含义。

表 8-5　常用的字符串函数

函数名	功　能	示　例	示例结果
Len(string)	求 string 的长度	Len("guangzhou 欢迎您")	15
Left(string,N)	从 string 左侧取 N 个字符	Left("guangzhou 欢迎您",9)	guangzhou
Right(string,N)	从 string 右侧取 N 个字符	Right("guangzhou 欢迎您",6)	欢迎您
Mid(string,N,M)	从 string 第 N 个字符开始，连续取 M 个字符	Mid("guangzhou 欢迎您",10,4)	欢迎
Ucase(string)	将 string 中所有的小写字符改为大写字符	Ucase("guangzhou")	GUANGZHOU
Lcase(string)	将 string 中所有的大写字符改为小写字符	Lcase("GuangZhou")	guangzhou
Space(N)	产生连续的 N 个空格	Space(4)	"　　"
Sting(N,string)	产生 N 个 string 首字符	Sting(2,"GuangZhou")	GG
Instr(string,字符,M)	查找"字符"在 string 中的首位置，M＝1，不区分大小写；否则区分大小写	Instr("Guangzhou","Zhou")	6

表 8-6　常用的日期和时间函数

函数名	功　能	示　例	示例结果
Date( )	返回系统日期	Date( )	2011-6-18
Time( )	返回系统时间	Time( )	20:15:58
Now( )	返回系统当前时间和日期	Now( )	2011-6-18　20:15:58
Month(日期表达式)	返回日期表达式中的月份	Month("2011-6-18")	6
Day(日期表达式)	返回日期表达式中的日	Day("2011-6-18")	18
Year(日期表达式)	返回日期表达式中的年份	Year("2011-6-18")	2011
Weekday(字符表达式)	返回星期几(1～7)	Weekday(date( ))	6
Hour(时间表达式)	返回时间表达式中的小时数	Hour(time( ))	20
Minute(时间表达式)	返回时间表达式中的分钟	Minute(time( ))	15
Second(时间表达式)	返回时间表达式中的秒	Second(time( ))	58

表 8-7　fmt 字符的含义

字　符	含　义
0	显示一数字,若此位置没有数字则补 0
#	显示一数字,若此位置没有数字则不显示
%	数字乘以 100 并在右边加上"%"
.	小数点
,	千分位的分隔符
—、+、$、()	这些符号出现将原样输出

【实例 8-9】　给出下列输出格式。

① Format(8,"0.000")　　　　　结果为:8.000

② Format(1314,"$#,##0")　　　结果为:$1.314

③ Format(#2011/06/18#,"aaaa")　　结果为:星期六

（5）类型转换函数

类型转换函数将参数中的表达式转换并返回指定的数据类型。表 8-8 所示为常用的类型转换函数。

表 8-8　常用的类型转换函数

函数名	功　能	示　例	示例结果
Str(数字表达式)	将数值转换为字符	Str("88.99")	"88.99"
ASC(字符表达式)	给出字符串第一个字符的十进制 ASCII 码值	ASC("ABCD")	65
Chr(0-128)	返回 ASCII 码的字符	Chr("65")	A
Val(字符表达式)	将字符表达式中的数字转换成字符	Val("99")	99
Round(X,N)	对 X 保留 N 位小数后,四舍五入	Round("3.14159,4")	3.1416

4. 运算符和表达式

在 VBA 编程环境中,可以将运算符分为算术运算符、逻辑运算符、关系运算符和连接运算符 4 种类型。不同的运算符用来构成不同的表达式,来完成不同的运算和处理。表达式是由运算符、函数和数据等内容组合而成的,根据运算符的类型可以将表达式分为算术表达式、逻辑表达式、关系表达式和字符串表达式 4 种类型。

（1）算术运算符

算术运算符用于数值的算术运算,表 8-9 所示为常用的算术运算符。

算术运算符两边的操作数都是数值型,若是数字字符或逻辑型,则自动转换为数值类型后再运算。

表 8-9　常用的算术运算符

运算符	含　义	示　例
^	乘方	2^5=32
+	加	2+5=7
—	减	10−3=7
*	乘	3 * 4=12
/	除	5/2=2.5
\	整除	5\2=2
Mod	取模(余)	5 Mod 2=1

算术运算符之间存在优先级,优先级是决定算术表达式运算顺序的原则,算术运算符的优先级从高到低依次为乘方、乘除法、整数除法、求模和加减法。

由算术运算符、数值、括号和正负号等构成的表达式称为算术表达式。在算术表达式中,括号和正负号的优先级比算术运算符要高,括号比正负号的优先级高。

【实例 8-10】 计算自述表达式 $-8+20*4$ Mod $6^{\wedge}(5\backslash2)$ 的结果。

计算过程如下:

① 计算 $(5\backslash2)$ 的结果为 2,表达式化为 $-8+20*4$ Mod $6^{\wedge}2$;

② 计算 $6^{\wedge}2$ 的结果为 36,表达式化为 $-8+20*4$ Mod 36;

③ 计算 $20*4$ 的结果为 80,表达式化为 $-8+80$ Mod 36;

④ 计算 80 Mod 36 的结果为 8,表达式化为 $-8+8$;

⑤ 计算 $-8+8$ 的结果为 0。

(2) 逻辑运算符

逻辑运算符连接逻辑运算式,逻辑运算值有两个:True(真)和 False(假)。逻辑运算符的运算结果是逻辑值。在 VBA 中,逻辑量在表达式里进行算术运算时,用"-1"代表 True,用"0"代表 False。常用的逻辑运算符有逻辑与(AND)、逻辑或(OR)和逻辑非(NOT)。若有多个条件,AND 必须全部条件为真时才为真,OR 只要有一个条件为真就为真,NOT 使条件取反值。表 8-10 所示为逻辑运算的真值表。

表 8-10　逻辑运算的真值表

A	B	A AND B	A OR B	NOT A
True	True	True	True	False
True	False	False	True	False
False	True	False	True	True
False	False	False	False	True

(3) 关系运算符

关系运算符用来表示两个值或表达式之间的大小关系,从而构成关系表达式。若关系成立,则返回 True(真值),否则返回 False(假值)。表 8-11 所示为关系运算符及示例描述。

表 8-11　关系运算符及示例描述

运算符	含　义	示　例	示例结果
=	等于	"ABCDE"="ABCD"	True
>	大于	"ABCDE">"ABCD"	True
<	小于	"AB"<"DE"	False
>=	大于等于	"AB">="CD"	False
<=	小于等于	22<=88	False
<>	不等于	"ABC"<>"abc"	True
Like	字符串匹配	"ABCDE" Like "*BC"	True
Is	对象引用比较	HowAreYou Is howareyou	True

说明：①如果两个操作数都是字符串，则按字符的 ASCII 码的值从左到右依次比较。②如果两个操作数都是数值，则按值的大小进行比较。③比较运算符的优先级相同。④所有的汉字字符大于西方字符。⑤Like 运算符是匹配运算符，用于字符串匹配，可用通配符"？""＊""＃"和［范围］［！ 范围］结合使用。其中："？"代表任何单一字符；"＊"代表任意多个（0 个或者多个）字符；"＃"代表任何一个数字（0～9）；"［范围］"表示字符列表中的任何一个单一字符；"［！ 范围］"表示不在字符列表中的任何一个单一字符。

关系运算中关系运算符的优先级是相同的，如果它们出现在同一个表达式中，按照从左到右的顺序依次运算。但关系运算符比算术运算符的优先级低。

（4）连接运算符

连接运算符具有连接字符串的功能。在 VBA 中有"＆"和"＋"两个运算符。"＆"运算符用来强制两个表达式作字符串连接。

【实例 8-11】 表达式"3＋8"＆"＝"＆"(3＋8)"的运算结果为"3＋8＝11"。

"＋"运算符在两个表达式均为字符串数据时，才将两个字符串连接成一个新字符串。

【实例 8-12】 "Visual"＋"Basic"的结果是："VisualBasic"。

📖 任务设计

根据任务描述，在 VBA 中编写代码计算圆面积的过程如下。

① 在数据库窗口中，单击"创建"→"Visual Basic"命令，进入 VBE 窗口。

② 在 VBE 窗口中，单击"插入"→"模块"命令，在右窗格的代码窗口中输入下列代码：

```
Sub area()
Dim s As Double, r As Single          rem 定义变量 s 和 r
Const pi = 3.1416                       rem 常量声明
r = Val(InputBox("请输入半径:"))      rem 提示用户输入圆的半径
If r >= 0 Then
Debug.Print "你输入的半径是:", r
s = pi * r * r                          rem 计算圆的面积表达式
Debug.Print "圆的面积是:", s
Else
MsgBox ("你输入的半径小于 0!")
End If
End Sub
```

③ 单击工具栏上的"保存"按钮，输入模块名"求圆的面积"，单击"确定"按钮。最终效果如图 8-21 所示。

④ 单击菜单栏中的"运行"→"运行子过程/用户窗体"命令，弹出对话框提示输入半径，如图 8-22 所示。输入数字"5"，单击"确定"按钮。

⑤ 单击菜单栏中的"视图"→"立即窗口"，即可以查看计算后的结果，如图 8-23 所示。

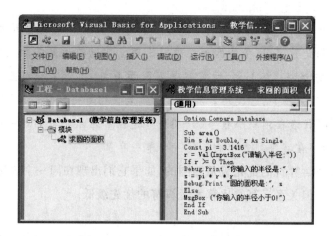

图 8-21　编辑程序代码效果

图 8-22　输入半径提示框

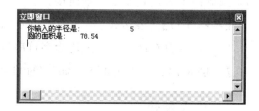

图 8-23　圆面积的结果窗口

任务三　使用 VBA 编程之流程控制语句

📖 **任务描述**

在 VBA 程序中,一条语句是能够完成某项操作的一条命令,VBA 程序的功能最终就是由大量的语句组命令构成的。这些语句命令是否按顺序一条一条地执行呢?

📖 **任务分析**

VBA 程序语句按照其功能的不同分成两大类:一是声明语句,用于给变量、常量和过程定义命名;二是执行语句,用于执行赋值操作、调用过程,实现各种流程控制。执行语句分为 3 种结构:一是顺序结构,按照语句顺序顺次执行;二是条件结构,又称选择结构,根据条件选择执行路径;三是循环结构,重复执行某一段程序语句。

📖 **知识链接**

1. 赋值语句

赋值语句是常用的语句,其作用是将表达式的值赋给一个变量或控件的一个属性。

基本格式如下:

[Let]<变量名> = <表达式>

或

<对象名>.<属性名> = <表达式>

其中,变量名为用户定义的标识符,给对象的属性赋值时,应指明对象名和属性名,缺省对象名时,表示当前窗体。

特别需要强调的是:"="是赋值符号,而不是等号,两者有严格的区别,如 $I=I+1$ 在数学上是不成立的,在计算机中经常出现类似的式子,其含义是将 $I+1$ 的值赋给变量 I。

【**实例 8-13**】 给变量 X 赋初值为 8,给变量 Y 赋值为 3。

```
X = 8
Let Y = 3
```

【**实例 8-14**】 写出下列程序的运行结果。

```
Sub Sum()
Dim a As Integer, b As Integer
a = 12 : b = 20
Debug.Print "计算两个数的和"
Debug.Print "a = ", a, "b = ", b
Debug.Print "a + b = ", a + b
End Sub
```

结果如图 8-24 所示。

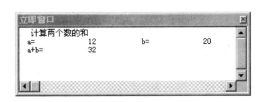

图 8-24　实例 8-14 的运行结果

2. 条件语句

在现实中经常需要根据给定的条件进行分析、判断,并根据不同的方式采取不同的操作。选择结构根据给定的条件判断语句的执行顺序,可以改变程序的执行方向。

(1)单条件选择结构

语法格式如下:

```
If <条件表达式> Then
语句序列
End If
```

在程序执行时,先判断条件表达式的值是否成立,若成立,执行语句序列,然后执行结束语句 End If;否则直接执行结束语句 End If。

【**实例 8-15**】 从键盘上输入一个数,如果该数大于 0,则使用人机对话语句 MsgBox 输出"您输入了一个大于零的数!"。

程序如下:

```
Sub Number()
```

```
        Dim Num As Integer
        Num = Val(InputBox("请您输入一个数"))
        If Num > 0 Then
        MsgBox("您输入了一个大于零的数!")
        End If
    End Sub
```

（2）选择分支语句

选择分支语句的语法格式如下：

```
If <条件表达式> Then
语句序列 1
Else
语句序列 2
End If
```

在程序执行时,先判断条件表达式的值是否成立,若成立,执行语句序列 1,然后执行结束语句 End If;否则执行语句序列 2,再执行结束语句 End If。

【实例 8-16】 从键盘上输入圆的半径,求圆的面积。如果输入的半径大于等于 0,输出圆的面积;否则输出"您输入的半径小于 0!"

程序如下：

```
Sub Area()
    Dim s As Double, r As Single
    Const PI = 3.1416
    r = Val(InputBox("请输入圆的半径"))
    If r >= 0 Then
    Debug.Print "你输入的半径是:", r
    s = PI * r * r
    Debug.Print "圆的面积是:", s
    Else
    MsgBox("您输入的半径小于 0!")
    End If
End Sub
```

（3）多重选择分支语句

有时程序的条件比较多,不能用简单的分支程序实现,如输入学生成绩,判定成绩是优秀、良好、及格、不及格等多种等级,就需要进行多重判断。

多重分支语句的语法格式如下：

```
If <条件表达式 1> Then
    语句序列 1
    ElseIf <条件表达式 2> Then
        语句序列 2
```

...
```
    ElseIf <条件表达式 n>
       语句序列 n
    Else
       语句序列 n + 1
    End If
```

在程序执行时,先判断条件表达式 1 的值是否成立,若成立,执行语句序列 1;否则再判断条件表达式 2 是否成立,若成立执行序列 2。如此继续向下判断,若条件表达式 n 成立,则执行语句 n,否则执行语句序列 $n+1$,无论执行哪一组语句序列,都会跳到结束语句 End If。

【**实例 8-17**】　从键盘上输入学生成绩,如果高于或等于 85 分,输出"优秀",如果高于或等于 75 分,输出"良好",如果高于或等于 60 分,输出"及格",否则输出"不及格"。

程序如下:

```
Sub MarkNum()
    Dim Mark As Integer
    Mark = Val(InputBox("请输入学生成绩"))
    If Mark >= 85 Then
    MsgBox("优秀")
    ElseIf Mark >= 75 Then
    MsgBox("良好")
    ElseIf Mark >= 60 Then
    MsgBox("及格")
    Else
    MsgBox("不及格")
    End If
End Sub
```

（4）多重分支语句

Select Case 语句的功能与 If…Then…Elself…Else…End If 语句的功能类似,在多重分支情况下 Select Case 语句的结构更加清晰。

多重分支语句 Select Case 的语法格式如下:

```
Select Case 测试表达式
    Case  表达式列表 1
    语句序列 1
    Case  表达式列表 2
    语句序列 2
    ...
    Case  表达式列表 n
    语句序列 n
    Case  Else
    语句序列 n + 1
```

End Select

程序执行时，若有多个 Case 与测试表达式的值相匹配，则执行第一个相匹配的 Case 语句序列；否则执行语句序列 $n+1$。测试表达式的类型可以是数值型或字符型，常用一个数值型或一个字符变量来表示。表达式列表是一个或者几个值的列表，如果一个列表中有多个值，则用逗号将其隔开。

表达式有下列 3 种形式。

① Case 表达式。如 Case 1,4，含义是测试表达式的值是否为 1 或 4。

② Case 表达式 To 表达式。如 Case 1 To 4，含义是测试表达式的值是否为 1~4 之间的值。

③ Case Is 比较运算符 表达式。如 Case Is<4，含义是判断测试表达式的值是否小于 4。

【实例 8-18】 将实例 8-17 中的算法改为多重分支语句。

```
Sub MarkNum()
    Dim Mark As Integer
    Mark = Val(InputBox("请输入学生成绩"))
    Select Case Mark
    Case Is >= 85
    MsgBox("优秀")
    Case Is >= 75
    MsgBox ("良好")
    Case Is >= 60
    MsgBox("及格")
    CaseElse
    MsgBox("不及格")
    End Select
End Sub
```

3. 循环语句

在程序中，顺序结构和选择结构程序只能执行一次，但在很多情况下，要反复执行某个过程，就要用到循环结构。循环结构是对某些语句或者某个程序段反复执行。

（1）Do While 循环

Do While 循环的语法格式如下：

```
Do While <条件表达式>
循环体
[Exit Do]
Loop
```

程序执行时，先判断条件表达式的值，若条件表达式为真，则执行循环体，遇到 Loop 语句，继续执行 Do While 判断，直到条件表达式为假，或者遇到 Exit Do，执行 Loop 语句的下一条语句。

【实例 8-19】 求 $1+2+3+\cdots+100$ 的和。

程序如下：

```
Sub Sum()
    Dim total As Integer，i As Integer
    total = 0
    i = 1
    Do While i ＜ = 100
    total = total + i
    i = i + 1
    Loop
    MsgBox("1 + 2 + 3 + … + 100 = " & total)
End Sub
```

（2）Do Until 循环

Do Until 循环的语法格式如下：

```
Do Until ＜条件表达式＞
循环体
［Exit Do］
Loop
```

程序执行时，先执行循环体，遇到 Loop 语句时返回 Do Until 判断，若条件表达式不成立，继续执行循环体，直到条件为真才退出循环。

【实例 8-20】　将实例 8-19 的 Do While 循环改为 Do Until 循环。

程序如下：

```
Sub Sum()
    Dim total As Integer，i As Integer
    total = 0
    i = 1
    Do Until i ＞ 100
    total = total + i
    i = i + 1
    Loop
    MsgBox("1 + 2 + 3 + … + 100 = " & total)
End Sub
```

（3）For…Next…循环

For…Next…循环的基本格式如下：

```
For 变量名 = 初值 To 终值 Step 步长值
循环体
Next 变量名
```

执行过程是首先对变量赋予初值，若初值超过终值，循环结束，否则执行循环体，遇到 Next 语句，变量增加一个步长，再判断初值是否超过终值，若超过则程序结束，否则继续执行循环体，直到初值超过终值。当步长值省略时，默认为 1。

【实例 8-21】 将实例 8-19 的 Do While 循环改为 For…Next…循环。

程序如下：

```
Sub Sum()
    Dim total As Integer, i As Integer
    total = 0
    i = 1
    For i = 1 To 100 Step 1
    total = total + i
    Next i
    MsgBox("1 + 2 + 3 + … + 100 = " & total)
End Sub
```

📖 **任务设计**

1. 利用选择结构语句控制程序执行的路径

利用 VBA 实现实例 8-17 的功能，具体操作步骤如下。

① 在数据库窗口中，单击"创建"→"Visual Basic"命令，进入 VBE 窗口。

② 在 VBE 窗口中，单击"插入"→"模块"命令，在右窗格的代码窗口中输入实例 8-17 中所给出的代码。

③ 单击工具栏上的"保存"按钮，输入模块名"判断成绩等级"，单击"确定"按钮。最终效果如图 8-25 所示。

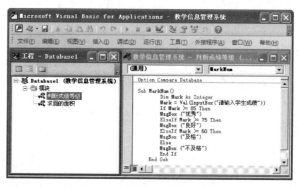

图 8-25　判断成绩等级代码窗口

④ 单击菜单栏中的"运行"→"运行子过程/用户窗体"命令，弹出对话框提示输入学生成绩，如图 8-26 所示。输入"88"，单击"确定"按钮。

⑤ 弹出对话框显示程序运行后的结果，如图 8-27 所示。单击"确定"按钮。

图 8-26　输入学生成绩提示框

图 8-27　成绩等级判断结果窗口

2. 利用循环结构语句控制程序执行的次数

利用 VBA 实现实例 8-19 的功能,具体操作步骤如下。

① 在数据库窗口中,单击"创建"→"Visual Basic"命令,进入 VBE 窗口。

② 在 VBE 窗口中,单击"插入"→"模块"命令,在右窗格的代码窗口中输入实例 8-19 中所给出的代码。

③ 单击工具栏上的"保存"按钮,输入模块名"1 到 100 累加求和",单击"确定"按钮。最终效果如图 8-28 所示。

④ 单击菜单栏中的"运行"→"运行子过程/用户窗体"命令,弹出运算结果对话框,如图 8-29 所示。

⑤ 单击"确定"按钮。

在实际编程中,程序语句命令只要被执行就可以实现相关的操作功能,要自由灵活地控制程序的执行就必须运用好程序设计中的流程控制语句。

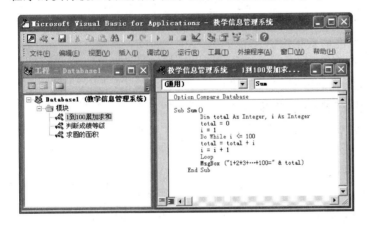

图 8-28 1 到 100 累加求和代码窗口

图 8-29 运算结果

任务四 VBA 数据库编程

📖 **任务描述**

在数据库中,要想有效地管理数据库,开发出具有实际应用价值的数据库应用程序,必须掌握 Access 数据库编程方法。

📖 **任务分析**

Access 系统提供了功能强大的数据库引擎,数据库引擎实际上是一组动态链接库,当程序运行时,被链接到 VBA 程序实现对数据库数据的访问。它是应用程序和物理数据库之间的桥梁(这样数据与程序相对独立,减少了大量数据冗余),是一种通用的接口方式,用户可以用统一的形式访问数据库。

📖 **知识链接**

1. 数据访问接口

在 VBA 中提供了开放式数据库互连应用编程接口(Open DataBase Connectivity API,

ODBC API)、数据库访问对象(Data Access Objects,DAO)和 Active 数据对象(ActiveX Data Objects,ADO)3 种数据库访问接口。

（1）API

目前 Windows 提供的 32 位 ODBC 驱动程序对每一种客户/服务器 RDBMS、最流行的索引顺序访问方法(ISAM)数据库（如 Jet、dBase、Foxbase 和 FoxPro）、扩展表 Excel 和划界文本文件都可以操作。

在 Access 中，直接使用 ODBC API 需要大量的 VBA 函数原型声明和一些烦琐、低级的编程，因此，在实际编程中很少直接进行 ODBC API 的访问。

（2）DAO

DAO 提供了一种访问数据库的对象模式，如 DataBase、QueryDef 等对象，利用其中定义的一系列数据库访问对象，实现对数据库的各种操作。

（3）ADO

ADO 是基于组件的数据库编程接口，是一个和编程语言无关的 COM 组件系统。使用它可以方便地连接任何符合 ODBC 标准的数据库。

VBA 通过数据库引擎可以访问的数据库有以下几种类型。

- 本地数据库：Access 数据库。
- 外部数据库：所有的索引顺序访问方法数据库。
- ODBC 数据库：符合开放数据库连接标准的 C/S 数据库，如 Oracle、Microsoft SQL Server。

2. 数据访问对象

（1）DAO

DAO 是 VBA 提供的一种数据访问接口，包括数据库的创建、表和查询的定义等工具，借助 VBA 代码可以灵活地控制数据访问的各种操作。

① 设置 DAO 库的引用

在 Access 中，要想使用 DAO 的访问数据库的对象，应增加对 DAO 库的引用。

DAO 引用库的设置步骤如下。

a. 进入 VBE 编辑环境。

b. 单击"工具"→"引用"命令，出现如图 8-30 所示的 DAO 对象库引用对话框。

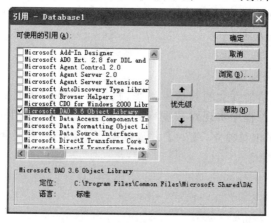

图 8-30　DAO 对象库引用对话框

c. 在对话框的"可使用的引用"列表选框选项中,单击"Microsoft DAO 3.6 Object Library"复选框。

d. 单击"确定"按钮。

DAO 提供一系列对象来进行数据库访问。

- DBEngine 对象:表示 Microsoft Jet 数据库引擎,包含并控制 DAO 中的其余全部对象。用作访问所有后继 DAO 的最高层接口。
- Workspace 对象:工作区,用于创建数据库文件或 DataBase 对象。
- DataBase 对象:操作的数据库对象,用于创建表格定义或 TableDef 对象。
- RecordSet 对象:数据库操作返回的记录集。
- Field 对象:记录集中的字段数据信息,用于定义数据库表格中域(字段)的特征。
- Error 对象:数据提供程序出错时的扩展信息。
- QueryDef 对象:数据库查询信息。

② 利用 DAO 访问数据库

利用 DAO 访问数据库时,首先要创建对象变量,然后通过对象方法和属性来进行操作。下面是数据库操作的步骤和常用语句。

a. 创建对象变量。

定义工作区对象变量:Dim Ws As Workspace。

定义数据库对象变量:Dim Db As DataBase。

定义记录集对象变量:Dim Rs As RecordSet。

b. 通过 Set 语句设置各个对象变量的值。

```
Set Ws = DBEngine.Workspace(0)              ′打开默认工作区
Set Db = Ws.OpenDataBase(数据库文件名)       ′打开数据库文件
Set Rs = Db.OpenRecordSet(表名、查询名或 SQL 语句)  ′打开数据库记录集
```

c. 通过对象的方法和属性进行操作。

通常使用循环结构处理记录集中的每一条记录。

```
Do While Rs.Eof          ′查询整个记录集直至末尾
…                        ′字段数据的操作序列
Rs.MoveNext              ′记录指针下移一条记录
Loop
```

d. 操作后的结束工作。

关闭记录集:Rsc.Close。

关闭数据库:Db.Close。

回收记录集对象变量占用的空间:Set Rs=Nothing。

回收数据库对象变量占用的空间:Set Db=Nothing。

(2) ADO

ActiveX 数据库对象是基于组件的数据库编程接口,它是一个和编程语言无关的 COM 组件系统,可以对来自多种数据库提供者的数据进行选取和写入操作。

① 设置 ADO 库的引用

在 Access 中,要想使用 ADO 的各个访问对象,应增加对 ADO 库的引用,Access 2010 中

ADO 的引用库为 ADO 2.8。

ADO 引用库的设置步骤如下。

a. 进入 VBE 编程环境。

b. 单击"工具"→"引用"命令,出现 ADO 对象库引用对话框。

c. 在对话框的"可使用的引用"列表框选项中,单击"Microsoft ActiveX Data Object2.8 Library"复选框。

d. 单出"确定"按钮。

当打开一个新的 Access 2003 数据库时,Access 会自动增加一个对 Microsoft ActiveX Data Object2.1 Library 库的引用,但在 Access 2010 中却不会自动增加 DAO 或 ADO 引用库。ADODB 前缀是 ADO 类型库的短名称,用于识别与 DAO 中同名的 ADO 对象。

ADO 提供一系列数据对象来进行数据库访问处理。

- Connection 对象:指定数据库提供者,参阅到数据源的连接。
- Command 对象:命令,如可以用命令对象执行一个 SQL 存储过程或有参数的查询。
- RecordSet 对象:数据库操作返回的记录集。
- Field 对象:记录集中的字段数据信息。
- Error 对象:数据提供程序出错时的扩展信息。

Connection 对象和 Command 对象是 ADO 的两个最重要的对象。

② 利用 ADO 访问数据库

利用 ADO 访问数据库时,首先要创建对象变量,然后通过对象方法和属性来进行操作。下面是数据库操作的步骤和常用语句。

在 Connection 对象上打开 RecordSet 通常有下列几个步骤。

a. 创建对象变量。

定义连接对象变量:Dim Cn As ADODB. Connection。

定义记录集对象变量:Dim Rs As ADO. RecordSet。

定义字段对象变量:Dim Fs As ADODB. Field。

b. 对象变量赋值。

打开一个连接:Cn. Open 连接串等参数。

打开一个记录集:Rs. Open 查询串等参数。

设置字段引用:Set Fs=…

c. 通过对象的方法和属性进行操作。

通常使用循环结构处理记录集中的每一条记录。

```
Do While Not Rs.Eof        '查询整个记录集直至末尾
…                          '字段数据的操作序列
Rs.MoveNext                '记录指针下移一条记录
Loop
```

d. 操作后的结束工作。

关闭记录集:Rs. Close。

关闭连接:Cn. Close。

回收记录集对象变量占用的空间:Set Rs=Nothing。

回收连接对象变量占用的空间:Set Cn＝Nothing。

在 Command 对象上打开 RcordSet 通常有下列几个步骤。

a. 创建对象变量。

定义命令对象变量:Dim Cn As ADODB. Command。

定义记录集对象变量:Dim Rs As ADODB. RecordSet。

定义字段对象变量:Dim Fs As ADODB. Ficld。

b. 设置命令对象的活动连接、类型及查询等属性。

```
With Cn
    .Activeconnection = 连接串
    .CommandType = 命令类型参数
    .CommandText = 查询命令串
End With
Rs.Open Cn,其他参数          ´设置 Rs 的 Activeconnection 属性
```

c. 通过对象的方法和属性进行操作。

```
Do While Not Rs.Eof
...
Rs.MoveNext
Loop
```

d. 操作后的结束工作。

关闭记录集:Rs. Close。

回收记录集对象变量占用的空间:Set Rs＝Nothing。

📖 任务设计

在"教学信息管理系统"数据库中编写子程序 AddScore()使"成绩"表中的每位同学的分数增加 5 分。操作步骤如下。

① 打开前面已建好的"教学信息管理系统"数据库,单击"创建"→"Visual Basic"命令,进入 VBE 窗口。

② 在 VBE 窗口中,单击"插入"→"模块"命令,在右窗格的代码窗口中输入下列代码:

```
Sub addScore()
    Rem 创建或定义对象变量
    Dim cn As New ADODB.Connection          ´连接对象
    Dim rs As New ADODB.RecordSet           ´记录集对象
    Dim fd As ADODB.Field                    ´字段对象
    Dim strconnect As String                 ´连接字符串
    Dim strsql As String                     ´查询字符串
    Set cn = CurrentProject.Connection       ´设置连接数据库
    strsql = "select 分数 from 成绩"          ´设置查询字符串
    rs.Open strsql, cn, adOpenDynamic, adLockOptimistic, adCmdText   ´记录集
```

```
        Set fd = rs.Fields("分数")              '设置"分数"引用
        Rem 对记录集用循环进行查找
        Do While Not rs.EOF
        fd = fd + 5                             '分数增加 5 分
        rs.Update                               '更新记录,保存成绩
        rs.MoveNext                             '记录指针下移
        Loop
        Rem 关闭并回收对象变量
        rs.Close
        cn.Close
        Set rd = Nothing
        Set cn = Nothing
End Sub
```

最终效果如图 8-31 所示。

图 8-31　数据库访问代码

③ 执行主菜单"运行"→"运行子过程/用户窗体"命令,或单击工具栏上的"运行子过程/用户窗体"按钮 ▶ 。结果可以看到数据库中的"成绩"表的"分数"字段每项的值多加了 5 分,如图 8-32 和图 8-33 所示。

学号	课程编号	分数	单击以添加
200901001	S0101	62	
200901001	S0103	51	
200901001	S0109	91	
200901002	S0102	62	
200901002	S0104	82	
200901003	S0103	62	
200901003	S0105	76	
200901004	S0104	51	
200901004	S0106	77	
200901005	S0105	50	
200901005	S0111	70	
200902001	S0104	67	
200902001	S0111	40	
200902002	S0105	78	

图 8-32　执行过程前的"成绩"表

学号	课程编号	分数	单击以添加
200901001	S0101	67	
200901001	S0103	56	
200901001	S0109	96	
200901002	S0102	67	
200901002	S0104	87	
200901003	S0103	67	
200901003	S0105	81	
200901004	S0104	56	
200901004	S0106	82	
200901005	S0105	55	
200901005	S0111	75	
200902001	S0104	72	
200902001	S0111	45	
200902002	S0105	83	

图 8-33　执行过程后的"成绩"表

④ 单击工具栏上的"保存"按钮,保存该模块,名为"AddScore"。

到此,一个能够对数据库表进行操作的子过程就创建好了。

习题与实训八

一、选择题

1. 过程分为( )类型。

(A) 4 种　　　　　(B) 3 种　　　　　(C) 2 种　　　　　(D) 1 种

2. 在 VBA 中定义符号常量可以用关键字( )。

(A) Dim　　　　　(B) Long　　　　　(C) Main　　　　　(D) Const

3. 函数过程不能使用( )来调用执行。

(A) Call　　　　　(B) Dim　　　　　(C) Main　　　　　(D) Public

4. 下面的逻辑运算符的优先级比较,正确的是( )。

(A) NOT>AND>OR　　　　　　　(B) AND >NOT>OR

(C) NOT>OR>AND　　　　　　　(D) OR>AND>NOT

5. 下列不属于系统常量的是( )。

(A) True　　　　　(B) No　　　　　(C) Null　　　　　(D) Nothing

6. 在 Access 中,模块分为( )类型。

(A) 4 种　　　　　(B) 3 种　　　　　(C) 2 种　　　　　(D) 1 种

7. 在 VBA 中定义整数可以用类型标识( )。

(A) Long　　　　　(B) String　　　　　(C) Integer　　　　　(D) Date

8. 变体类型不包含的特殊值是( )。

(A) Empty　　　　　(B) Error　　　　　(C) Null　　　　　(D) Is Null

9. 在 VBA 中定义局部变量可以用关键字( )。

(A) Const　　　　　(B) Dim　　　　　(C) Public　　　　　(D) Static

10. 下面表达式为假的是( )。

(A) (4>3)　　　　　　　　　　(B) ((4 OR(3>2))=−1)

(C) ((4 AND(3<2))=1)　　　　　(D) (NOT(3>=4))

11. 已定义好有参函数 f(m),其中形参 m 是整型量。下面调用该函数,传递实参为 6,将返回的函数值赋给变量 t。以下正确的是( )。

(A) t= f(m)　　　　　　　　　(B) t=Call f(m)

(C) t= f(6)　　　　　　　　　(D) t=Call f(6)

12. 运行下面的程序段:

```
For k = 5 to 10 Step 2
k = k * 2
Next k
```

则循环次数为( )。

(A) 1　　　　　(B) 2　　　　　(C) 3　　　　　(D) 4

13. 执行下面的程序段后,x 的值为(　　)。

```
x = 5
For I = 1 to 20 Step 2
x = x + I\5
Next I
```

(A) 21　　　　　　(B) 22　　　　　　(C) 23　　　　　　(D) 24

14. 阅读下面的程序段:

```
For i = 1 to 3
For j = 1 to i
For k = j to 3
a = a + 1
next k
next j
next i
```

执行上面的嵌套循环后,a 的值为(　　)。

(A) 3　　　　　　(B) 9　　　　　　(C) 14　　　　　　(D) 21

15. 在有参数函数设计时,要想实现某个参数的"双向"传递,就应当说明该形参为"传址"调用形式。其设置选项是(　　)。

(A) ByVal　　　　　　　　　　　(B) ByRef

(C) Optional　　　　　　　　　　(D) ParamArray

16. 在 VBA 中用实际参数 a 和 b 调用有参过程 Area(m,n)的正确形式是(　　)。

(A) Area m,n　　　　　　　　　　(B) Area a,b

(C) Call Area(m,n)　　　　　　　(D) Call Area a,b

17. 定义了二维数组 A(2 to 5,5),则该数组的元素个数为(　　)。

(A) 25　　　　　　(B) 36　　　　　　(C) 24　　　　　　(D) 20

18. 下面程序:

```
Private Function a(load As Integer) As Single
If load <20 Then
    Money = load/2
Else
    Money = 20 + load
End If
a = Money
End Function
Private Sub Form_Click()
    Dim load As Integer,fee As Single
    Load = InputBox("请输入一个数:")
fee = a(load)
```

```
Debug.Print fee
End Sub
```

在提示框输入"20",运行后的输出结果是(　　)。

(A) 10　　　　　　　　　　　　(B) 20

(C) 40　　　　　　　　　　　　(D) 显示错误信息

19. 下列程序：

```
Private Sub Form_click()
Dim x(3,3)
For j = 1 to 3
    For k = 1 to 3
If j = k Then x(j,k) = 1
If j<>k Then x(j,k) = k
    Next k
Next j
Call fun(x())
End Sub
Private Sub fun(x())
For j = 1 to 3
    For k = 1 to 3
Debug.Print x(j,k)
Next k
Next j
End Sub
```

运行程序时,输出结果为(　　)。

(A) 1　2　3　1　1　3　1　2　1　　　　(B) 1　1　1　2　1　2　3　3　1

(C) 1　2　3　　　　　　　　　　　　(D) 显示错误信息

　　　1　2　3

　　　1　2　1

20. 在 DAO 的对象层次中,表示数据库查询信息的是(　　)。

(A) Error 对象　　　　　　　　　(B) QueryDy 对象

(C) DBEngine 对象　　　　　　　(D) RecordSet 对象

二、填空题

1. _____定义时不需要为常量指明数据类型,VBA 会自动按存储效率最高的方式来确定其数据类型。

2. 编程时,根据变量直接定义与否,可以将变量划分为_____和_____两种形式。

3. 算术运算符主要有乘幂、_____、_____、整数除法、求模运算、_____及_____7个运算符。

4. 字符串连接运算符有_____和_____两个。

5. _____为变量指定一个值或表达式。

6. 可以用_____语句声明一个新的子过程、它包含的参数和子过程代码。

7. 在 VBA 中,注释可以通过_____种方式实现。

8. Sub 过程又称为_____。

9. VBA 的 3 种流程控制结构为_____、_____、_____。

10. VBA 主要提供了 3 种数据库访问接口:ODBC API、DAO 和_____。

三、上机实训

任务一　模块程序设计和 VBA 控制语句

📖 **实训目的**

1. 熟练掌握标准模块的创建和使用。

2. 掌握类模块的创建和使用。

3. 熟练掌握顺序、分支和循环 3 种程序控制结构的使用。

📖 **实训内容**

1. 创建具有计算圆面积功能的标准模块。

2. 创建顺序结构程序及 InputBox 函数和 MsgBox 函数的使用,实现功能:输入你的名字,用 MsgBox 函数输出欢迎信息。

3. 用 If…Else…分支结构创建一个"密码验证"窗体。

4. Select Case 多分支结构的使用。实现功能:输入一个百分制成绩,输出该成绩对应的等级,即 90~100 为优秀,80~89 为良好,70~79 为中等,60~69 为及格,0~59 为不及格。

5. 利用 For…Next…循环结构设计一个窗体,输入数字 n 和字符 s 后,单击"输出"按钮,这时会在窗体上面的文本框中生成 n 个 s。

6. 利用 Do…Loop 循环结构实现求 $1+2+3+\cdots+100$ 的和。

任务二　过程调用设计和 VBA 数据库访问

📖 **实训目的**

1. 熟练掌握过程调用的方法。

2. 理解过程调用过程中数据传递的方式。

3. 了解 VBA 中数据访问接口类型。

4. 掌握 ADO 的主要对象及其属性和方法。

📖 **实训内容**

1. 子过程调用。实现功能:创建一个子过程 S1(),其功能为计算圆的面积,调用该过程完成圆面积的计算。

2. 函数过程的调用。实现功能:创建函数过程 F1(),其功能为计算某数的阶乘,然后调用该函数过程计算某数的阶乘。

3. 在"超市管理系统"数据库中,自行设计一个用来登录系统的窗体,如图 8-34 所示。实现功能:在窗体上的文本框中输入用户名和密码,单击"登录"按钮后能自动根据"超市管理系统"数据库中的"用户口令"表中的用户名和密码字段进行对比,如果匹配成功就能打开"主界面"窗体。

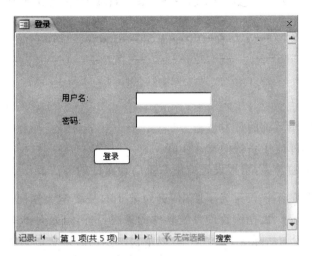

图 8-34　"登录"窗体

模块九　实现教学信息管理系统

【学习目标】

- 了解数据库应用系统的开发过程。
- 掌握创建数据库应用系统的设计步骤。
- 了解启动属性的含义,掌握设置应用系统启动属性的方法。

学习 Access 的目的不仅仅是为了使用,更为重要的是要学会如何进行应用系统的开发,这也是学习和使用 Access 数据库管理系统软件的最终目标,也是对本书学习过程的一个全面的综合运用和训练。为前后呼应,贯穿一线,以本模块以前各模块讲到的"教学信息管理系统"数据库为例,介绍如何设计一个数据库应用系统;同时,介绍数据应用系统开发的一般过程,以实现学习本书的预期目标。

项目一　系统需求分析和数据库设计

在教学管理中,一个良好的教学信息管理系统可以有效地帮助教学管理人员开展日常工作。该系统可以大幅度提高工作效率。

任务一　进行需求分析和模块设计

📖 任务描述

随着信息化建设的日益成熟,学校的教学管理事务也慢慢转向由信息化系统代替人工管理的阶段,为了提高教学信息处理能力,增强教学管理水平,市场上相继出现了各种不同的教学信息管理系统。

📖 任务分析

开发一个符合用户需求的数据库应用系统,必须深入了解一个数据库应用系统的设计流程。同时也要深入了解用户的使用环境,从而进行详细的需求分析,以便设计数据库系统的各个模块。

📖 知识链接

数据库应用系统的开发设计过程一般采用生命周期理论。生命周期理论是应用系统从提出需求、形成概念开始,经过分析认证、系统开发、使用维护,直到淘汰或被新的应用系统所取代的一个过程。其设计过程可以分为 6 个阶段:需求分析、概念设计、逻辑设计、物理设计、数据库实施和运行、数据库的使用和维护。结合 Access 自身的特点,使用 Access 开发一个数据库应用系统,其系统设计步骤如下。

① 用户提出需求。

② 初步调查,了解情况,进行可行性分析。

③ 设计数据库,建立系统功能模块结构图。

④ 设计数据输入界面,如窗体、数据访问页等。

⑤ 设计数据输出界面,如报表、查询等。

⑥ 设计宏操作及 VBA 程序代码。

⑦ 设计系统菜单。

⑧ 系统测试和系统功能改进。

⑨ 打包,制作安装程序和使用说明。

⑩ 系统最后测试修正。

⑪ 交付用户,发布完成。

通常开发一个数据库应用系统是由用户提出的,开发人员到用户处进行初步调查,了解情况,拟订初步方案,在征得用户的同意后,开始系统的分析与设计。现在就以“教学信息管理系统”数据库为例,说明如何使用 Access 开发一个数据库应用系统。

📖 **任 务 设 计**

1. 需求分析

教学管理信息是学校的一项重要数据资源,因而教学信息管理必然成为学校的一项常规性的重要工作,是学校管理工作中不可缺少的一部分,为了适应教育改革和推进素质教育发展的需要,教学信息管理从以前的手工管理逐渐被规范化的管理信息系统所代替,这是必然的趋势。那么,一个学校到底需要什么样的教学信息管理系统呢?每个学校都有不同的需求。即使有同样的需求也可能有不同的工作习惯。因此,了解需求是十分重要的,在程序开发之前应和相关教学部门进行沟通和交流。

本模块是以假设的需求开发该教学信息管理系统的。假设的需求主要有以下几点。

① 首先,系统应该能够对使用该系统的教学部门的教学信息进行记录,包括教师、学生和与课程相关的基本信息等。

② 其次,系统应该能够对教师、学生及课程和成绩信息的变更情况进行记录。

③ 再次,系统应该能够根据需要进行各种统计和查询,如查询教师和学生的基础信息及学生成绩信息等。

④ 最后,系统还应该能对各种信息进行输出,如输出学生成绩单等。

2. 模块设计

了解学校的需求以后,就要明确系统的具体功能目标,设计好各个功能模块。模块化的程序设计思想是当今程序设计中最重要的程序开发思想之一。

教学信息管理系统功能模块可以由 7 个部分组成,每个部分根据实际应用又包含不同的功能。

① 系统登录模块。用来验证管理用户的身份,是维持系统安全性而设计的最简单方法。

② 数据输入模块。通过该模块,实现对管理的数据信息的录入操作。

③ 数据浏览模块。通过该模块,可以快速浏览教师和学生的基本信息。

④ 数据维护模块。通过该模块,可以对当前系统信息进行修改、删除、追加和保存。

⑤ 数据查询模块。通过该模块,可以对当前系统的信息进行查询。

⑥ 数据打印模块。通过该模块,可以对管理数据生成报表,提供打印输出。

⑦ 退出系统模块。用来退出管理系统。

教学信息管理应用系统功能模块如图 9-1 所示。在数据库应用系统开发的实施阶段,一般采用"自顶向下"的设计思路和步骤来开发系统,这样以功能模块为单位将整个数据库程序组成一个有层次的树形结构。

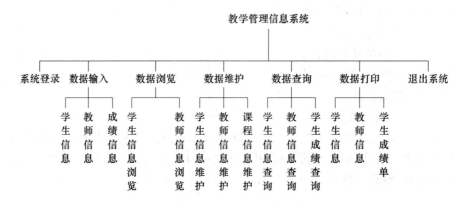

图 9-1　教学信息管理系统功能模块

任务二　数据库的结构设计

📖 任务描述

明确功能目标以后,首先要设计合理的数据库。数据库的设计最重要的就是数据表的设计。数据表作为数据库中其他对象的数据源,其结构设计的好坏直接影响数据库的性能,也直接影响整个系统设计的复杂程度,因此设计既要满足要求,又要具有良好的结构。设计具有良好关系的数据表在系统开发过程中是相当重要的。

📖 任务分析

以"教学信息管理系统"为例,设计该数据库中需要使用的表及表与表的关系。先设计数据库中应有的数据表和数据表之间的关系、数据表的结构,然后再设计由数据表生成的查询,设计窗体和报表,以及使用宏和 VBA 对教学信息管理系统进行开发。

📖 知识链接

在创建数据库之前,首先要设计数据库,设计数据库一般要完成以下几项工作。

收集数据:将与数据库应用系统相关的数据汇集到一起。

分析数据:根据数据库应用系统的需求,分析确定数据的来源,删除重复数据,删除无关数据。

规范数据：按数据规范化原则，设计数据库应该使用多少数据表，并合理定义每个数据表的结构及数据类型。

建立关联：在数据库中，确定表之间的关系。

任务设计

1. 数据表结构的需求分析

表就是特定主题的数据集合，它将具有相同性质的数据存储在一起。按照这样的原则，根据各个模块所要求的各种功能，来设计各个数据表。

在该"教学信息管理系统"中，初步设计了7张数据表，为了能够实现安全性，在此增加一张"用户口令"表。因此，最后就有8张数据表，各个表存储的信息如下。

① "用户口令"表：存储管理用户的用户名和密码信息。

② "教师"表：存储录入到系统里的教师基本信息。

③ "学生"表：存储录入到系统里的学生基本信息。

④ "课程"表：存储课程相关基本信息。

⑤ "专业"表：存储院系所开设的专业信息。

⑥ "成绩"表：存储学生考试课程成绩信息。

⑦ "院系"表：存储学校开设的院系信息。

⑧ "班级"表：存储学校开设的院系班级信息。

2. 构造空数据库系统

在设计数据表之前，需要先建立一个数据库，然后在数据库中创建表、窗体、查询和报表等数据库对象。下面建立一个名称为"教学信息管理系统"的空白数据库。操作步骤如下。

① 启动 Access 2010，执行"文件"→"新建"，在"可用模板"中选择"空数据库"选项，如图9-2所示。

图 9-2 创建空数据库

② 在窗口右下方的"文件名"文本框中输入"教学信息管理系统"。

③ 单击"创建"按钮，即完成一个空白数据库的创建，如图9-3所示。

3. 数据表字段设计

表是数据库应用系统最基本的数据资源，是整个系统运行过程中全部数据的来源，在"教学信息管理系统"数据库中,有"用户口令""院系""教师""课程""专业""学生""成绩""班级"8张表。通过表设计视图,在"教学信息管理系统"数据库中创建上述 8 张表。

(1)"用户口令"表

表结构如表 9-1 所示,包括用户编号、用户名、口令 3 个字段。用户编号字段为主键。

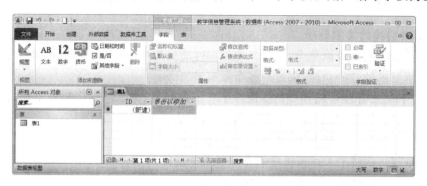

图 9-3　空数据库窗口

表 9-1　"用户口令"表结构

字 段 名	类 　型	宽 　度	小数位数	是否主键
用户编号	数值	长整型		是
用户名	文本型	50		
口令	文本型	50		

(2)"学生"表

表结构如表 9-2 所示,包括学号、姓名、性别、民族、籍贯、政治面貌、出生日期、系编号、专业代码、班级代码、照片和 E-mail 12 个字段。学号字段为主键,为系编号字段建立索引,通过该索引和"院系"表建立关联。

(3)"教师"表

表结构如表 9-3 所示,包括教师编号、姓名、性别、工作时间、政治面貌、学历、职称、系编号、联系电话 9 个字段。教师编号字段为主键。

表 9-2　"学生"表结构

字 段 名	类 　型	宽 　度	小数位数	是否主键
学号	文本型	12		是
姓名	文本型	10		
性别	文本型	2		
民族	文本型	10		
籍贯	文本型	10		
政治面貌	文本型	10		
出生日期	日期时间型			
系编号	文本型	15		
专业代码	文本型	4		
班级代码	文本型	8		
照片	OLE 型			
E-mail	文本型	60		

表 9-3　"教师"表结构

字段名	类　型	宽　度	小数位数	是否主键
教师编号	文本型	20		是
姓名	文本型	10		
性别	文本型	2		
工作时间	日期时间型			
政治面貌	文本型	10		
学历	文本型	20		
职称	文本型	20		
系编号	文本型	15		
联系电话	文本型	12		

（4）"课程"表

表结构如表 9-4 所示，包括课程代码、课程名称、课程性质、考核方式、学分、总学时、教师编号、开课院系 8 个字段。课程代码为主键。

（5）"专业"表

表结构如表 9-5 所示，包括专业代码、专业名称、系编号、专业简介 4 个字段。设置专业代码字段为主键，通过专业代码和"学生"表建立关联，通过系编号和"班级"表建立关联。

表 9-4　"课程"表结构

字段名	类　型	宽　度	小数位数	是否主键
课程代码	文本型	10		是
课程名称	文本型	30		
课程性质	文本型	10		
考核方式	文本型	10		
学分	数字型	字节		
总学时	数字型	整型		
教师编号	文本型	20		
开课院系	文本型	15		

表 9-5　"专业"表结构

字段名	类　型	宽　度	小数位数	是否主键
专业代码	文本型	4		是
专业名称	文本型	30		
系编号	文本型	15		
专业简介	备注			

（6）"成绩"表

结构如表 9-6 所示，包括学号、课程代码、成绩 3 个字段。通过学号与"学生"表建立关联，通过课程编号与"课程"表建立关联。

表 9-6 "成绩"表结构

字段名	类 型	宽 度	小数位数	是否主键
学号	文本型	12		是
课程代码	文本型	15		
成绩	数字型	整型		

（7）"院系"表

表结构如表 9-7 所示，包括系编号、系名称、系主任、办公室电话、E-mail 5 个字段。通过系编号分别和"教师"表与"学生"表建立关联。

表 9-7 "院系"表结构

字段名	类 型	宽 度	小数位数	是否主键
系编号	文本型	15		是
系名称	文本型	50		
系主任	文本型	10		
办公室电话	文本型	12		
E-mail	文本型	60		

（8）"班级"表

表结构如表 9-8 所示，包括班级代码、班级名称、人数、年级、系编号、专业代码 6 个字段。通过班级代码与"学生"表建立关联，通过系编号与"院系"表建立关联，通过专业代码与"专业"表建立关联。

表 9-8 "班级"表结构

字段名	类 型	宽 度	小数位数	是否主键
班级代码	文本型	8		是
班级名称	文本型	50		
人数	数字型	整型		
年级	数字型	整型		
系编号	文本型	15		
专业代码	文本型	4		

4. 建立表间的关系

数据库中的数据表创建完成后，便可以建立表的关系，这是数据库建立的另一个重要环节。在建立表之间的关系时，必须注意两点：一是两表必须存在共同的公共字段；二是将主（父）表中的公共字段设置为主键，然后再建立两表之间的关系。在模块三中已经详细介绍了表之间关联的具体实现，这里就不再叙述了。图 9-4 所示为"教学信息管理系统"数据库的"关系"窗口。

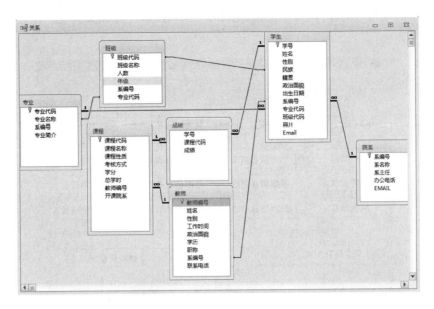

图 9-4　各数据表之间的关系

项目二　创建教学信息管理系统操作界面

教学信息管理系统操作界面为用户提供一个美观、操作方便的人机互动平台,有了这个平台,用户就可以轻易地在安装了教学信息管理系统的计算机上完成用户所需要的各种操作。

任务一　创建"主界面"窗体

📖 任务描述

"主界面"窗体是整个教学信息管理系统的入口,它的主要作用是功能导航。系统中的各个功能模块在该导航窗体中都建立链接,当用户单击该窗体的功能模块按钮时,即可进入相应的功能模块。

📖 任务分析

要使得数据库系统各个模块功能方便灵活地运行,就必须设计好相应的界面,这样才能够让开发好的模块功能充分展现出来。这样的界面就是程序入口,通过这个程序入口能够运行各个子模块功能。

📖 任务设计

"主界面"窗体的创建步骤如下。

① 启动 Access 2010,打开"教学信息管理系统"数据库。

② 新建一个窗体并进入窗体的"设计视图"界面,根据图 9-1 所示的功能模块图设计"主

界面"窗体,添加好相应的标签、命令按钮、选项组对象后,修改好相关属性。最终设计效果如图 9-5 所示。

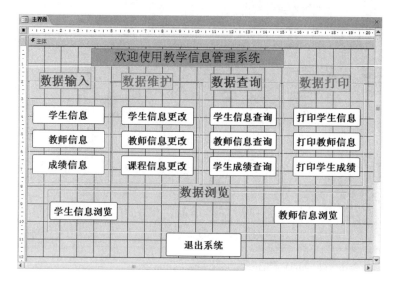

图 9-5 "主界面"窗体设计界面

③ 设计完成后,单击"保存"按钮,在弹出的"另存为"对话框中输入窗体名"主界面",单击"确定"按钮。

任务二 创建"登录"窗体

📖 任务描述

登录界面指的是需要提供账号、密码验证的界面,有控制用户权限、记录用户行为、保护操作安全的作用。

📖 任务分析

教学信息管理系统是学校日常教学管理工作中的重要系统,每一个进入系统操作的人员必须是合法用户。如何保证进入系统操作的人员是合法用户呢?最常见的设计就是通过登录界面用户输入的用户名和密码与数据库中提供的用户名和密码进行比较验证,如果一致,则认为是合法用户,能进入管理系统进行相关权限的操作,否则就不能进入系统。

📖 任务设计

"登录"窗体的设计步骤如下。

① 启动 Access 2010,打开"教学信息管理系统"数据库。

② 新建一个窗体并进入窗体的"设计视图"界面,根据图 9-6 所示的界面添加所需控件并设置相关属性。

③ 设计完成后,单击"保存"按钮,在弹出的"另存为"对话框中输入窗体名"登录",单击"确定"按钮。

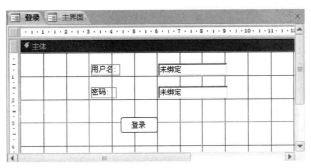

图 9-6 "登录"窗体设计界面

任务三 "数据输入"模块的窗体设计

📖 **任务描述**

数据输入窗体是原始数据表输入的操作界面,提供增加和保存数据的功能,以保证数据输入的准确、快捷。

📖 **任务分析**

教学信息管理系统中数据输入模块主要有三方面的数据(学生信息、教师信息和成绩信息)输入。

📖 **任务设计**

1."学生信息"数据输入窗体设计

"学生基本信息录入"窗体的设计步骤如下。

① 启动 Access 2010,打开"教学信息管理系统"数据库。

② 新建一个窗体并进入窗体的"设计视图"界面,根据图 9-7 所示的界面添加所需控件并设置相关属性。运行界面如图 9-8 所示。

③ 设计完成后,单击"保存"按钮,在弹出的"另存为"对话框中输入窗体名"学生基本信息录入",单击"确定"按钮。

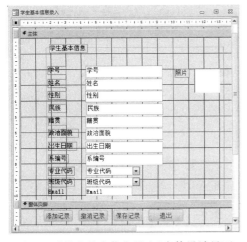

图 9-7 "学生基本信息录入"窗体设计界面

图 9-8 "学生基本信息录入"窗体运行界面

2.“教师信息”数据输入窗体设计

“教师基本信息录入”窗体的设计步骤如下。

① 启动 Access 2010,打开“教学信息管理系统”数据库。

② 新建一个窗体并进入窗体的“设计视图”界面,根据图 9-9 所示的运行界面添加所需控件并设置相关属性。

③ 设计完成后,单击“保存”按钮,在弹出的“另存为”对话框中输入窗体名“教师基本信息录入”,单击“确定”按钮。

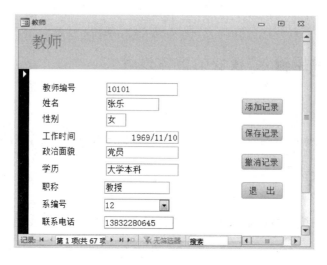

图 9-9　“教师基本信息录入”窗体运行界面

3.“成绩信息”数据输入窗体设计

“成绩录入”窗体的设计步骤如下。

① 启动 Access 2010,打开“教学信息管理系统”数据库。

② 新建一个窗体并进入窗体的“设计视图”界面,根据图 9-10 所示的运行界面添加所需控件并设置相关属性。运行界面如图 9-11 所示。

③ 设计完成后,单击“保存”按钮,在弹出的“另存为”对话框中输入窗体名“成绩录入”,单击“确定”按钮。

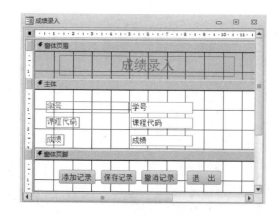

图 9-10　“成绩录入”窗体设计界面

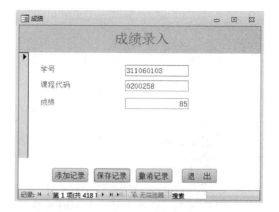

图 9-11　“成绩录入”窗体运行界面

任务四　"数据浏览"模块的窗体设计

📖 任务描述

数据浏览窗体是用来浏览系统全部资源的工作界面,数据浏览窗体应具有查看数据功能。

📖 任务分析

教学信息管理系统中数据浏览模块主要用来浏览两方面的数据资源:学生信息和教师信息。

📖 任务设计

1. "学生信息浏览"窗体设计

"学生信息浏览"窗体的设计步骤如下。

① 启动 Access 2010,打开"教学信息管理系统"数据库。

② 新建一个窗体并进入窗体的"设计视图"界面,根据图 9-12 所示的界面添加所需控件并设置相关属性。

③ 设计完成后,单击"保存"按钮,在弹出的"另存为"对话框中输入窗体名"学生信息浏览",单击"确定"按钮。

图 9-12　"学生信息浏览"窗体运行界面

2. "教师信息浏览"窗体设计

"教师信息浏览"窗体的设计步骤如下。

① 启动 Access 2010,打开"教学信息管理系统"数据库。

② 新建一个窗体并进入窗体的"设计视图"界面,根据图 9-13 所示的界面添加所需控件并设置相关属性。

③ 设计完成后,单击"保存"按钮,在弹出的"另存为"对话框中输入窗体名"教师基本信息浏览",单击"确定"按钮。

图 9-13 "教师信息浏览"窗体设计界面

任务五 "数据维护"模块的窗体设计

📖 任务描述

数据维护窗体是用来维护系统全部数据资源的工作界面,数据维护窗体应具有修改、删除、增加及保存数据等功能。本任务只对"学生"表、"教师"表及"课程"表实现数据维护。

📖 任务分析

教学信息管理系统中数据维护模块主要用来对"学生信息""教师信息"和"课程信息"三方面的数据资源进行添加、删除和修改等操作。

📖 任务设计

1. "学生信息修改"窗体设计

"学生信息修改"窗体的设计步骤如下。

① 启动 Access 2010,打开"教学信息管理系统"数据库。

② 新建一个窗体并进入窗体的"设计视图"界面,根据图 9-14 所示的界面添加所需控件并设置相关属性。

③ 设计完成后,单击"保存"按钮,在弹出的"另存为"对话框中输入窗体名"学生信息修改",单击"确定"按钮。

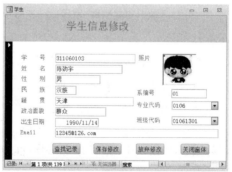

图 9-14 "学生信息修改"维护窗体

2. "教师信息修改"窗体设计

"教师信息修改"窗体的设计步骤如下。

① 启动 Access 2010,打开"教学信息管理系统"数据库。

② 新建一个窗体并进入窗体的"设计视图"界面,根据图 9-15 所示的界面添加所需控件并设置相关属性。

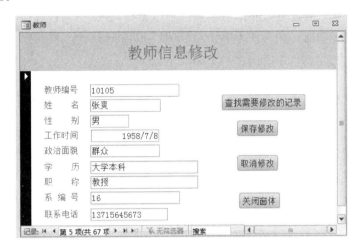

图 9-15 "教师信息修改"维护窗体

③ 设计完成后,单击"保存"按钮,在弹出的"另存为"对话框中输入窗体名"教师信息修改",单击"确定"按钮。

3. "课程信息修改"窗体设计

"课程信息修改"窗体的设计步骤如下。

① 启动 Access 2010,打开"教学信息管理系统"数据库。

② 新建一个窗体并进入窗体的"设计视图"界面,根据图 9-16 所示的界面添加所需控件并设置相关属性。

③ 设计完成后,单击"保存"按钮,在弹出的"另存为"对话框中输入窗体名"课程信息修改",单击"确定"按钮。

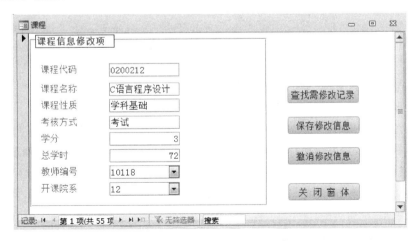

图 9-16 "课程信息修改"维护窗体

任务六　"数据查询"模块的窗体设计

📖 任务描述

数据查询窗体是系统进行数据信息检索的工作界面,数据查询窗体应具有查找、发布、浏览及输出数据信息等功能。在本任务中仅对"查询"功能进行设计。

📖 任务分析

教学信息管理系统中数据查询模块主要用来对"学生信息""教师信息"和"学生成绩"三方面的信息进行查询。

📖 任务设计

1. "学生信息查询"窗体设计

"学生信息查询"窗体的设计步骤如下。

① 启动 Access 2010,打开"教学信息管理系统"数据库。

② 新建一个窗体并进入窗体的"设计视图"界面,根据图 9-17 所示的界面添加所需控件并设置相关属性。

③ 设计完成后,单击"保存"按钮,在弹出的"另存为"对话框中输入窗体名"学生信息查询",单击"确定"按钮。

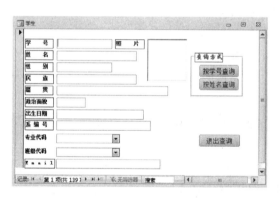

图 9-17　"学生信息查询"窗体

2. "教师基本信息查询"窗体设计

"教师基本信息查询"窗体的设计步骤如下。

① 启动 Access 2010,打开"教学信息管理系统"数据库。

② 新建一个窗体并进入窗体的"设计视图"界面,根据图 9-18 所示的界面添加所需控件并设置相关属性。

③ 设计完成后,单击"保存"按钮,在弹出的"另存为"对话框中输入窗体名"教师基本信息查询",单击"确定"按钮。

3. "学生成绩查询"窗体设计

"学生成绩查询"窗体的设计步骤如下。

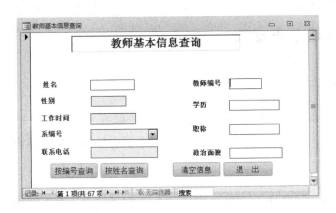

图 9-18　"教师基本信息查询"窗体

① 启动 Access 2010，打开"教学信息管理系统"数据库。

② 新建一个窗体并进入窗体的"设计视图"界面，根据图 9-19 所示的界面添加所需控件并设置相关属性。

③ 设计完成后，单击"保存"按钮，在弹出的"另存为"对话框中输入窗体名"学生成绩查询"，单击"确定"按钮。

图 9-19　"学生成绩查询"窗体

项目三　创建教学信息管理系统报表

在本书的模块六已经详细介绍过如何在 Access 中创建报表，报表是利用数据表、查询及控件，将数据库中的数据信息提取出来，有结构地分级显示给用户浏览，然后按指定的格式打印输出。

任务一 创建单表报表

📖 任务描述

数据库应用系统的报表有许多是以原始的一个数据表为直接数据源的,这类报表比较简单,在制作这类报表时,要注意设计好报表的布局、页面附加标题和各种说明信息。

📖 任务分析

报表在数据库应用系统中是一种数据输出的主要途径。本任务主要针对"学生"表、"教师"表及"成绩"表设计报表。

📖 任务设计

1. "学生基本情况报表"报表设计

"学生基本情况报表"的设计步骤如下。

① 启动 Access 2010,打开"教学信息管理系统"数据库。

② 切换到"创建"选项卡,单击"报表"组中的"报表向导"按钮,根据图 9-20 所示的界面设计报表,具体过程可以参阅本书中的模块六。

③ 设计完成后,单击"完成"按钮,即可生成报表。

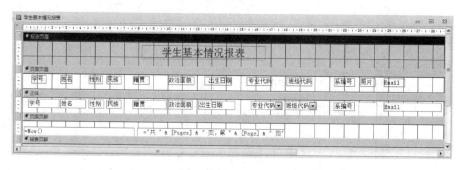

图 9-20 "学生基本情况报表"设计视图

2. "教师基本情况报表"报表设计

"教师基本情况报表"的设计步骤如下。

① 启动 Access 2010,打开"教学信息管理系统"数据库。

② 利用"报表向导"方式,添加"教师"表进行报表设计,方法同上一个报表设计。

③ 最后,单击"完成"按钮,即可生成报表,如图 9-21 所示。

任务二 创建多表报表

📖 任务描述

在设计数据应用系统的报表时,如果报表的数据源来自多个数据表,那么,首先要以多表创建查询,并将其作为多表报表的数据源,事实上多报表的数据源来自于查询。

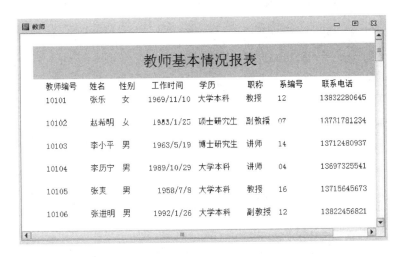

图 9-21　"教师基本情况报表"报表视图

📖 任务分析

在本任务中,如果要输出某个学生的所有课程成绩,则必须建立多表报表。而建立多表报表的前提是先建立查询,因此必须先通过"学生"表、"课程"表和"成绩"表建立查询,然后根据建立好的查询创建报表。

📖 任务设计

"成绩单报表"的设计步骤如下。

① 启动 Access 2010,打开"教学信息管理系统"数据库。

② 切换到"创建"选项卡,单击"查询"组中的"查询设计"按钮,根据图 9-22 所示的界面创建查询,具体过程可以参阅本书中的模块四。

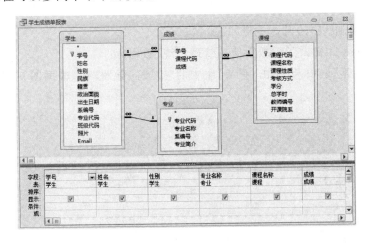

图 9-22　"成绩单报表"设计视图

③ 查询建立完成后,利用"报表向导",根据刚建立好的查询创建成绩单报表。

④ 设计完成后,单击"完成"按钮,即可生成报表,如图 9-23 所示。

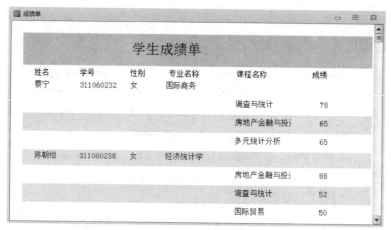

图 9-23 "成绩单报表"报表视图

任务三 创建统计报表

📖 任务描述

统计汇总报表是在设计报表时,对报表的数据源进行统计分析,使报表输出的数据不仅是数据源中原有的内容,同时还有统计结果。

📖 任务分析

报表在数据库应用系统中是一种数据输出的主要途径。本任务主要针对"学生"表、"教师"表及"成绩"表设计报表。

📖 任务设计

"学生基本情况报表"的设计步骤如下。

① 启动 Access 2010,打开"教学信息管理系统"数据库。

② 切换到"创建"选项卡,单击"报表"组中的"报表向导"按钮,根据图 9-24 所示的界面设计报表。

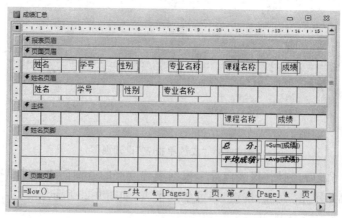

图 9-24 "成绩单汇总报表"设计视图

③ 设计完成后,单击"完成"按钮,即可生成报表,如图 9-25 所示。

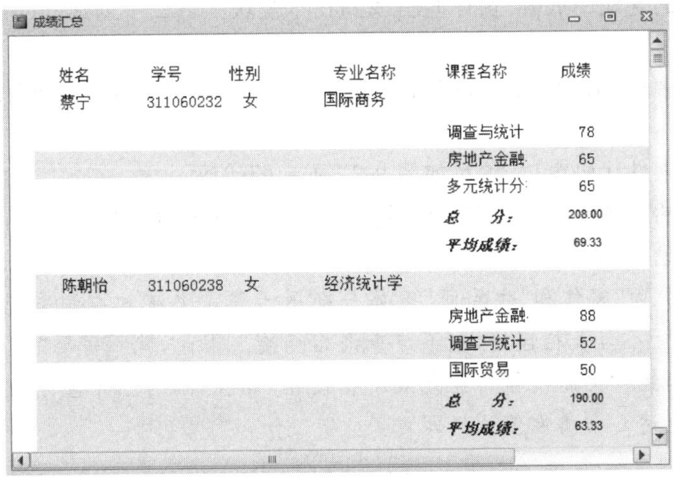

图 9-25 "成绩单汇总报表"报表视图

项目四 实现教学信息管理系统

教学信息管理系统的功能包括学生信息和教师信息等的录入、浏览、更新、查询和打印。该系统的基本流程是启动"教学信息管理系统"时,首先打开系统"登录"窗体,要求输入密码,若密码正确,系统打开"主界面"窗体。"主界面"窗体包含控制整个数据库的各项功能。

任务一 实现系统"登录"窗体编码

📖 任务描述

运行"教学信息管理系统"时,首先应进入登录界面,系统登录窗体是数据库系统的第一个界面,为了保证数据库系统使用的安全性,必须输入正确的用户名和密码才可以进入到数据库系统的主界面中。

📖 任务分析

实现系统登录窗体验证密码的最常用、最简单的方法是使用宏操作来实现。本任务为了说明数据库访问代码的实现过程,在此用事件代码来实现。在"教学信息管理系统"数据库表的设计中已设计好一个"用户口令"表。在"登录"窗体"登录"按钮的事件代码中,对用户在窗体文本框中输入的用户名和密码与数据库中"用户口令"表中的用户名和密码进行比较,则能判断是否一致。

📖 任务设计

1. 实现"登录"按钮代码

编写"登录"按钮代码的步骤如下。

① 启动 Access 2010,打开"教学信息管理系统"数据库。

② 在左空格的导航中展开"窗体"项,找到在本模块项目二中创建好的"登录"窗体并在设计视图中将其打开。

③ 双击窗体中的"登录"按钮,即可打开属性对话框,切换到"事件"选项卡,如图 9-26 所示。

④ 进入单击事件代码窗口,编写如图 9-27 所示的代码。

⑤ 在步骤④的基础上进一步编写函数过程 getrs()代码,如图 9-28 所示。

⑥ 至此,"登录"窗体的代码编写完成,关闭 VBE 窗口。

说明:"登录界面"窗体和"主界面"窗体分别用于登录系统和控制系统,这类窗体的共同特征是无数据源,既不与表相连接,也不与查询相连接。因此,就不需要"记录选定器""导航按钮""滚动条""分隔线""关闭按钮""最大最小化按钮"等控件,为了不显示这些控件,在窗体的属性对话框中把上述 6 个属性值设好即可。

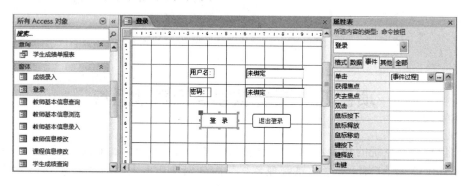

图 9-26　"登录"按钮属性面板

图 9-27　"登录"按钮单击事件代码窗口

2. 实现"退出登录"按钮代码

编写"退出登录"按钮代码的步骤如下。

① 启动 Access 2010,打开"教学信息管理系统"数据库。

② 在左空格的导航中展开"窗体"项,找到在本模块项目二中创建好的"登录"窗体并在设计视图中将其打开。

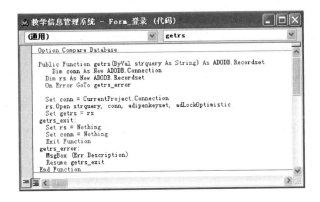

图 9-28 "登录"按钮单击事件子函数代码窗口

③ 双击窗体中的"退出登录"按钮,即可打开属性对话框,切换到"事件"选项卡。

④ 进入单击事件代码窗口,编写如图 9-29 所示的代码。

图 9-29 "退出登录"按钮单击事件代码窗口

⑤ 关闭 VBE 窗口完成编码。

任务二 实现主窗体编码

📖 任务描述

在 Access 中,主窗体是数据库系统的总控制台。在主窗体中,可通过命令按钮或菜单命令两种方式实现系统的各项功能。为了简单起见,"教学信息管理系统"主窗体采用命令按钮来实现。

📖 任务分析

在主窗体(即"主界面"窗体)上,不同的命令按钮对应不同的单击触发事件,因此,可以通过创建宏来实现。由于篇幅所限,这里就以"数据输入"模块中"学生信息"按钮为例创建宏。

📖 任务设计

1. 实现"主界面"各按钮的单击触发事件

创建"主界面"窗体中"学生信息"按钮的宏步骤如下。

① 启动 Access 2010,打开"教学信息管理系统"数据库。

② 切换到"创建"选项卡,单击"宏与代码"组中的"宏"命令,进入创建宏设置面板。

③ 根据图 9-30 所示的界面,创建一个名为"of_stuinfo_input"的宏。依次类推,可以创建

其他需要用到的宏。

图 9-30　创建宏窗口

④ 在左空格的导航中展开"窗体"项,找到在本模块项目二中创建好的"主界面"窗体并在设计视图中将其打开。

⑤ 双击窗体中的"学生信息"按钮,即可打开属性对话框,切换到"事件"选项卡,如图 9-31所示,在下拉列表中选择对应的宏。

⑥ 按照步骤⑤的方法将其他命令按钮对应的宏添加完整,本例中各命令按钮对应的宏如表 9-9 所示。

⑦ 至此,主界面与其他窗体实现了联接功能。

表 9-9　主界面各按钮与相应宏对照表

命令按钮	宏　名	命令按钮	宏　名
学生信息	of_stuinfo_input	教师信息查询	teacher_info_find
教师信息	of_teacher_input	学生成绩查询	score_find
成绩信息	of_score_input	打印学生信息	stu_print
学生信息更改	stu_info_update	打印教师信息	teacher_print
教师信息更改	teacher_info_update	打印学生成绩	score_record_print
课程信息更改	lesson_info_update	学生信息浏览	stu_info_browse
学生信息查询	stu_info_find	教师信息浏览	teacher_info_browse

2. 实现"退出系统"按钮代码

编写"退出登录"按钮代码的步骤如下。

① 启动 Access 2010,打开"教学信息管理系统"数据库。

② 在左空格的导航中展开"窗体"项,找到在本模块项目二中创建好的"主界面"窗体并在设计视图中将其打开。

③ 双击窗体中的"退出系统"按钮,即可打开属性对话框,切换到"事件"选项卡。

④ 进入单击事件代码窗口,编写如图 9-32 所示的代码。

图 9-31　设置"主界面"按钮单击触发事件窗口

图 9-32　"退出系统"按钮单击事件代码窗口

⑤ 关闭 VBE 窗口完成编码。

任务三　实现"学生信息查询"窗体编码

📖 任务描述

在数据库应用系统中,信息查询模块是一个比较常用的功能模块,一个好的数据库应用系统能提供实用灵活的查询入口。

📖 任务分析

在 Access 系统中,在命令按钮生成向导下,系统提供了简单的系统自动查询功能。为了改善窗体界面,本任务以"学生信息查询"窗体为例,采用自定义编写代码的方式来实现查询功能。为了提供更加完善的查询功能,在查询学生信息时,能够提供"学号"和"姓名"两种查询方式。

📖 任务设计

1. 实现"查询方式"触发事件代码

在"学生信息查询"窗体中,实现"查询方式"组中两个查询按钮的代码编写步骤如下。

① 启动 Access 2010，打开"教学信息管理系统"数据库。

② 展开左窗格导航中的窗体对象，找到已创建好的"学生信息查询"窗体并在设计视图中将其打开。

③ 双击窗体中的"按学号查询"按钮，则打开其属性面板，切换至"事件"选项卡，如图 9-33 所示，在"单击"下拉列表中选择"单击事件"，单击省略号按钮 ⋯ 则可以进入 VBE 环境。

④ 在代码窗口编写如图 9-34 所示的代码。根据步骤③和步骤④的方法，编写"按姓名查询"命令按钮的代码。代码如下：

```
Private Sub 按姓名查询_Click()
Dim cn As New ADODB.Connection
Dim rs As New ADODB.RecordSet
Dim sqlstr As String
Set cn = CurrentProject.Connection
If IsNull(Me.姓名) Then
MsgBox "你还没有输入姓名，请输入学生姓名！", vbOKOnly + vbCritical, "操作提示"
Me.姓名.SetFocus
Exit Sub
Else
sqlstr = "select * from 学生 where 姓名 = """ & Me.姓名 & """"
rs.Open sqlstr, cn, adOpenDynamic, adLockOptimistic, adCmdText
If Not rs.EOF Then
Me.学号 = Trim(rs(0))
Me.姓名 = Trim(rs(1))
Me.性别 = Trim(rs(2))
Me.民族 = Trim(rs(3))
Me.籍贯 = Trim(rs(4))
Me.政治面貌 = Trim(rs(5))
Me.出生日期 = Trim(rs(6))
Me.系编号 = Trim(rs(7))
Me.专业代码 = Trim(rs(8))
Me.班级代码 = Trim(rs(9))
Me.照片 = rs(10)
Me.Email = Trim(rs(11))
Else
MsgBox "该学生姓名不存在，请重新输入！", vbOKOnly + vbInformation, "错误提示"
Me.学号 = ""
End If
End If
rs.Close
cn.Close
```

```
    Set rs = Nothing
    Set cn = Nothing
End Sub
```

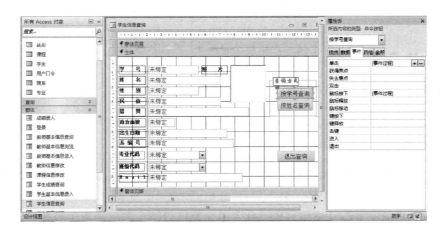

图 9-33　在"学生信息查询"窗体进入 VBE

图 9-34　"按学号查询"按钮单击事件代码窗口

⑤ 至此,两种查询方式按钮的代码编写完毕。

2. 实现"退出查询"单击事件代码

在"学生信息查询"窗体中,实现"退出查询"按钮的代码编写步骤如下。

① 启动 Access 2010,打开"教学信息管理系统"数据库。

② 展开左窗格导航中的窗体对象,找到已创建好的"学生信息查询"窗体并在设计视图中将其打开。

③ 双击窗体中的"退出查询"按钮,则打开其属性面板,切换至"事件"选项卡,在"单击"下拉列表中选择"单击事件",单击省略号按钮 ⋯ 则可以进入 VBE 环境。

④ 在"退出查询"按钮的单击事件代码窗口编写如图 9-35 所示的代码。

图 9-35 "退出查询"按钮单击事件代码窗口

任务四 设置启动选项

📖 任务描述

为了防止错误操作导致的数据库和对象损坏,在数据库创建完成后,可以把数据库窗口、系统内置的菜单栏和工具栏隐藏起来。另外,在启动"教学信息管理系统"数据库系统时,通过设置系统,自动启动系统登录窗体。以上这些设置都可以使用启动选项来设置。

📖 任务分析

基本启动选项主要包括应用程序标题、系统启动后自动打开窗体、数据库窗口、菜单栏和工具栏是否显示等内容。

📖 任务设计

接下来介绍如何为已创建好的"教学信息管理系统"数据库系统设置基本启动项,操作步骤如下。

① 打开"教学信息管理系统"数据库。

② 选择"文件"→"选项"命令,打开"Access 选项"对话框,如图 9-36 所示。

③ 在"Access 选项"对话框左窗格中选择"当前数据库"项,在"应用程序选项"组中输入"应用程序标题"信息和设置"显示窗体"选项,完成基本启动项的设置。

④ 单击"浏览"按钮,打开"图标浏览器"对话框,在"查找范围"下拉列表框中选择图标所在的文件夹,单击所用的图标文件。

⑤ 选择"用作窗体和报表的图标"复选框,这样在使用窗体和打印报表时,该图标都可显示出来。最后单击"确定"按钮,设置完成。

以后打开"教学信息管理系统"数据库时,系统会自动打开系统登录窗体,并在窗体标题栏显示应用程序名"教学信息管理系统"以及所添加的图标。

习题与实训九

一、选择题

1. 在系统开发过程中,数据库设计所处的阶段是( )。

(A) 系统规划 (B) 系统分析 (C) 系统设计 (D) 系统实施

2. 在系统开发过程中,测试所处的阶段是( )。

图 9-36　"Access 选项"对话框

(A) 系统规划　　　　(B) 系统分析　　　　(C) 系统设计　　　　(D) 系统实施

3. 打开窗体的操作是(　　　)。

(A) OpenForm　　　(B) OpenReport　　　(C) OpenTable　　　(D) OpenView

4. 在打开某窗体时自动将窗体最大化的程序代码是：DoCmd. Maximize。将此代码放在(　　　)事件中,不能使窗体自动最大化。

(A) 调整大小　　　　(B) 加载　　　　　　(C) 打开　　　　　　(D) 获得焦点

5. 在打开数据库应用系统的过程中,若终止自动运行的启动窗体,应按住(　　　)键。

(A)〈Ctrl〉　　　　　(B)〈Shift〉　　　　　(C)〈Alt〉　　　　　(D)〈Alt＋Shift〉

6. 在 Access 2010 中,默认打开数据库对象的文件类型是(　　　)。

(A) . accdb　　　　　(B) . dbf　　　　　　(C) . accdc　　　　　(D) . mdb

7. 若将系统"登录"窗体作为系统的启动窗体,应在(　　　)对话框中进行设置。

(A) Access 选项　　　(B) 启动　　　　　　(C) 打开　　　　　　(D) 设置

8. 若不希望在打开数据库时出现状态栏,应将"Access 选项"对话框中的(　　　)复选框中的标记清除。

(A) 显示数据库窗口　　　　　　　　　　(B) 允许全部菜单

(C) 显示状态栏　　　　　　　　　　　　(D) 允许内置工具栏

9. 打开"Access 选项"对话框应选择的命令是(　　　)。

(A)"文件"→"数据库实用工具"→"启动"

(B)"工具"→"选项"→"启动"

(C)"文件"→"加载"→"启动"

(D)"文件"→"选项"

10. 在设计报表时,如果要统计某个字段的全部数据,应将计算表达式放在(　　　)。

(A) 组页眉或组页脚　　　　　　　　　　(B) 页面页眉或页面页脚

(C) 主体 　　　　　　　　　　　　　(D) 报表页眉或报表页脚

二、填空题

1. 结构化生命周期法将整个系统开发过程划分为系统规划、_____、_____、系统实施、系统运行与维护 5 个阶段。

2. 系统分析主要解决系统_____。

3. 若在系统启动窗体标题栏上显示"教学信息管理系统",应在"启动"对话框的_____文本框时输入"教学信息管理系统"。

4. 在打开数据库应用系统过程中按住_____键,可以终止自动运行的启动窗体。

5. _____在数据库中确定表之间的关系。

三、上机实训

某图书馆日常管理工作及需求描述如下。

建立"图书管理系统"数据库应用系统的主要目的是通过对图书信息进行录入、修改与管理,能够方便地查询图书借阅的情况、图书库存情况和归还图书的情况。因此"图书管理系统"就具有如下功能。

① 录入和维护图书的基本信息。图书信息包含图书编号、图书名称、图书类别编号、作者名、出版社日期、出版社名称、价格、数量、入库时间、图书介绍。

② 录入和维护图书借阅信息。图书借阅信息包含借书证号、图书编号、数量、管理员编号、借阅时间、还书时间。

③ 录入和维护借书证信息。借书证信息包含借书证号、借书证类型、姓名、单位名称、职务、性别、出生日期、证件类型、联系电话、办证时间和有效时间。

④ 录入和维护管理员信息。管理员信息包含职工编号、姓名、性别、民族、出生日期、文化程度、工龄、籍贯和管理员照片。

⑤ 能够按照各种方式方便地浏览图书借阅信息。

⑥ 能够完成基本的统计分析功能,能生成统计报表并能打印输出。

📖 **实训目的**

1. 学习关系型数据库设计方法。
2. 掌握数据库设计步骤。
3. 掌握数据应用系统的开发过程及实现方法。

📖 **实训内容**

请根据上述描述及本模块"教学信息管理系统"数据库的设计思想,自行设计一个"图书管理系统",该系统必须实现上述 6 个功能。

参 考 文 献

[1]　骆耀祖,叶丽珠. Access 数据库实用教程[M].北京:机械工业出版社,2012.

[2]　张巍,曹起武.数据库原理与应用[M].北京:清华大学出版社,2009.

[3]　张铭晖,廖建平,聂玉峰. Access 数据库技术与应用试验指导[M].北京:科学出版社,2011.

[4]　张强,杨玉明. Access 2010 入门与实例教程[M].北京:电子工业出版社,2011.

[5]　郑阿奇. Access 实用教程(2007 版)[M].北京:电子工业出版社,2011.

[6]　陈维,曹惠雅.数据库基础与 Access 应用教程[M].北京:人民邮电出版社,2009.

[7]　李彩玲,潘艺. Access 2010 数据库应用系统开发项目教程[M].北京:清华大学出版社,2013.

[8]　李湛. Access 2010 数据库应用习题与实验指导教程[M].北京:清华大学出版社,2013.

[9]　叶恺,张思卿. Access 2010 数据库案例教程[M].北京:化学工业出版社,2012.

[10]　希赛教育高校事业部.全国计算机等级考试二级 Access 数据库教程[EB/OL]. http://www.csaidk.com/zt/access.

[11]　教育部考试中心.全国计算机等级考试二级教程——Access 数据库程序设计[M].北京:高等教育出版社,2011.

[12]　刘丽,崔灵果. Access 数据库案例教程[M].北京:机械工业出版社,2009.

[13]　科教工作室. Access 2010 数据库应用[M].2 版.北京:清华大学出版社,2011.

[14]　张强,杨玉明. Access 2010 入门与实例教程[M].北京:电子工业出版社,2011.

[15]　姜增如. Access 2010 数据库技术及应用[M].北京:北京理工大学出版社,2012.